计算机技术开发与应用丛书

FFmpeg入门详解
命令行与音视频特效原理及应用

梅会东 ◎ 编著

清华大学出版社
北京

内容简介

本书系统讲解FFmpeg命令行及音视频特效的基础理论及应用。全书共12章，包括详细的FFmpeg命令行参数选项，音视频转封装、转码、水印、字幕等，各种音视频特效（倍速、倒放、旋转、模糊、画中画、九宫格、浮雕和字幕效果等），流媒体方方面面（RTSP、RTMP、HLS）等直播功能，音视频采集，以及各种开发语言（C++、Java、Python）调用FFmpeg命令等。本书为FFmpeg音视频流媒体系列的第三本。

书中包含大量的示例，图文并茂，争取让每个音视频流媒体领域的读者真正入门，从此开启流媒体直播编程的大门。本书知识体系比较完整，侧重FFmpeg命令行及音视频特效的原理讲解及应用。建议读者先学习FFmpeg音视频流媒体系列的第一本《FFmpeg入门详解——音视频原理及应用》和第二本《FFmpeg入门详解——流媒体直播原理及应用》，然后再学习本书。本书的讲解过程由浅入深，让读者在不知不觉中学会FFmpeg命令行的基础知识，并能动手实现各种转码功能、音视频特效处理、实现流媒体直播功能。

本书可作为FFmpeg命令行应用及音视频特效处理方向的入门书籍，也可作为高年级本科生和研究生的学习参考书。

本书封面贴有清华大学出版社防伪标签，无标签者不得销售。
版权所有，侵权必究。举报：010-62782989，beiqinquan@tup.tsinghua.edu.cn。

图书在版编目（CIP）数据

FFmpeg入门详解：命令行与音视频特效原理及应用/梅会东编著. —北京：清华大学出版社，2023.5
（计算机技术开发与应用丛书）
ISBN 978-7-302-61777-8

Ⅰ. ①F… Ⅱ. ①梅… Ⅲ. ①视频系统—系统开发 Ⅳ. ①TN94

中国版本图书馆CIP数据核字（2022）第161859号

责任编辑：赵佳霓
封面设计：吴 刚
责任校对：郝美丽
责任印制：丛怀宇

出版发行：清华大学出版社
网　　址：http://www.tup.com.cn, http://www.wqbook.com
地　　址：北京清华大学学研大厦A座　　邮　编：100084
社 总 机：010-83470000　　邮　购：010-62786544
投稿与读者服务：010-62776969, c-service@tup.tsinghua.edu.cn
质量反馈：010-62772015, zhiliang@tup.tsinghua.edu.cn
课件下载：http://www.tup.com.cn, 010-83470236

印 装 者：三河市人民印务有限公司
经　　销：全国新华书店
开　　本：186mm×240mm　　印　张：24　　字　数：542千字
版　　次：2023年6月第1版　　　　　　　印　次：2023年6月第1次印刷
印　　数：1～2000
定　　价：89.00元

产品编号：098748-01

前言
PREFACE

近年来，随着5G网络技术的迅猛发展，FFmpeg音视频及流媒体直播应用越来越普及，音视频流媒体方面的开发岗位也非常多，然而，市面上还没有一本通俗易懂的系统完整的FFmpeg命令行应用及音视频特效处理方向的入门书。网络上的知识虽然不少，但是太散乱，不适合读者入门。

众所周知，FFmpeg命令行应用起来简单，但很难理解。很多程序员想从事音视频或流媒体开发，但始终糊里糊涂、不得入门。笔者刚毕业时，也是一名纯读者，为了学习这方面知识付出了很多努力，终于有一些收获。借此机会，整理成书，希望对读者有所帮助，少走弯路。

FFmpeg发展迅猛，功能强大，命令行也很简单、很实用，但是有一个现象：有时即便使用命令行做出了一些特效，但依然不理解原理，不知道具体的参数是什么含义。音视频与流媒体是一门很复杂的技术，涉及的概念、原理、理论非常多，很多初学者不学基础理论，而是直接做项目、看源码，但往往在看到C/C++的代码时一头雾水，不知道代码到底是什么意思。这是因为没有学习音视频和流媒体的基础理论，就比如学习英语，不学习基本单词，而是天天听英语新闻，总也听不懂，所以一定要认真学习基础理论，然后学习播放器、转码器、非编、流媒体直播、视频监控等。

本书主要内容

第1章介绍FFmpeg入门知识。

第2章介绍FFmpeg命令行初体验的几个小案例。

第3章介绍FFmpeg三大常用工具及应用选项的详解。

第4章介绍FFmpeg命令行实现音视频转封装的知识。

第5章介绍FFmpeg命令行实现音视频转码的案例及相关基础理论。

第6章介绍FFmpeg命令行实现图片水印及文字跑马灯等效果。

第7章介绍FFmpeg命令行实现音视频特效及复杂滤镜的应用。

第8章介绍FFmpeg命令行实现流媒体功能及直播应用功能。

第9章介绍FFmpeg命令行实现音视频设备采集的功能。

第10章介绍FFmpeg命令行在Linux系统中的应用及几个典型案例。

第11章介绍最新版FFmpeg 5.0的应用及案例实战。

第12章介绍各种开发语言调用FFmpeg命令行。

阅读建议

本书是一本适合读者入门的FFmpeg命令行应用及音视频特效处理的读物，既有通俗易懂的基本概念，又有丰富的案例和原理分析，图文并茂，知识体系非常完善。对音视频、流媒体和直播的基本概念和原理进行复习，对重要的概念进行了具体的阐述，然后结合FFmpeg命令行进行案例实战，既能学到实践操作知识，也能理解底层理论，非常适合初学者。

本书总共12章。

第1~3章介绍FFmpeg命令行的基础知识，包括参数选项详细讲解，以及命令行初体验等。

第4~12章介绍FFmpeg命令行实现转封装、转码、图片水印、文字跑马灯、各种音视频特效（倍速、倒放、旋转、模糊、画中画、九宫格、浮雕和字幕效果等）、直播功能、音视频采集功能等，以及各种开发语言调用FFmpeg命令行的知识。

建议读者在学习过程中，循序渐进，不要跳跃。

本书的知识体系是笔者精心准备的，由浅入深，层层深入，对于抽象复杂的概念和原理，笔者尽量通过图文并茂的方式进行讲解，非常适合初学者。从最基础的FFmpeg命令行入门案例开始，理论与实践并重，读者一定要动手实践，亲自试验各个命令行，并理解原理和流程。讲解详细的FFmpeg参数选项，然后应用FFmpeg命令行进行各种转码、特效、直播、采集等处理。建议读者一定要将本系列的第一本《FFmpeg入门详解——音视频原理及应用》和第二本《FFmpeg入门详解——流媒体直播原理及应用》所学的音视频基础知识和流媒体直播基础知识应用到本书中，理论指导实践，加深对每个知识点的理解。不但要学会如何用FFmpeg命令行来完成各种复杂的音视频特效功能，还要能理解底层原理及相关的理论基础。最后进行分析总结，争取使所学的理论进行升华，做到融会贯通。

致谢

首先感谢清华大学出版社赵佳霓编辑给笔者提出了许多宝贵的建议，推动了本书的出版。

感谢我的家人和亲朋好友，祝大家快乐健康！特别感谢我的宝贝女儿和妻子，大宝贝女儿开始对知识有点兴趣了，非常欣慰。

感谢我的学员，群里的学员越来越多，并经常提出很多宝贵意见。随着培训时间和经验的增长,对知识点的理解也越来越透彻,希望给大家多带来一些光明,尽量让大家少走弯路。群里的部分老学员通过学到的FFmpeg音视频流媒体知识已经获得了高薪,这一点让我感到非常兴奋。将知识分享出去,是1变N的成效,看着大家成长起来,心里有一股股暖流。学习是一个过程,没有终点,唯有坚持,大家一起加油,为美好的明天而奋斗。

由于时间仓促,书中难免存在不妥之处,请读者见谅,并提宝贵意见。

梅会东

2023年3月于北京清华园

资料包

全书概览

目 录
CONTENTS

第 1 章　FFmpeg 入门简介 ·· 1

1.1　FFmpeg 简介 ··· 1
  1.1.1　FFmpeg 官网介绍 ··· 2
  1.1.2　FFmpeg 耻辱柱 ·· 2
  1.1.3　Libav 政变 ··· 3
  1.1.4　开源许可协议简介 ·· 3
1.2　FFmpeg 安装 ··· 7
  1.2.1　在 Windows 上安装 FFmpeg ··· 7
  1.2.2　在 Linux 上安装 FFmpeg ··· 9
  1.2.3　在 macOS 上安装 FFmpeg ·· 12
1.3　FFmpeg 项目组成 ··· 12
  1.3.1　工具 ··· 12
  1.3.2　SDK ··· 12
  1.3.3　源码 ··· 13
1.4　FFmpeg 常用功能 ··· 14
1.5　FFmpeg 框架与处理流程 ·· 15
  1.5.1　FFmpeg 的处理流程 ·· 15
  1.5.2　FFmpeg 的关键结构体 ·· 15

第 2 章　FFmpeg 命令行初体验 ··· 18

2.1　FFmpeg 命令行简介 ·· 18
2.2　音视频格式转换 ·· 20
2.3　视频缩略图 ·· 22
2.4　图片拼接成视频 ·· 24
2.5　ffplay 视频播放 ··· 26
2.6　ffprobe 获取视频信息 ··· 27
2.7　Y4M 视频文件格式 ··· 28

- 2.7.1 Y4M 格式简介 ... 28
- 2.7.2 Y4M 格式规范 ... 29
- 2.8 PAL 与 NTSC ... 32
  - 2.8.1 制式 ... 32
  - 2.8.2 PAL 制式 ... 33
  - 2.8.3 NTSC 制式 ... 35

第 3 章 FFmpeg 三大常用工具及应用选项详解 ... 36

- 3.1 ffmpeg 工具简介 ... 36
- 3.2 ffplay 工具简介 ... 37
  - 3.2.1 ffplay 常用参数 ... 38
  - 3.2.2 ffplay 高级参数 ... 39
  - 3.2.3 ffplay 的数据可视化分析应用 ... 43
  - 3.2.4 VLC 作为 RTSP 流媒体服务器 ... 44
- 3.3 ffprobe 工具简介 ... 47
  - 3.3.1 show_packets ... 47
  - 3.3.2 show_format ... 47
  - 3.3.3 show_frames ... 49
  - 3.3.4 show_streams ... 53
  - 3.3.5 print_format ... 56
  - 3.3.6 select_streams ... 59
- 3.4 通用选项 ... 61
- 3.5 视频选项 ... 62
- 3.6 音频选项 ... 63
- 3.7 字幕选项 ... 63
- 3.8 高级选项 ... 64
- 3.9 map 详解 ... 65
- 3.10 ffmpeg -h 详解 ... 66
- 3.11 FFmpeg 其他选项 ... 69
  - 3.11.1 -formats：支持的文件格式 ... 70
  - 3.11.2 -muxers：支持的封装器格式 ... 72
  - 3.11.3 -demuxers：支持的解封装器格式 ... 76
  - 3.11.4 -devices：支持的设备 ... 78
  - 3.11.5 -encoders：支持的编码器格式 ... 79
  - 3.11.6 -decoders：支持的解码器格式 ... 82
  - 3.11.7 -protocols：支持的协议格式 ... 86

3.11.8　-hwaccels：支持的硬件加速格式 ··· 88
　　　3.11.9　-layouts：支持的声道模式 ··· 88
　　　3.11.10　-sample_fmts：支持的采样格式 ·· 90
　　　3.11.11　-colors：支持的颜色名称 ·· 90
　　　3.11.12　-pix_fmts：支持的像素格式 ·· 91

第 4 章　FFmpeg 命令行实现音视频转封装 ·· 97

4.1　视频容器及封装与解封装简介 ·· 97
4.2　音视频流的分离与合成 ·· 100
　　　4.2.1　从 MP4 文件中提取音频流和视频流 ··· 100
　　　4.2.2　h264_mp4toannexb ··· 105
　　　4.2.3　根据音频流和视频流合成 MP4 文件 ··· 107
　　　4.2.4　将多个 MP4 文件合并成一个 MP4 文件 ······································ 108
4.3　封装格式之间的互转 ··· 109
　　　4.3.1　MP4 转换为 FLV ·· 110
　　　4.3.2　MP4 转换为 AVI ·· 111
　　　4.3.3　其他格式转换 ··· 113
　　　4.3.4　AVI/FLV/TS 格式简介 ··· 118
4.4　MP4 格式的 faststart 快速播放模式 ·· 120
　　　4.4.1　MP4 格式简介 ·· 120
　　　4.4.2　faststart 参数介绍 ·· 122

第 5 章　FFmpeg 命令行实现音视频转码 ·· 132

5.1　音视频编解码及转码简介 ·· 132
　　　5.1.1　视频编解码简介 ·· 132
　　　5.1.2　音频编解码简介 ·· 133
　　　5.1.3　音视频转码简介 ·· 133
5.2　提取音视频的 YUV/PCM ··· 134
　　　5.2.1　利用 FFmpeg 提取视频的 YUV 像素数据 ···································· 135
　　　5.2.2　YUV444/YUV422/YUV420 ·· 140
　　　5.2.3　利用 FFmpeg 提取视频的 RGB 像素数据 ···································· 146
　　　5.2.4　RGB16/RGB24/RGB32 ·· 154
　　　5.2.5　利用 FFmpeg 提取音频的 PCM ··· 156
　　　5.2.6　PCM 数据与 WAV 格式 ·· 160
5.3　音频编解码简介及命令行案例 ·· 172
　　　5.3.1　PCM 编码为 AAC ··· 173

5.3.2　AAC 转码为 MP3 ………………………………………… 174
　　5.3.3　AAC 转码为 AC-3 ………………………………………… 175
5.4　视频编解码简介及命令行案例 …………………………………………… 177
　　5.4.1　YUV 编码为 H.264 ………………………………………… 178
　　5.4.2　MP4 格式转码为 FLV 格式 ………………………………… 179
　　5.4.3　MP4 格式转码为 AVI 格式 ………………………………… 181
　　5.4.4　MP4 格式转码为 TS 格式 …………………………………… 183
　　5.4.5　其他格式之间互转 …………………………………………… 184
5.5　控制音频的声道数、采样率及采样格式 ………………………………… 185
　　5.5.1　单声道与立体声互转 ………………………………………… 185
　　5.5.2　采样率转换 …………………………………………………… 186
　　5.5.3　采样格式转换及音频重采样 ………………………………… 187
5.6　控制视频的帧率、码率及分辨率 ………………………………………… 188
　　5.6.1　控制视频的帧率 ……………………………………………… 188
　　5.6.2　控制视频的码率及分辨率 …………………………………… 191
　　5.6.3　控制视频的 GOP ……………………………………………… 192
　　5.6.4　视频 GOP 简介 ………………………………………………… 193
5.7　libx264 的常用编码选项及应用案例 …………………………………… 194
　　5.7.1　FFmpeg 中 libx264 的选项 ………………………………… 195
　　5.7.2　x264.exe 中的选项名与选项值 …………………………… 198
5.8　libx265 的常用编码选项及应用案例 …………………………………… 201
5.9　FFmpeg 的 GPU 硬件加速原理及应用案例 ……………………………… 203

第 6 章　FFmpeg 命令行实现图片水印及文字跑马灯 ………………………… 206

6.1　FFmpeg 的滤镜技术 ………………………………………………………… 206
6.2　图片水印及位置控制 ……………………………………………………… 206
　　6.2.1　-vf 的 movie 滤镜 …………………………………………… 206
　　6.2.2　-vf 的 movie 中的绝对路径 ………………………………… 207
　　6.2.3　-vf 的 delogo 去掉水印 ……………………………………… 208
6.3　文字水印及位置控制 ……………………………………………………… 210
　　6.3.1　-vf 的 drawtext 添加固定文字水印 ………………………… 211
　　6.3.2　-vf 的 drawtext 控制文字颜色及大小 ……………………… 211
　　6.3.3　查看 drawtext 的参数 ………………………………………… 212
　　6.3.4　drawtext 的文字内容来源 …………………………………… 214
　　6.3.5　drawtext 的主要参数 ………………………………………… 215
　　6.3.6　-vf 的 drawtext 添加系统时间水印 ………………………… 218

6.4	文字跑马灯案例实战	219
6.5	FFmpeg 的 overlay 技术简介	223
	6.5.1　overlay 技术简介	223
	6.5.2　-filter_complex overlay 添加水印	223
6.6	控制文字的大小和颜色并解决中文乱码问题	226
	6.6.1　-vf 的 drawtext 添加中文水印	227
	6.6.2　-vf 的 drawtext 解决中文乱码问题	227
	6.6.3　-vf 的 drawtext 中使用绝对路径	228

第 7 章　FFmpeg 命令行实现音视频特效及复杂滤镜应用　231

7.1	复杂滤镜 filter_complex 简介	232
	7.1.1　简单滤镜和复杂滤镜案例入门	232
	7.1.2　滤镜图、滤镜链、滤镜的关系	234
	7.1.3　简单滤镜和复杂滤镜的区别	235
	7.1.4　流和滤镜的结合使用	236
7.2	视频缩放及 scale 参数详解	238
	7.2.1　使用 scale 实现缩放	238
	7.2.2　使用 scale 保持宽高比缩放	240
	7.2.3　使用 FFmpeg 的内置变量进行缩放	240
	7.2.4　使用 min 或 max 函数进行缩放	241
	7.2.5　使用 force_original_aspect_ratio 进行缩放	242
	7.2.6　使用 pad 选项填充黑边	243
	7.2.7　使用 scale 的指定算法进行缩放	244
	7.2.8　scale 参数说明	244
7.3	音视频倍速	244
	7.3.1　视频倍速	245
	7.3.2　音频倍速	247
	7.3.3　音视频同时倍速	248
	7.3.4　使用 ffplay 倍速播放	249
7.4	视频裁剪及 crop 参数详解	250
	7.4.1　使用 crop 实现裁剪	250
	7.4.2　crop 参数说明	251
	7.4.3　复杂滤镜 nullsrc、crop、overlay 结合使用	252
	7.4.4　nullsrc 参数说明	254
	7.4.5　使用 nullsrc 生成一段空屏视频	254
	7.4.6　使用 color 滤镜生成黑色背景的视频	254

7.5 视频倒放 ··· 255
7.6 视频翻转与旋转 ·· 256
7.7 视频填充 pad 滤镜 ··· 259
7.8 视频倒影及镜面水面特效 ·· 263
7.9 画中画 ·· 264
    7.9.1 画中画技术简介 ··· 265
    7.9.2 使用 overlay 实现画中画 ··· 265
    7.9.3 使用 overlay 与 scale 的结合实现画中画 ·· 266
    7.9.4 画中画的灵活位置 ·· 266
7.10 九宫格 ·· 269
    7.10.1 九宫格简介 ·· 269
    7.10.2 使用 FFmpeg 实现"四宫格" ··· 269
    7.10.3 实现"四宫格"的任意顺序 ·· 272
    7.10.4 使用 FFmpeg 实现"九宫格" ··· 272
    7.10.5 实现的视频"四宫格" ··· 273
7.11 淡入淡出效果 ··· 274
    7.11.1 fade 滤镜的参数说明 ··· 274
    7.11.2 fade 滤镜的用法 ··· 275
    7.11.3 fade 滤镜的案例 ··· 276
7.12 黑白效果 ··· 277
7.13 模糊处理 ··· 279
7.14 视频颤抖 ··· 280
7.15 浮雕效果 ··· 280
    7.15.1 geq 滤镜参数简介 ·· 281
    7.15.2 geq 滤镜的官网介绍 ·· 282
7.16 静音音频和黑幕视频 ·· 283
    7.16.1 生成静音音频 ··· 283
    7.16.2 生成纯色视频 ··· 285
7.17 软字幕和硬字幕 ·· 286
    7.17.1 字幕简介 ··· 286
    7.17.2 字幕处理 ··· 288

第 8 章 FFmpeg 命令行实现流媒体功能及直播应用 ·· 293

8.1 RTSP 简介及直播流 ··· 294
    8.1.1 RTSP 简介 ·· 294
    8.1.2 VLC 作为 RTSP 流媒体服务器 ··· 294

8.1.3　FFmpeg 实现 RTSP 直播拉流 ································· 296
　　8.1.4　RTSP 交互流程分析 ··· 300
　　8.1.5　VLC 使用摄像头模拟 RTSP 直播流 ····················· 302
8.2　RTP 简介及直播流 ·· 303
　　8.2.1　RTP 简介 ·· 303
　　8.2.2　VLC 作为 RTP 流媒体服务器 ································ 304
　　8.2.3　FFmpeg 实现 RTP 直播拉流 ·································· 304
8.3　HTTP 简介及直播流 ·· 306
　　8.3.1　HTTP 简介 ··· 306
　　8.3.2　HTTP 流媒体 ··· 307
　　8.3.3　VLC 作为 HTTP 流媒体服务器 ····························· 308
　　8.3.4　FFmpeg 实现 HTTP 直播拉流 ································ 308
8.4　UDP 简介及直播流 ·· 310
　　8.4.1　UDP 简介 ··· 310
　　8.4.2　VLC 作为 UDP 流媒体服务器 ································ 310
　　8.4.3　FFmpeg 实现 UDP 直播拉流 ·································· 311
8.5　流媒体服务器的搭建 ··· 313
8.6　RTMP 直播推流与拉流 ··· 315
　　8.6.1　RTMP 简介 ··· 315
　　8.6.2　直播推流与拉流 ··· 315
　　8.6.3　使用 FFmpeg 实现 RTMP 直播推流 ······················· 316
　　8.6.4　使用 ffplay 播放 RTMP 直播流 ····························· 317
8.7　HLS 与 M3U8 直播功能 ·· 317
　　8.7.1　Nginx-HTTP-FLV 生成 HLS 切片 ························· 318
　　8.7.2　M3U8 简介 ·· 318
　　8.7.3　使用 ffplay 播放 HLS 直播流 ································ 320

第 9 章　FFmpeg 命令行实现音视频设备采集 ······················ 321

9.1　FFmpeg 枚举设备 ··· 321
9.2　FFmpeg 采集本地话筒与摄像头数据 ··································· 323
9.3　FFmpeg 采集网络摄像头获取的数据并录制 ······················· 325
9.4　FFmpeg 采集摄像头与话筒获取的数据并直播 ··················· 326
9.5　Linux 系统中 FFmpeg 采集摄像头获取的数据 ··················· 327
　　9.5.1　VMware 中 Ubuntu 连接 USB 摄像头 ···················· 327
　　9.5.2　FFmpeg 采集 USB 摄像头获取的数据 ··················· 330
9.6　FFmpeg 录制计算机屏幕 ··· 332

9.6.1　Windows 系统中 FFmpeg 录屏 ·············· 332

9.6.2　Linux 系统中 FFmpeg 录屏 ················ 333

第 10 章　FFmpeg 命令行在 Linux 系统中的应用 ·············· 335

10.1　使用 FFmpeg 实现音视频转码 ················ 335

10.2　使用 ffplay 和 ffprobe ···················· 336

10.3　使用 FFmpeg 实现文字水印及跑马灯 ············ 337

10.4　使用 FFmpeg 实现音视频特效 ················ 340

10.5　使用 FFmpeg 实现流媒体及直播功能 ············ 341

第 11 章　体验 FFmpeg 5.0 ·························· 343

11.1　安装 FFmpeg 5.0 ······················· 343

11.1.1　FFmpeg 5.0 的官网简介 ·············· 343

11.1.2　FFmpeg 5.0 的安装 ················ 344

11.2　使用 FFmpeg 5.0 实现音视频转码 ·············· 347

11.3　使用 FFmpeg 5.0 实现文字跑马灯 ·············· 348

11.4　使用 FFmpeg 5.0 实现音视频特效 ·············· 348

11.5　使用 FFmpeg 5.0 实现流媒体及直播功能 ·········· 350

第 12 章　各种开发语言调用 FFmpeg 命令行 ················ 352

12.1　C++ 调用 FFmpeg 命令行 ·················· 352

12.1.1　C++ 调用 FFmpeg 命令行的跨平台通用代码 ······ 352

12.1.2　Visual Studio 调用 FFmpeg 命令行 ········· 354

12.1.3　Qt 调用 FFmpeg 命令行 ·············· 357

12.1.4　MinGW 调用 FFmpeg 命令行 ············ 359

12.1.5　Linux 系统下 C++ 调用 FFmpeg 命令行 ······· 360

12.1.6　popen 与 pclose ·················· 362

12.2　Java 调用 FFmpeg 命令行 ·················· 364

12.3　Python 调用 FFmpeg 命令行 ················· 367

第 1 章 FFmpeg 入门简介

7min

FFmpeg 是一套可以用来记录、转换数字音频、视频，并能将其转化为流的开源计算机程序，采用 LGPL 或 GPL 许可证。它提供了录制、转换及流化音视频的完整解决方案。它包含非常先进的音频/视频编解码库 libavcodec，为了保证高可移植性和编解码质量，libavcodec 里的很多代码是从头开发的。

FFmpeg 在 Linux 平台下开发，也可以在其他操作系统环境中编译运行，包括 Windows、macOS X 等。这个项目最早由 Fabrice Bellard 发起，2004—2015 年间由 Michael Niedermayer 主要负责维护。许多 FFmpeg 的开发人员来自 MPlayer 项目，而且当前 FFmpeg 也是放在 MPlayer 项目组的服务器上。项目的名称来自 MPEG(Moving Picture Experts Group)视频编码标准，前面的 FF 代表 Fast Forward。FFmpeg 编码库可以使用 GPU 加速。本章重点介绍 FFmpeg 的项目组成结构、常用功能、框架及处理流程等。

1.1 FFmpeg 简介

FFmpeg 读作 ef ef em peg，其 LOGO 如图 1-1 所示。它通常被称为媒体转码或流媒体的瑞士军刀。使用 FFmpeg 可以实现很多功能。它的代码是用 C 语言编写的，并针对最佳性能进行了优化。它的命令很容易理解并可以方便运行。熟悉了这些概念之后，就可以非常灵活地使用一些复杂滤镜和选项来满足项目需求。

图 1-1 FFmpeg 的 LOGO

FFmpeg 是一套可以用来记录、转换数字音频、视频，并能将其转化为流的开源计算机程序。使用 C 语言进行开发，采用 LGPL 或 GPL 许可证，可前往 GitHub 下载其源码。它提供了录制、转换及流化音视频的完整解决方案。前往其官网下载软件，将其添加到操作系统的环境变量中即可使用 ffmpeg、ffplay 及 ffprobe 分别进行音视频的处理、播放和信息查看。FFmpeg 在 GitHub 上的源码网址为 https://github.com/FFmpeg/FFmpeg，FFmpeg 在 GitHub 上编译好的项目网址为 https://github.com/BtbN/FFmpeg-Builds/releases。读者可以根据自己的需求来自行编译源码或者直接下载已编译好的软件包。

注意：FFmpeg 作为项目名称使用时前两个 F 需要大写，而 ffmpeg 作为命令行工具名称使用时前两个 f 需要小写。

1.1.1 FFmpeg 官网介绍

FFmpeg 支持广泛的代码、格式、设备和协议，这使其成为转码引擎的理想选择。与许多已停止的项目不同，20 多年来它仍在积极开发。有一个庞大的开发人员、用户和贡献者社区，相关人员在不断地开发新功能和修复程序。

FFmpeg 已被用于 YouTube 和 iTunes 等视频平台的核心处理。大多数开发人员使用像 VLC 这样的媒体播放器来测试并播放视频文件，而 VLC 使用 FFmpeg 库作为其核心。另外还有一些视频编辑器和移动应用程序也在幕后使用 FFmpeg。

下面来看一段 FFmpeg 官网的权威简介，原文摘录如下：

FFmpeg is the leading multimedia framework, able to decode, encode, transcode, mux, demux, stream, filter and play pretty much anything that humans and machines have created. It supports the most obscure ancient formats up to the cutting edge. No matter if they were designed by some standards committee, the community or a corporation. It is also highly portable: FFmpeg compiles, runs, and passes our testing infrastructure FATE across Linux, Mac OS X, Microsoft Windows, the BSDs, Solaris, etc. under a wide variety of build environments, machine architectures, and configurations.

It contains libavcodec, libavutil, libavformat, libavfilter, libavdevice, libswscale and libswresample which can be used by applications. As well as ffmpeg, ffplay and ffprobe which can be used by end users for transcoding and playing.

笔者对此进行简单翻译以帮助理解：

FFmpeg 是领先的多媒体框架，能够解码、编码、转码、多路复用、解复用、流式传输、过滤和播放绝大多数由人和机器所创建的音视频内容。它支持由标准委员会、社区或公司设计的绝大多数的格式，从最隐晦的古老格式，直至最前沿的语法格式。它还具有高度的可移植性：FFmpeg 可以在各种构建环境、机器体系结构和配置下跨 Linux、Mac OS X、Microsoft Windows、BSDs、Solaris 等编译、运行并可以通过测试基础架构。

FFmpeg 包含应用程序可以使用的 libavcodec、libavutil、libavformat、libavfilter、libavdevice、libswscale 和 libswresample 等组件库，以及最终用户可用于转码和播放的 ffmpeg、ffplay 和 ffprobe 共 3 个命令行工具。

1.1.2 FFmpeg 耻辱柱

许多播放器使用了 FFmpeg 的代码或模块但没有遵守 LGPL/GPL 协议，FFmpeg 将许多不遵守协议的播放器发布在其官网页面上,名为 Hall of Shame,故称为耻辱柱事件。由于 FFmpeg 是在 LGPL/GPL 协议下发布的(如果使用了其中一些使用 GPL 协议发布的模块,则必须使用 GPL 协议),任何人都可以自由使用,但必须严格遵守 LGPL/GPL 协议。目前有很多播放软件使用了 FFmpeg 的代码,但它们并没有遵守 LGPL/GPL 协议,没有公开任何源代码。读者应该对这种侵权行为表示反对。

开源软件有很多的许可协议可以采用,常用的有 GPL、LGPL、BSD、Apache 等,个人和企业可根据自己的实际情况加以选择。对于非代码资料(如文档、视频等)可采用创作共用 CC 版权协议。一些商业化公司也开始将它们自己的技术文档以 CC 的方式进行更加广泛的传播和分发。对企业来讲,公开一些自己的技术资料不太现实,但企业完全可以在自己产品的版权信息里引入第三方开源软件的版权申明,这点对企业来讲并不难。

1.1.3　Libav 政变

Libav 是由 FFmpeg 中"政变"失败的部分开发者发展而来的一个完整的、跨平台的用于音频和视频录制、转换的解决方案,包含 libavcodec 编码器。在原 FFmpeg 社区中部分开发者相比维护更倾向于开发,不满于现有项目的管理形式,于是发生了一次"政变",占领了 FFmpeg 官方网站,其最后结果是这部分开发者创立了一个新分支(名为 Libav 的项目)进行开发。

2011 年 1 月 19 日,FFmpeg 的现任维护者 Michael Niedermayer 在邮件列表上披露,FFmpeg 发生了"政变",一些开发者占领了官方网站,关闭了其他人的写入权限。随后政变者宣布 FFmpeg"建立新政权",维护任务将由他们接手,宣称只有维护团队才拥有主源码库的写入权限。"新内阁"成员之一的 Diego Biurrun 解释了他们的行动,称"政变"是迫不得已,表示他们原本想联络每个开发者,但没有成功,因为不是每个人都在 IRC 上,或者能及时回电话、邮件或短信。"革命"的原因是为了统一,FFmpeg 社区分裂的情况严重到他们已经看不下去了。他们期望 FFmpeg 项目能建立一个健康而友好的开发环境。

这个项目最初是由 Fabrice Bellard 发起的,而现在是由 Michael Niedermayer 在进行维护。许多 FFmpeg 的开发者同时也是 MPlayer 项目的成员,FFmpeg 在 MPlayer 项目中被设计为服务器版本进行开发。2011 年 3 月 13 日,Fabrice Bellard 等人跳出去开发新项目,称作 Libav,同时制定了一套关于项目继续发展和维护的规则。

1.1.4　开源许可协议简介

开源软件许可协议主要包括 MIT、BSD、Apache License、GPL、LGPL 和 Mozilla 等。按照许可协议限制从左至右越来越宽松,如图 1-2 所示,MIT 协议限制最少,BSD 协议对商业运用最好。

1. MIT

MIT 源自麻省理工学院,又称 X11 协议。作者只想保留版权,而无任何其他限制。MIT 与 BSD 类似,但是比 BSD 协议更加宽松,是目前限制最少的协议。这个协议唯一的条

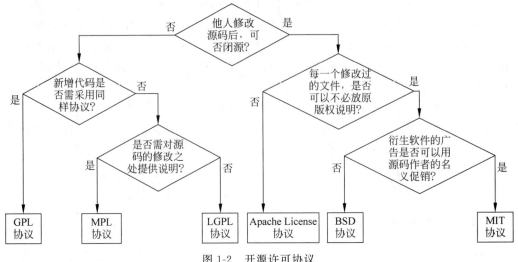

图 1-2 开源许可协议

件就是在修改后的代码或者发行包包含原作者的许可信息,适用商业软件。使用 MIT 的软件项目有 jQuery、Node.js 等。

2. BSD

BSD 的全称是 Berkeley Software Distribution,意思是"伯克利软件发行版"。该开源协议是一个给予使用者很大自由的协议,可以自由地使用或修改源代码,也可以将修改后的代码作为开源或者专有软件再发布。当发布使用了 BSD 协议的代码,或者以 BSD 协议代码为基础进行二次开发自己的产品时,需要满足以下 3 个条件:

(1)如果再发布的产品中包含源代码,则在源代码中必须带有原来代码中的 BSD 协议。

(2)如果再发布的只是二进制类库/软件,则需要在类库/软件的文档和版权声明中包含原来代码中的 BSD 协议。

(3)不可以用开源代码的作者/机构名字和原来产品的名字做市场推广。

BSD 协议鼓励代码共享,但需要尊重代码作者的著作权。BSD 由于允许使用者修改和重新发布代码,也允许使用或在 BSD 代码上开发商业软件并进行发布和销售,因此是对商业集成很友好的协议,而很多公司在选用开源产品时首选 BSD 协议,因为可以完全控制这些第三方的代码,在必要时可以修改或者二次开发。

3. Apache License

Apache License(Apache 许可证),是 Apache 软件基金会发布的一个自由软件许可证。Apache Licence 是著名的非营利开源组织 Apache 采用的协议。该协议和 BSD 类似,同样鼓励代码共享和最终原作者的著作权,同样允许对源代码进行修改和再发布,但是也需要遵循以下条件:

（1）需要给代码的用户一份Apache Licence。

（2）如果修改了代码，则需要在被修改的文件中说明。

（3）在衍生的代码中(修改和有源代码衍生的代码中)需要带有原来代码中的协议、商标、专利声明和其他原来作者规定需要包含的说明。

（4）如果在发布的产品中包含一个Notice文件，则在Notice文件中需要带有Apache Licence。可以在Notice中增加自己的许可，但是不可以表现为对Apache Licence构成更改。

（5）Apache Licence是对商业应用友好的许可。使用者也可以在需要时修改代码来满足并作为开源或商业产品发布/销售。

使用这个协议的好处包括以下几点：

（1）永久权利，一旦被授权，永久拥有。

（2）全球范围的权利，在一个国家获得授权，适用于所有国家。

（3）授权免费，无版税，前期、后期均无任何费用。

（4）授权无排他性，任何人都可以获得授权。

（5）授权不可撤销，一旦获得授权，没有任何人可以取消。基于该产品代码开发的衍生产品不用担心会在某一天被禁止使用该代码。

4. GPL

GPL的全称是GNU General Public License，即GNU通用公共许可协议。Linux采用了GPL。GPL协议和BSD、Apache Licence等鼓励代码重用的许可不一样。GPL的出发点是代码的开源/免费使用和引用/修改/衍生代码的开源/免费使用，但不允许修改后和衍生的代码作为闭源的商业软件发布和销售。这也就是为什么可以使用免费的各种Linux，包括商业公司的Linux和Linux上各种各样的由个人、组织及商业软件公司开发的免费软件了。

5. LGPL

LGPL是GPL的一个主要为类库使用设计的开源协议。和GPL要求任何使用/修改/衍生自GPL类库的软件必须采用GPL协议不同。LGPL允许商业软件通过类库引用方式使用LGPL类库而不需要开源商业软件的代码。这使采用LGPL协议的开源代码可以被商业软件作为类库引用并发布和销售。

但是如果修改LGPL协议的代码或者衍生，则所有修改的代码、涉及修改部分的额外代码和衍生的代码都必须采用LGPL协议，因此LGPL协议的开源代码很适合作为第三方类库被商业软件引用，但不适合希望以LGPL协议代码为基础，通过修改和衍生的方式做二次开发的商业软件采用。

GPL/LGPL都保障原作者的知识产权，避免有人利用开源代码复制并开发类似的产品。

6. MPL

MPL(Mozilla Public License)协议，允许免费重发布、免费修改，但要求修改后的代码版权归软件的发起者。这种授权维护了商业软件的利益,要求基于这种软件的修改无偿将版权贡献给该软件,因此,围绕该软件的所有代码的版权都集中在发起开发人的手中,但 MPL 允许修改和无偿使用。

7. EPL

EPL(Eclipse Public License 1.0)允许接受者任意使用、复制、分发、传播、展示、修改及改后闭源的二次商业发布。使用 EPL 协议,需要遵守以下规则:

(1)当一个贡献者(Contributor)将源码的整体或部分再次开源发布时,必须继续遵循 EPL 开源协议来发布,而不能改用其他协议发布。除非得到了原"源码所有者"的授权。

(2)EPL 协议下,可以对源码不做任何修改进行商业发布,但如果要发布修改后的源码,或者当再发布的是对象代码(Object Code)时,必须声明它的源代码是可以获取的,而且要告知获取方法。

(3)当需要将 EPL 下的源码作为一部分跟其他私有源码混合在一起成为一个项目(Project)发布时,可以将整个 Project/Product 以私人的协议发布,但要声明哪一部分代码是 EPL 下的,而且声明的那部分代码继续遵循 EPL 协议。

(4)独立的模块(Separate Module),不需要开源。

8. CC

CC(Creative Commons),即知识共享协议,该许可协议并不能说是真正的开源协议,大多被使用于设计类的工程上。CC 协议种类繁多,每种都授权特定的权利。一个 CC 许可协议具有 4 个基本部分,这几部分可以单独起作用,也可以组合起来,下面是这几部分的简介。

(1)署名:作品上必须附有作品的归属,作品可以被修改、分发、复制和用于其他用途。

(2)相同方式共享:作品可以被修改、分发或进行其他操作,但所有的衍生品都要置于 CC 许可协议下。

(3)非商业用途:作品可以被修改、分发等,但不能用于商业目的,但语言上对什么是"商业"的说明十分含糊不清,所以可以在工程里对其进行说明。例如,有些人简单地将"非商业"解释为不能出售这个作品,而另外一些人认为不能在有广告的网站上使用它们,还有些人认为"商业"仅仅指用它获取利益。

(4)禁止衍生作品:CC 许可协议的这些条款可以自由组合使用,大多数比较严格的 CC 协议会声明"署名权,非商业用途,禁止衍生"条款,这意味着可以自由地分享这个作品,但不能改变它和对其收费,而且必须声明作品的归属。这个许可协议非常有用,它可以让你的作品传播出去,但又可以对作品的使用保留部分或完全的控制。最少限制的 CC 协议类型当属"署名"协议,这意味着只要人们能维护你的名誉,他们对你的作品怎么使用都行。

CC 许可协议更多地被使用在设计类工程中,而不是开发类,只是必须清楚各部分条款能覆盖到的和不能覆盖到的权利。

1.2 FFmpeg 安装

下面介绍在 Windows、Linux、macOS 等操作系统上安装 FFmpeg。

1.2.1 在 Windows 上安装 FFmpeg

首先下载编译好的 FFmpeg,网址为 https://github.com/BtbN/FFmpeg-Builds/releases。

1. 解压

先将压缩包解压出来,进入 bin 目录,可以看到 ffmpeg.exe、ffplay.exe、ffprobe.exe 共 3 个文件,如图 1-3 所示。

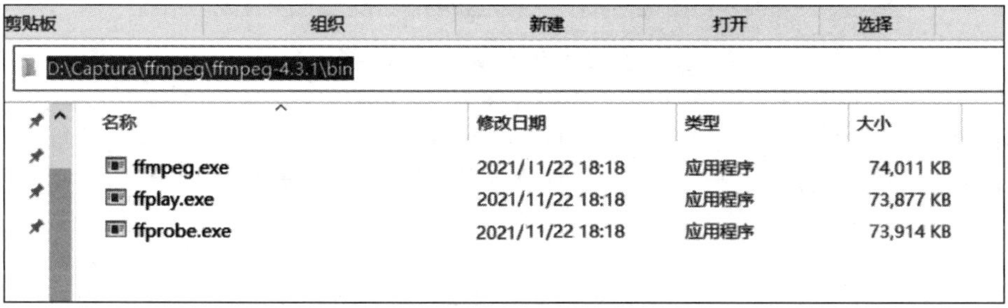

图 1-3 ffmpeg 解压后的文件

2. 设置环境变量

单击系统"开始"菜单,右击"计算机"。单击"属性"→"高级系统设置"→"环境变量"→"用户变量",选择 Path 条目,单击"新建"按钮,把第 1 步的 bin 文件夹路径复制后粘贴进去,然后单击"确定"按钮,如图 1-4~图 1-7 所示。

图 1-4 复制 ffmpeg 解压后的路径

图 1-5　右击"属性",弹出"高级系统设置"对话框

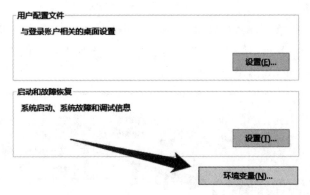

图 1-6　单击"环境变量"按钮

注意:此处笔者设置的是用户变量,仅当前 Windows 用户可以使用,如果需要使每个用户都能够使用,则需要添加到"系统变量"的 Path 条目中。

3. 检测版本

打开命令行窗口,输入命令 ffmpeg -version,如果窗口返回 FFmpeg 的版本信息,则说明安装成功,如图 1-8 所示。接下来就可以直接使用命令行执行 FFmpeg 命令进行各种媒体格式的转换了。

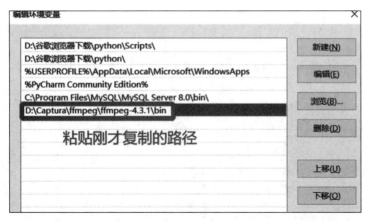

图 1-7 单击"新建"按钮,在左侧的条目中粘贴 ffmpeg 的解压路径

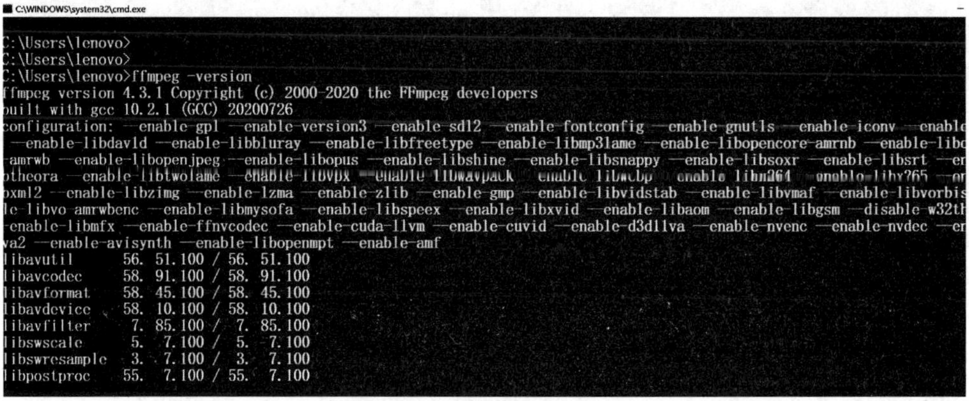

图 1-8 检测 FFmpeg 的版本信息

1.2.2 在 Linux 上安装 FFmpeg

Linux 的发行版本非常多,这里重点介绍在 Ubuntu 和 CentOS 系统中安装 FFmpeg。

1. 在 Ubuntu 系统中安装 FFmpeg

在 Ubuntu18 系统中直接使用 FFmpeg 会报错,使用 apt 方式安装即可,如图 1-9 所示,命令如下:

```
sudo apt-get install ffmpeg
```

注意:使用 sudo 管理员权限。

查看 FFmpeg 的版本,代码如下:

```
ffmpeg -v
```

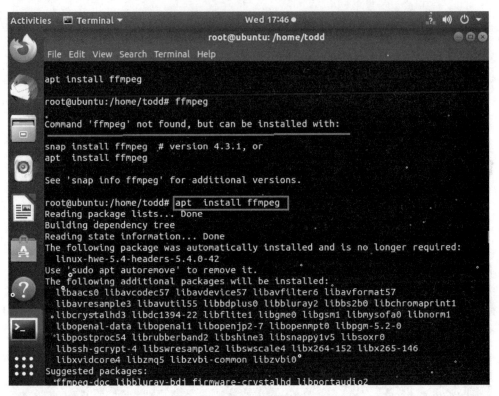

图 1-9　Ubuntu 安装 FFmpeg

输出信息如下：

```
ffmpeg version 3.4.6-0ubuntu0.18.04.1 Copyright(c) 2000-2019 the FFmpeg developers
built with gcc 7(Ubuntu 7.3.0-16Ubuntu3)
```

以上安装方法有个问题，也就是 FFmpeg 版本很低，与官网最新稳定版差距很大，在一些底层操作上可能会有出入，例如读取某个视频时会出现两个不同版本读出来的帧数不一致的问题。

卸载 FFmpeg，命令如下：

```
sudo apt-get purge ffmpeg
```

注意：此方法只适用于卸载刚刚通过 apt-get install ffmpeg 命令安装的 FFmpeg，如果卸载通过其他方法安装的 FFmpeg，则该卸载指令不适用。

2．在 CentOS 系统中安装 FFmpeg

1）升级系统

升级 CentOS 系统的代码如下：

```
//chapter1/centos.install.ffmpeg.txt
//第1章/centos.安装ffmpeg.txt
sudo yum install epel-release -y
sudo yum update -y
sudo shutdown -r now
```

注意：使用sudo管理员权限。

2）安装Nux Dextop Yum源

由于CentOS没有官方FFmpeg rpm软件包，所以应使用第三方YUM源（Nux Dextop）完成此工作。

（1）CentOS 8中的安装命令如下：

```
//chapter1/centos.install.ffmpeg.txt
//第1章/centos.安装ffmpeg.txt
sudo yum install https://dl.fedoraproject.org/pub/epel/epel-release-latest-8.noarch.rpm
sudo yum install https://download1.rpmfusion.org/free/el/rpmfusion-free-release-8.noarch.rpm https://download1.rpmfusion.org/nonfree/el/rpmfusion-nonfree-release-8.noarch.rpm
sudo yum install http://rpmfind.net/linux/centos/8-stream/PowerTools/x86_64/os/Packages/SDL2-2.0.10-2.el8.x86_64.rpm
```

（2）CentOS 7中的安装命令如下：

```
//chapter1/centos.install.ffmpeg.txt
//第1章/centos.安装ffmpeg.txt
sudo rpm --import http://li.nux.ro/download/nux/RPM-GPG-KEY-nux.ro
sudo rpm -Uvh http://li.nux.ro/download/nux/dextop/el7/x86_64/nux-dextop-release-0-5.el7.nux.noarch.rpm
```

（3）CentOS中的安装命令如下：

```
//chapter1/centos.install.ffmpeg.txt
//第1章/centos.安装ffmpeg.txt
sudo rpm --import http://li.nux.ro/download/nux/RPM-GPG-KEY-nux.ro
sudo rpm -Uvh http://li.nux.ro/download/nux/dextop/el6/x86_64/nux-dextop-release-0-2.el6.nux.noarch.rpm
```

3）安装FFmpeg和FFmpeg开发包

安装FFmpeg和FFmpeg开发包，代码如下：

```
sudo yum install ffmpeg ffmpeg-devel -y
```

4）测试 FFmpeg 是否安装成功

测试是否安装成功，代码如下：

```
ffmpeg -version
```

1.2.3　在 macOS 上安装 FFmpeg

使用包管理工具 Homebrew 来安装 FFmpeg，这种安装方式可以自动保持最新版本。Homebrew 是一个类似 apt-get 的命令行包管理工具，用以下命令安装 FFmpeg，代码如下：

```
brew install ffmpeg
```

获取 GIT master 最新版本，代码如下：

```
brew install ffmpeg --HEAD
```

安装后可将 FFmpeg 更新到最新版本，代码如下：

```
brew update && brew upgrade ffmpeg
```

如果已经安装了 HEAD，则可以通过以下命令更新，代码如下：

```
brew upgrade --fetch-HEAD ffmpeg
```

1.3　FFmpeg 项目组成

构成 FFmpeg 主要有三部分。

1.3.1　工具

第一部分是 4 个作用不同的工具软件，包括 ffmpeg.exe、ffplay.exe、ffserver.exe 和 ffprobe.exe，在 Linux 系统中这 4 个文件不带后缀.exe。

（1）ffmpeg.exe：音视频转码、转换器。

（2）ffplay.exe：功能强大的音视频播放器。

（3）ffserver.exe：流媒体服务器。

（4）ffprobe.exe：多媒体码流分析器。

1.3.2　SDK

第二部分是可以供开发者使用的 SDK，即为各个不同平台编译完成的库。如果说上面的 4 个工具软件都是完整成品形式的玩具,则这些库就相当于乐高积木,可以根据自己的需求使用这些库开发应用程序,主要包括以下几个库。

(1) libavcodec:包含音视频编码器和解码器。编解码库,封装了 Codec 层,但是有一些 Codec 具备自己的 License,FFmpeg 不会默认添加 libx264、FDK-AAC、Lame 等库,但是 FFmpeg 是一个平台,可以将其他的第三方 Codec 以插件的方式添加进来,为开发者提供统一接口。

(2) libavutil:包含多媒体应用常用的简化编程工具,如随机数生成器、数据结构、数学函数等功能。核心工具库,最基础模块之一,其他模块都会依赖该库执行一些基本的音视频处理操作。

(3) libavformat:包含多种多媒体容器格式的封装、解封装工具。文件格式和协议库,封装了 Protocol 层和 Demuxer、Muxer 层,使协议和格式对于开发者来讲是透明的。

(4) libavfilter:包含多媒体处理常用的滤镜功能。音视频滤镜库,该模块包含了对音频特效和视频特效的处理,在使用 FFmpeg 的 API 进行编解码的过程中,可以使用该模块高效地为音视频数据做特效处理。

(5) libavdevice:此库与用于音视频数据采集和渲染等功能的设备相关。输入/输出设备库,例如果需要编译出播放音频或者视频的工具 ffplay,就需要确保该模块是打开的,同时也需要预先编译好 libsdl,该设备模块播放音频和视频都使用 libsdl 库。

(6) libswscale:用于图像缩放、色彩空间和像素格式转换。该模块用于图像格式转换,可以将 YUV 数据转换为 RGB 数据。

(7) libswresample:用于音频重采样和格式转换等功能。可以对数字音频进行声道数、数据格式、采样率等多种基本信息转换。

(8) libpostproc:该模块用于进行后期处理,当使用 filter 时,需要打开这个模块,filter 会用到这个模块的一些基础函数。

(9) avresample:比较老的 FFmpeg 还会编译出 avresample 模块,用于对音频原始数据进行重采样,但是已经被废弃,推荐使用 libswresample 替代。

另外,库里还可以包含对 H.264/MPEG-4 AVC 视频编码的 X264 库,是最常用的有损视频编码器,支持 CBR、VBR 模式,可以在编码的过程中直接改变码率的设置,在直播的场景中非常适用,可以实现码率自适应功能。

1.3.3 源码

第三部分是整个工程的源代码,无论是编译出来的可执行程序还是 SDK,都由这些源代码编译出来。FFmpeg 的源代码由 C 语言实现,主要在 Linux 平台上进行开发。

FFmpeg 不是一个孤立的工程,它还存在多个依赖的第三方工程来增强它自身的功能。

1.4 FFmpeg 常用功能

FFmpeg 是一个免费的多媒体框架,可以实现音频和视频多种格式的录像、转换、流功能,能让用户访问绝大多数视频格式,包括 mkv、flv、mov 等,VLC Media Player、Google Chrome 浏览器都已经支持。

FFmpeg 从功能上可以划分为几个模块,分别为核心工具(libutils)、媒体格式(libavformat)、编解码(libavcodec)、设备(libavdevice)和后处理(libavfilter/libswscale/libpostproc),分别负责提供公用的功能函数、实现多媒体文件的读包和写包、完成音视频的编解码、管理音视频设备的操作及进行音视频后处理。它有非常强大的功能,包括视频采集功能、视频格式转换、视频抓图、给视频加水印等,这里简单介绍几项。

1. 视频采集功能

FFmpeg 视频采集功能非常强大,不仅可以采集视频采集卡或 USB 摄像头的图像,还可以进行屏幕录制,同时还支持以 RTP 方式将视频流传送给支持 RTSP 的流媒体服务器,支持直播应用等。在 Linux 平台上,FFmpeg 对 V4L2 的视频设备提供了很好的支持,可以实现视频采集;在 Windows 平台上可以通过 VFW 或 DShow 进行视频采集。

2. 视频格式转换功能

FFmpeg 视频转换功能非常强大,例如可以很方便地实现多种视频格式之间的相互转换,例如 wmv、avi、mkv、mp4、mov、flv、m3u8、ts 等。

3. 视频截图

对于选定的视频,可以截取指定时间的缩略图;可以实现视频抓图,包括获取静态图和动态图。

4. 给视频加水印功能

可以通过 FFmpeg 给视频加水印功能,包括文字水印和图片水印等,还可以实现文字跑马灯等特效。

5. ffplay 的视频播放功能

ffplay 是 FFmpeg 自带的播放器,使用了 FFmpeg 解码库和用于视频渲染显示的 sdl 库,也是业界播放器最初参考的设计标准。

6. ffprobe 的媒体信息分析功能

ffprobe 可以从媒流体收集媒体信息,并打印出开发人员可以读的格式,也可以把 ffprobe 理解为媒流体的分析工具;使用 ffprobe 可以查看媒流体中包含的容器,以及容器中包含的媒流体的格式和类型。

1.5 FFmpeg 框架与处理流程

FFmpeg 是一个开源免费跨平台的视频和音频流方案,它提供了录制音视频、音视频编解码、转换及流化音视频的完整解决方案。这个开源框架中包含几种工具,每个用于完成特定的功能。例如 ffmpeg 是一个非常有用的命令行程序,可以用来转码媒体文件,包括很多功能,例如解码、编码、转码、混流、分离、转化为流、过滤及播放绝大多数的媒体文件;ffserver 能够将多媒体文件转化为用于实时广播的流;ffprobe 用于分析多媒体流;ffplay 可以当作一个简易的媒体播放器。

1.5.1 FFmpeg 的处理流程

FFmpeg 主要是一个转码工具,处理流程包括从输入源获得原始的音视频数据,解封装后便可得到压缩的音视频包,解码后便可得到原始的音视频帧,可进行一些帧特效处理,然后重新编码、封装,最后进行输出,包括文件或直播推流等,如图 1-10 所示。

(1) 将输入源解封装(Demuxer),得到压缩封装的音视频包。
(2) 对音视频进行解码(Decoder),得到原始的音视频帧。
(3) 对原始的音视频帧进行后期特效处理。
(4) 对处理后的音视频帧重新进行编码、封装。
(5) 对编码封装后的音视频包进行封装,可以输出文件或直播推流。

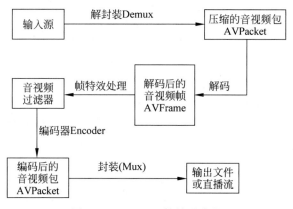

图 1-10 FFmpeg 的处理流程

1.5.2 FFmpeg 的关键结构体

FFmpeg 中的关键结构体可以分成以下几大类。

1. 协议

主要的协议(Protocol)类型包括 file、http、rtsp、rtmp、mms、hls、rtp 等,几个常用的数

据结构包括 AVIOContext、URLProtocol、URLContext。URLContext 主要用于存储音视频使用的协议的类型及状态；URLProtocol 用于存储输入音视频使用的封装格式，每种协议都对应一个 URLProtocol 结构。

注意：FFmpeg 中文件也被当作一种协议，即 file。

2．封装与解封装

主要的封装（Mux/Demux）类型包括 FLV、AVI、RMVB、MP4、MOV、MKV、TS、M3U8 等。AVFormatContext 主要用于存储音视频封装格式中包含的信息；AVInputFormat 用于存储输入音视频使用的封装格式；AVoutputFormat 用于存储输出音视频使用的封装格式。每种音视频封装格式都对应一个 AVInputFormat 结构。

3．编码与解码

主要的编解码（Coding/Decoding）类型包括 H.264、H.265、VP8、VP9、MPEG-2、AAC、MP3、AC-3 等。AVStream 用于存储一个视频或音频流的相关数据；每个 AVStream 对应一个 AVCodecContext，用于存储该视频或音频流使用解码方式的相关数据；每个 AVCodecContext 中对应一个 AVCodec，包含该视频或音频对应的解码器。每种解码器都对应一个 AVCodec 结构。

4．数据存储

对于视频，每个结构一般存储一帧，而音频可能有好几帧。编码前的数据结构是 AVPacket，解码后的数据结构是 AVFrame。

FFmpeg 关键结构体的对应关系如图 1-11 所示。

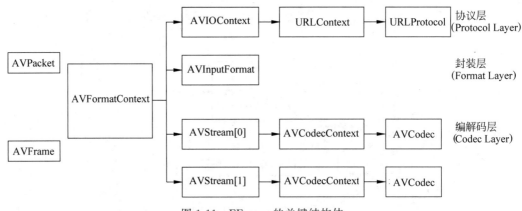

图 1-11　FFmpeg 的关键结构体

（1）AVFrame 结构体一般用于存储原始数据，即非压缩数据，例如对视频来讲是 YUV/RGB，对音频来讲是 PCM。此外还包含了一些相关的信息，例如解码时存储了宏块类型表、QP 表、运动向量表等数据。编码时也存储了相关的数据，因此在使用 FFmpeg 进行码流分析时，AVFrame 是一个很重要的结构体。

（2）AVFormatContext，是一个贯穿始终的数据结构，很多函数都要用到它作为参数。

它是 FFmpeg 解封装(如 FLV、MP4、RMVB、AVI)功能的重要结构体。

(3) AVCodecContext 一般在编解码时用。

(4) AVIOContext 是 FFmpeg 管理输入及输出数据的结构体。

(5) AVCodec 是存储编解码器信息的结构体。

(6) AVStream 是存储每个视频或音频流信息的结构体。

(7) AVPacket 是存储压缩编码数据相关信息的结构体。

注意：这里的几个结构体非常重要，比较晦涩难懂，读者对此先有个大体的印象即可，由后续专门的图书(SDK 二次开发与直播美颜原理及应用)详细讲解。

5. 基本概念

(1) 容器(Container)是指一种文件格式，例如 flv、mkv 等，可以包含各种流及文件头信息。

(2) 流(Stream)是指一种视频数据信息的传输方式，常见的 5 种流包括音频、视频、字幕、附件和数据。

(3) 帧(Frame)代表一幅静止的图像，分为 I 帧、P 帧和 B 帧。

(4) 编解码器(Codec)可对视频进行压缩或者解压缩，CODEC = COde(编码) + DECode(解码)。

(5) 复用/解复用(Mux/Demux)可把不同的流按照某种容器的规则放入容器，这种行为叫作复用。把不同的流从某种容器中解析出来，这种行为叫作解复用。

(6) 帧率(Frame Rate)，也叫帧频率，是视频文件中每一秒的帧数，人类的眼睛想看到连续移动图像至少需要每秒 15 帧。

(7) 码率(bitrate per second)，即比特率(也叫数据率)，是一个确定整体视频或音频质量的参数，是以秒为单位处理的比特数，码率和视频质量成正比，在视频文件中比特率用 bps 来表达。

第 2 章 FFmpeg 命令行初体验

FFmpeg 提供的功能大都能通过命令行实现，丰富的选项可以对每个环节进行配置。在写代码之前可以先用命令行参数验证可行性，必要时可以通过 ffmpeg -h full 来查询所有选项的详细说明，可以在里面找到每个选项的详细说明，也可以直接阅读官方文档，网址为 https://ffmpeg.org/ffmpeg-all.html。

2.1 FFmpeg 命令行简介

FFmpeg 的命令行工具大体可以分为三类，包括播放（ffplay）、处理（ffmpeg）和查询（ffprobe）。ffmpeg 用于音视频编解码，ffplay 用于音视频播放，ffprobe 用于查看音视频的基本参数信息。

FFmpeg 的主要转码流程：首先通过分流器将输入的文件分解为编码后的数据包，然后通过解码器把编码数据转换成解码后的数据帧，处理之后，再把数据帧通过编码器转换成编码后的数据包，最后通过混合器打包为输出文件。概括起来共 5 个步骤，包括分流、解码、处理、编码和混合，如图 2-1 所示。

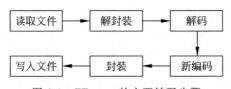

图 2-1 FFmpeg 的主要转码步骤

FFmpeg 主要用于对音视频编解码，命令使用格式如下：

```
//chapter2/2.1.txt
# ffmpeg [全局参数] [[输入文件参数] -i 输入文件]... {[输出文件参数] 输出文件}...
$ ffmpeg [global_options] {[input_file_options] -i input_url} ... {[output_file_options] output_url} ...
```

FFmpeg 命令行的详细用法可以参考 FFmpeg 的在线文档，网址为 https://ffmpeg.

org/ffmpeg-all.html,也可以使用以下命令查看,代码如下:

```
//chapter2/2.1.txt
#简易版
$ ffmpeg -h
#详细版
$ ffmpeg -h long
#完整版
$ ffmpeg -h full
```

FFmpeg 命令行的使用比较方便,但功能强大,例如将 MP3 转换成 WAV 文件的命令行如下:

```
//chapter2/2.1.txt
#将 hello.mp3 转换为 WAV 格式
#注意需要切换到 hello.mp3 的同路径下
ffmpeg -i hello.mp3 hello.wav
```

例如截取 MP4 文件的一个片段,并转换为 FLV 格式的命令行如下:

```
//chapter2/2.1.txt
#截取 hello.mp4 文件的一个片段(从第 5s 开始,共截取 10s)并转换为 FLV 格式
#注意转码过程中,视频使用 libx264 进行重新编码,音频使用 AAC 进行重新编码
ffmpeg -ss 5 -t 10 -i hello.mp4 -vcodec libx264 -s 640x480 -acodec aac -f flv hello.flv
```

音视频的通用参数如下。

(1) -i:设定输入流,包括本地文件或网络流媒体。

(2) -f:设定输出格式,常用的格式包括 MP4、FLV、MPEGTS 等。

(3) -ss:设定截取视频片段的开始时间。

(4) -t:设定截取视频片段的时长,单位是秒。

视频的常用参数如下。

(1) -b:设定视频码率,默认为 200kb/s。

(2) -r:设定帧率,默认为 25。

(3) -s:设定画面的宽与高,例如-s 352x288(数字中间的 x 是小写字母 x)。

(4) -aspect:设定画面的比例。

(5) -vn:不处理视频,即将视频流过滤掉。

(6) -vcodec:设定视频编码器,如果未设定,则使用与输入流相同的编解码器,一般后面加 copy 表示复制。

音频的常用参数如下。

(1) -ar:设定采样率,常用的采样率包括 22050、44100、48000 等。

（2）-ac：设定声音的声道数。

（3）-acodec：设定声音编码器，如果未设定，则使用与输入流相同的编解码器，一般后面加 copy 表示复制。

2.2 音视频格式转换

使用 FFmpeg 可以很方便地实现音视频格式的互相转换。

（1）MP4 转 TS，不用重新转码，只是封装格式的转换，命令如下：

```
//chapter2/2.1.txt
ffmpeg.exe -i in.mp4 -acodec copy -vcodec copy -f mpegts out.ts
#或者用以下命令，-c copy 表示对音视频都不进行重新编码，而是直接复制原始流
ffmpeg.exe -i in.mp4 -c copy -f mpegts out.ts
```

（2）MKV 转 MP4，不用重新转码，只是封装格式的转换，命令如下：

```
ffmpeg.exe -i obj.mkv -vcodec copy -acodec copy -y output.mp4
#注意，-y 表示如果存在同名文件，则输出文件直接覆盖旧文件
```

（3）MP4 转 AVI，命令如下：

```
ffmpeg -i test.mp4 test1.avi
```

（4）AVI 转 MPG 格式，命令如下：

```
ffmpeg -i test.avi -y test1.mpg
```

（5）AVI 转 FLV 格式，命令如下：

```
ffmpeg -i test.avi -f flv test1.flv
```

（6）AVI 转 GIF 格式，命令如下：

```
//chapter2/2.1.txt
ffmpeg -i in.avi out1.gif
#AVI 转 GIF 格式，从第 6s 开始，共截取 20s
ffmpeg -ss 6 -i in.avi -t 20 out2.gif
```

（7）AVI 转 DV 格式，命令如下：

```
ffmpeg -i in.avi -s pal -r pal -aspect 4:3 -ar 48000 -ac 2 -y out1.dv
#标准的数字化 PAL 电视标准的分辨率为 720x576，帧率为 25
```

这里-s pal 中的 pal 代表视频分辨率，为 720×576；-r pal 中的 pal 代表帧率，为 25，最终生成的 out1.dv 格式的文件用 MediaInfo 查看音视频信息，如图 2-2 所示。

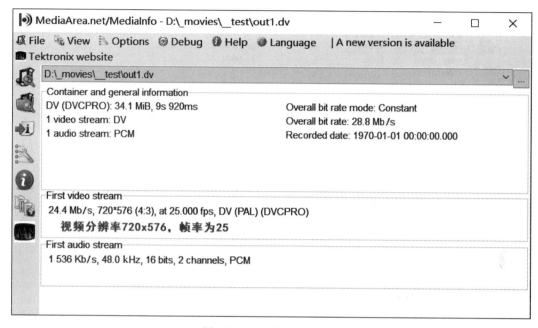

图 2-2　PAL 制的 DV 文件

（8）MP4 转 MOV 格式，命令如下：

```
ffmpeg -i in.mp4 -acodec copy -vcodec copy -f mov out1.mov
```

（9）AVI 转 DVD 播放的格式，命令如下：

```
ffmpeg -i in.avi -target pal-dvd -ps 1000000000 -aspect 16:9 video2.mpeg
```

-target type(output)用于指定目标文件类型（VCD、SVCD、DVD、DV、DV50），type 可以带有 pal-、ntsc-或 film-前缀，以便使用相应的标准。所有的格式选项（bitrate、codecs、buffer sizes）将自动设定。

-ps＜int＞用于指定 RTP 负载数据的字节数，默认值为 0，该选项的英文原始文档如下：

```
-ps <int> E..V...... RTP payload size in Bytes(from INT_MIN to INT_MAX)(default 0)
```

最终生成 video2.mpeg 视频文件，用 MediaInfo 查看音视频信息，如图 2-3 所示。

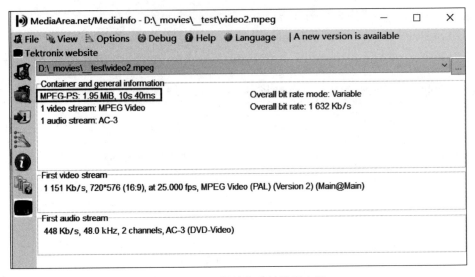

图 2-3　DVD 播放格式的视频文件

2.3　视频缩略图

视频内容在近几年的互联网发展中如火如荼且持久不衰。通常来讲,可视化的信息内容更容易被用户接受,例如短视频易于长视频、长视频易于或等于图片、图片易于文字。提升视频的用户体验涉及视频的标题、缩略图、内容清晰度、流畅度、视频内容的吸引力等因素,而 FFmpeg 可以很方便地生成视频缩略图。

1. 生成所有帧的视频缩略图

生成所有帧的视频缩略图,生成效果如图 2-4 所示,命令如下:

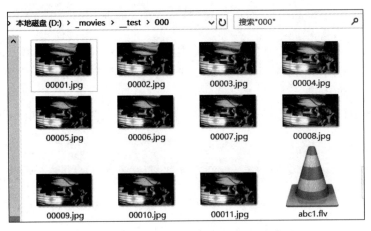

图 2-4　FFmpeg 生成所有帧的视频缩略图

```
ffmpeg -i test.mp4 -f image2 %05d.jpg
```

(1) -i filename：输入的文件名。
(2) -f：输出文件格式，例如 IMAGE2、AVI、WAV 等。
(3) %05d.jpg：输出文件名格式，这里指定为 5 位数字，范围是 00001.jpg～99999.jpg。

2．指定图片宽和高的视频缩略图

指定图片宽和高的视频缩略图，命令如下：

```
ffmpeg -i test.mp4 -f image2 -s 1024*768 %05d.jpg
```

-s size：输出的图片的大小（宽×高），输出的图片可能存在变形情况，使用时应尽量保持原来视频中的宽高比（Aspect Ratio）。

3．指定时间段的视频缩略图

指定时间段的视频缩略图，命令如下：

```
ffmpeg -i test.mp4 -t 5 -f image2 %05d.jpg
```

-t duration：视频的前 duration 秒的图片，注意单位是秒。
指定开始时间和时间段的视频缩略图，命令如下：

```
ffmpeg -i test.mp4 -ss 0:0:30 -to 0:0:40 -f image2 %05d.jpg
```

(1) -ss time_off：视频开始时间位置，格式为"时:分:秒"，也可以直接用秒数。
(2) -to time_stop：视频结束时间位置，格式为"时:分:秒"，也可以直接用秒数。
这里的命令代表从第 30s 开始，到第 40s 结束，生成视频缩略图。

4．指定每秒截取速率的视频缩略图

指定每秒截取速率的视频缩略图，命令如下：

```
ffmpeg -i test.mp4 -r 1 -f image2 -y %05d.jpg
```

(1) -r rate：每秒截取 rate 张图片，即每秒截取的帧数。
(2) -y：覆盖同名的输出文件。

5．指定帧数的视频缩略图

指定帧数的视频缩略图，命令如下：

```
ffmpeg -i test.mp4 -vframes 30 -f image2 -y %05d.jpg
```

-vframes number：输出视频前 number 帧。

6．指定输出 gif 类型的视频缩略图

指定输出 gif 类型的视频缩略图，命令如下：

```
ffmpeg -i test.mp4 -vframes 30 -y -f gif test.gif
```

-f gif：指定输出类型为 gif 图。

2.4 图片拼接成视频

使用 FFmpeg 可以将视频截图生成很多单张图片，也可以将大量图片拼接成一个视频，这里介绍如何将大量图片拼接成视频及部分参数的含义。使用 FFmpeg 将图片拼接成视频前，需要对图片文件名进行预处理，文件名中必须有数字将其次序标记出来，例如可以使用数字将图片重命名，如图 2-5 所示。

使用 FFmpeg 将大量图片拼接成视频，生成过程如图 2-6 所示，生成的 MP4 视频信息如图 2-7 所示，命令如下：

图 2-5 本地准备好的大量 jpg 图片

```
ffmpeg -f image2 -i %05d.jpg -s 640x480 output5.mp4
```

上述命令就可以将这些图片拼接成一个 MP4 格式视频，命令中的%05d 是数字编号占位符，FFmpeg 会按次序加载 00001.jpg～99999.jpg 作为输入。这里指定了输出视频的宽高是 640×480，而没有指定其他参数，所以 FFmpeg 使用了默认的参数，例如帧率是 25 帧/秒、视频使用了 H.264 编码等。图片原始格式为 MJPGE、宽高为 1280×720、帧率为 20，这里 FFmpeg 使用 MP4 封装的 H.264 编码格式，编码器使用的是开源的 libx264。

注意：%05d.jpg 匹配的文件名必须是 00001.jpg～99999.jpg，而 1.jpg 或 01.jpg 都无法匹配。

图 2-6 FFmpeg 将大量 jpg 图片拼接成视频

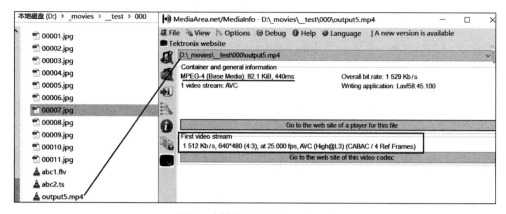

图 2-7 拼接生成的 MP4 视频

也可以调整参数来生成更符合需求的视频,下面介绍下几个常见的参数(这些参数不仅适用于图片转视频,视频转视频时也同样适用)。

(1) -r:调整帧率,如果不指定帧率,FFmpeg 则会使用默认的 25 帧,也就是 1s 拼接 25 张图片,可以通过调整帧率的大小来控制最终生成视频的时长,命令如下:

```
ffmpeg -r 10 -f image2 -i %d.jpeg output1.mp4
```

上述命令每秒会拼接 10 张图片,250 张图片最终会生成 25s 的视频。

这里需要注意-r 10 参数的位置,在-i %d.jpeg 的前面和后面的效果是不一样的。放在-i 后面只会改变输出的视频帧率,而输入的还是默认值每秒 25 帧,命令如下:

```
ffmpeg -f image2 -i %d.jpeg -r 10 -y output1.mp4
```

这里的 250 张图片依旧只会生成 10s 的视频,但视频的播放速率会减小到每秒 10 帧。

(2) -b:v:调整视频码率,-b:v 代表 Bitrate of Video,即视频的码率,如果原始图片比较大,默认参数生成的视频会比较大。例如上文中使用的图片都是 2K 的高清图,最终生成的 10s 视频就有 35MB,码率接近 30Mb/s(码率是指 1s 播放的数据量,注意单位是小 b),命令如下:

```
ffmpeg -r 10 -f image2 -i %d.jpeg -b:v 4M output2.mp4
```

注意:改变码率会影响视频的清晰度,但并不意味着高码率的视频一定比低码率的视频清晰度更高,这还取决于视频编码格式,例如 H.265 编码可以用更小的码率生成 H.264 同等的视频质量。

(3) -crf:调整视频质量,-crf 代表 Constant Rate Factor,是用以平衡视频质量和文件大小的参数,FFmpeg 的取值范围为 0~51,取值越大内容损失越多,视频质量越差。

FFmpeg 的默认值为 23，建议的取值范围为 17~28，命令如下：

```
ffmpeg -r 10 -f image2 -i %d.jpeg -crf 30 -y output3.mp4
```

(4) -c:v：调整视频的编码格式，-c:v 代表 Codec of Video。目前 FFmpeg 针对 MP4 默认使用的是 H.264，可以使用 -c:v libx265 生成同等质量的视频文件，即文件更小的 H.265 视频，命令如下：

```
ffmpeg -f image2 -i %d.jpeg -c:v libx265 -y output4.mp4
```

output4.mp4 相比于上文中生成的 output3.mp4，视频文件大小减少了 60%，但视频质量不变。也可以使用 -c:v libvpx、-c:v libvpx-vp9 参数分别生成 vp8 和 vp9 编码的 webm 文件，命令如下：

```
ffmpeg -f image2 -i %d.jpeg -c:v libvpx output-v8.webm
```

其中，webm 默认生成的是低质量的视频，可使用 -crf 或者 -b:v 参数调整视频质量。

注意：FFmpeg 如果想使用 libx264、libx265、libvpx 等编码器，必须在编译时集成进来，否则会报错，提示"找不到对应的编码器"。

(5) -vf scale：调整视频分辨率，-vf scale 代表 Video Filter Scale，命令如下：

```
ffmpeg -f image2 -i %d.jpeg -s 640x480 output5.mp4
```

上面的命令会将视频直接调整为 640×480 的分辨率，如果原始图片不是 4:3，就会对原始图像进行拉伸，也可以使用等比例缩放，命令如下：

```
ffmpeg -f image2 -i %d.jpeg -vf scale=-1:480 output5.mp4
```

-vf scale=-1:480 表示高度固定为 480，而宽度等比例缩放，也可用 -vf scale=640:-1 参数将宽度固定而缩放高度。

2.5 ffplay 视频播放

ffplay 主要用于播放音视频，命令行格式如下：

```
# ffplay [全局参数] [输入文件]
$ ffplay [options] [input_url]
```

ffplay 的详细用法可以参考 ffplay 的在线文档，网址为 https://ffmpeg.org/ffplay-all.html，也可以使用以下命令查看：

```
#简易版
$ ffplay -h
#详细版
$ ffplay -h long
#完整版
$ ffplay -h full
```

ffplay 可以很方便地播放视频文件，效果如图 2-8 所示，代码如下：

```
$ ffplay -i hello.y4m
```

图 2-8 ffplay 的播放效果

注意：Y4M(YUV4MPEG2)是一种特殊的封装格式，主要用来保存 YUV(YCbCr)数据的文件格式，文件扩展名为.y4m。因为原始的 YUV 文件没有参数信息(例如宽、高和采样格式等)，所以 y4m 相当于给 YUV 文件添加了一个"参数信息头"，以方便播放器来识别。

2.6 ffprobe 获取视频信息

ffprobe 主要用于查看文件信息，命令如下：

```
#ffprobe [全局参数] [输入文件]
$ ffprobe [options] [input_url]
```

详细用法可以参考 ffprobe 的在线文档，网址为 https://ffmpeg.org/ffprobe-all.html，

也可以使用以下命令查看：

```
#简易版
$ ffprobe - h
#详细版
$ ffprobe - h long
#完整版
$ ffprobe - h full
```

例如查看 hello.mp3 文件的采样率、比特率、时长等信息，如图 2-9 所示，代码如下：

```
ffprobe - i hello.mp3
```

```
D:\_movies\songs>ffprobe -i hello.mp3
ffprobe version 4.3.1 Copyright (c) 2007-2020 the FFmpeg developers
Input #0, mp3, from 'hello.mp3':
  Metadata:
    artist          : Beyond
    album           : Band 5 - 世纪组合
    title           : 光辉岁月
    TYER            : 2007-06-28
    comment         : V1.0
    encoder         : Lavf57.57.100
  Duration: 00:00:10.00, start: 0.011995, bitrate: 128 kb/s
    Stream #0:0: Audio: mp3, 44100 Hz, stereo, fltp, 128 kb/s
```

图 2-9　ffproboe 查看 MP3 文件的流信息

数字音频涉及的基础概念非常多，包括采样、量化、编码、采样率、采样数、声道数、音频帧、比特率、PCM 等。从模拟信号到数字信号的过程包括采样、量化、编码 3 个阶段。在数字化的采样、量化和编码过程中，选取的采样频率、量化位数和声道数将会影响音频数字信号的质量，因此，可以用这 3 个参数来衡量数字音频的质量。声音通道的个数称为声道数，声道数指一次采样所记录的声音波形个数。随着声道数增加，声音质量提升，音频文件所占用的存储容量也成倍增加。

2.7　Y4M 视频文件格式

2.7.1　Y4M 格式简介

Y4M(YUV4MPEG2)是一种简单的用来保存 YUV(YCbCr)数据的文件格式，文件的扩展名为 .y4m。读者可以下载格式样例，网址为 http://samples.mplayerhq.hu/yuv4mpeg2/，如图 2-10 所示。

FFmpeg 支持 Y4M 格式，通过下面简单的命令就可以得到 Y4M 格式的数据，代码如下：

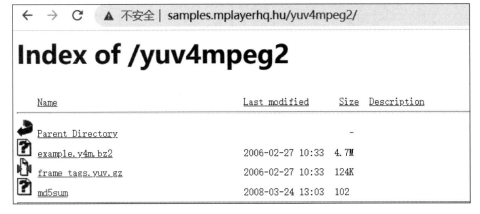

图 2-10 Y4M 的格式样例

```
//chapter2/ffmpeg.ffplay.ffprobe.y4m.txt
#将 MP4 文件里的视频解压后得到 YUV 文件,封装格式为.y4m
ffmpeg - i input.mp4 output.y4m

#将 FLV 文件里的视频解压后得到 YUV 文件,并指定格式为 yuv420p,封装格式为.y4m
ffmpeg - i hello.flv - pix_fmt yuv420p - y hello_yuv420p.y4m
```

2.7.2 Y4M 格式规范

Y4M 文件格式如图 2-11 所示。它由一个纯文本格式的 header 开始, header 后面是任意数量帧数据。每个帧数据以 5 字节的固定字符串(FRAME)开始,后面跟着 0 个或多个参数,每个参数以 0x20 开始,所有参数最后以 0x0A 结束,后面是 YUV 原始数据。

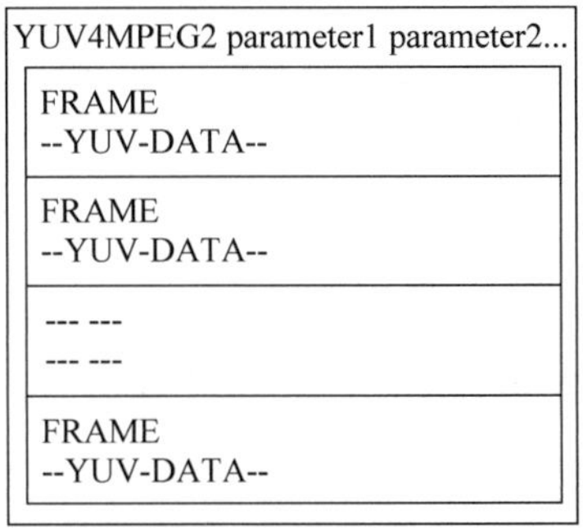

```
YUV4MPEG2 parameter1 parameter2...
┌─────────────────────┐
│ FRAME               │
│ --YUV-DATA--        │
│                     │
│ FRAME               │
│ --YUV-DATA--        │
│                     │
│ --- ---             │
│ --- ---             │
│                     │
│ FRAME               │
│ --YUV-DATA--        │
└─────────────────────┘
```

图 2-11 Y4M 文件格式

Y4M header 的规范要求 header 中各参数信息都以空格(ASCII 码 0x20)分隔,signature 后面的信息没有顺序要求,各字段格式如表 2-1 所示。

表 2-1　Y4M 的字段格式说明

字　段	格　式	说　明
signature	'YUV4MPEG2'	固定的字符串,在文件的最前面
width	'W720'	以'W'字符开头,其他的信息类似,以某个字符开头进行标识,后面跟具体的取值
height	'H480'	
fps	'F30:1'	'F30:1'表示的帧率为 30/1
interlacing	'Ix'	'Ip' = Progressive 'It' = Top field first 'Ib' = Bottom field first 'Im' = Mixed modes
pixel aspect ratio	'A4:3'	'A4:3'表示像素长宽比为 4:3。
colour space	'C420'	YUV 的不同格式
comment	'X****'	注释,可忽略

使用 UE 打开一个 Y4M 文件,查看具体的十六进制文件信息,如图 2-12 所示。

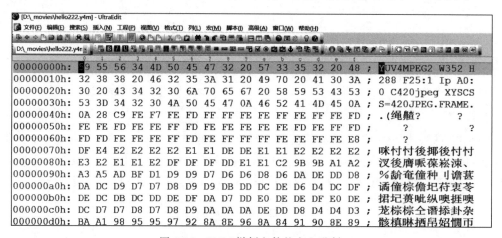

图 2-12　Y4M 样例文件的十六进制

YUV4MPEG2(Y4M)是一种简单的文件格式,它被用来保存原始的 YCbCr(如 YCbCr 4:2:0、YCbCr 4:2:2、YCbCr 4:4:4 等)数据。YUV 来源于色彩空间 YCbCr(常用于数字媒体中的彩色编码),而 YUV 常用在模拟 PAL 制传输时,以及录像带中。

Y4M 文件以一段明文开始,前 10 个字符是 YUV4NPEG2＋0x20(ASCII 码中的 0x20 表示空格字符)。紧跟在署名后面的是各种视频参数信息,各参数信息都以空格(0x20)分隔。参数信息通常包括宽、高和帧率等。每个参数(parameter)后都有一个 0x20,写完各项参数之后跟一个 0x0A(0x0A 表示换行字符)来表示头部结束,之后是 FRAME＋0x0A＋YUVDATE,每个 YUV 原始数据之前都会有这样的一个固定头部。跟在参数信息后面的是按照 YCbCr 存储的原始 YUV 数据,每帧数据都以 FRAME 开始再在后面加一个 0x0A,

其后就是原始的图像帧了。

注意：参数信息和帧头之间也要用 0x0A 分隔。

1. 帧宽
帧宽：'W'，后跟明文整数，如 W720。

2. 帧高
帧高：'H'，后跟明文整数，如 H480。

3. 帧率
帧率：'F'，后跟每秒的整数，表示为一个分数的分子和分母，示例如下。
(1) 'F30:1' = 30 FPS。
(2) 'F25:1' = 25 FPS(PAL/SECAM standard)。
(3) 'F24:1' = 24 FPS(Film)。
(4) 'F30000:1001' = 29.97 FPS(NTSC standard)。
(5) 'F24000:1001' = 23.976 FPS(Film transferred to NTSC)。

4. 隔行/逐行扫描
interlacing：'I'后跟一个单独的字母，表明交错的模式，包括以下 4 种模式。
(1) 'Ip' = Progressive，逐行扫描。
(2) 'It' = Top field first，顶场优先地隔行扫描。
(3) 'Ib' = Bottom field first，底场优先地隔行扫描。
(4) 'Im' = Mixed modes(detailed in FRAME headers)，混合模式。

5. 参数'A'：像素的宽高比
参数'A'：像素宽高比，注意这里只是表明像素的比率，不表示图片的宽高比：
(1) 'A0:0' = unknown，未知。
(2) 'A1:1' = square pixels，正方形像素。
(3) 'A4:3' = NTSC-SVCD(480x480 stretched to 4:3 screen)。
(4) 'A4:5' = NTSC-DVD narrow-screen(720x480 compressed to a 4:3 display)。
(5) 'A32:27' = NTSC-DVD wide-screen(720x480 stretched to a 16:9 display)。

6. 参数'C'：色彩空间
参数'C'：色彩空间(Color space)，示例如下。
(1) 'C420jpeg' = 4:2:0 with biaxially-displaced chroma planes。
(2) 'C420paldv' = 4:2:0 with vertically-displaced chroma planes。
(3) 'C420' = 4:2:0 with coincident chroma planes。
(4) 'C422' = 4:2:2。
(5) 'C444' = 4:4:4。

7. 参数'X'：注释信息
参数'X'：注释，将被 YUV4MPEG2 解析器所忽略。

2.8　PAL 与 NTSC

DVD 光盘刻录、电视播放视频、数码相机视频等主要采用 NTSC 和 PAL 两个视频制式，它们属于全球两大主要的电视广播制式，但是由于系统投射颜色影像的频率而有所不同。NTSC 是 National Television Standards Committee 的缩写，其标准主要应用于日本、美国、加拿大、墨西哥等，PAL 是 Phase Alteration Line（逐行倒相）的缩写。它是德国西部在 1962 年制定的彩色电视广播标准，它采用逐行倒相正交平衡调幅的技术方法，克服了 NTSC 制式相位敏感造成色彩失真的缺点。德国西部、英国等一些西欧国家，以及新加坡、中国大陆及香港、澳大利亚、新西兰等国家采用这种制式。

首先初步了解一下彩电的制式，即传送电视信号所采用的技术标准。目前世界上用于彩色广播电视的彩色电视机制式主要有三大类。

（1）正交平衡调幅逐行倒相制，简称 PAL 制式。德国、英国和其他一些西北欧国家采用这种制式。它是性能最佳且收看效果最好的制式，但成本最高。中国大陆也使用 PAL 制式。

（2）正交平衡调幅制，简称 NTSC 制式。采用这种制式的主要国家有美国、加拿大和日本等。它起源于美国，特点是成本低，兼容性能好，缺点是彩色不稳定。

（3）行轮换调频制，简称 SECAM 制式。采用这种制式的有法国等国家。它起源于法国，效果比 NTSC 好，但不及 PAL，缺点是成本较高。

注意：在日常生活中，在汉语口语里，可以将 PAL 制式读作"pa 制"，NTSC 制式简称为 N 制，可以读作"N 制"。

2.8.1　制式

电视信号的标准简称制式，可以简单地理解为用来实现电视图像或声音信号所采用的一种技术标准，即一个国家或地区播放节目时所采用的特定制度和技术标准。电视制式就是用来实现电视图像信号、伴音信号或其他信号传输的方法和电视图像的显示格式，以及这种方法和电视图像显示格式所采用的技术标准。只有遵循相同的技术标准才能实现电视机正常接收电视信号、播放电视节目。就像电源插座和插头，规格一样才能插在一起，中国的插头就不能插在英国规格的电源插座里。简单来讲，像是每秒显示多少帧，每帧总的像素数量，每像素的显示时间、显示顺序都是包含在制式所要求的格式里面。

这里要先了解一下 CRT 的工作原理，CRT 显示器学名为"阴极射线显像管"，是一种使用阴极射线管（Cathode Ray Tube）的显示器。主要由 5 部分组成：电子枪（Electron Gun）、偏转线圈（Deflection Coils）、荫罩（Shadow Mask）、高压石墨电极和荧光粉涂层（Phosphor）及玻璃外壳。传统的 CRT 电视的工作原理是通过电子束在屏幕上一行一行地扫描后发光来显示图像。靠电子束激发屏幕内表面的荧光粉来显示图像，由于荧光粉被点亮后会很快熄灭，所以电子枪必须循环不断地激发这些点。

首先，荧光屏上涂满了紧密排列的荧光粉点（荧光粉条、荧光粉单元），这些荧光粉点有红、绿、蓝3种颜色，相邻的红、绿、蓝荧光粉单元为一组，学名称为像素，每像素中都拥有红、绿、蓝（RGB）3种基色。

CRT显示器用电子束进行控制和表现三原色原理。电子枪工作原理是由灯丝加热阴极，阴极发射电子，然后在加速电场的作用下，经聚焦集聚成很细的电子束，在阳极高压作用下，获得巨大的能量，以极高的速度轰击荧光粉层，这些电子束去轰击的目标就是荧光屏上的三基色。为此，电子枪发射的电子束不是一束，而是三束，也就是说，每一次只轰击荧光屏上的一像素，每一束电子束负责轰击R、G、B里面的一种原色，它们分别受计算机显卡R、G、B 3个基色视频信号的控制，去轰击各自的荧光粉单元。受到高速电子束的激发，这些荧光粉单元分别发出强弱不同的红、绿、蓝3种光。根据空间混色法（将3个基色光同时照射在同一表面相邻的3个点上进行混色的方法）产生丰富的色彩，这种方法利用人类眼睛在超过一定距离后分辨率不高的特性，产生与直接混色法相同的效果。用这种方法可以产生色彩不同的像素，而大量的不同色彩的像素可以组成一幅漂亮的画面，不断变化的画面就成为可动的图像。也就是说，电子束以一定的顺序轰击完一幅画面所有的像素后，形成一张图画，然后轰击下一张图画，当图画切换速度足够快时，便形成了连续的视频播放。

若干行若干列的像素组成一张图，但电子束轰击像素的顺序又分为很多种。实现扫描的方式有很多种，如直线扫描、圆形扫描、螺旋扫描等，其中直线扫描又可以分为逐行扫描与隔行扫描。不同的制式可能有不同的扫描方式。逐行扫描是指电子束在屏幕上一行接着一行从左到右地进行扫描。隔行扫描是指一张图像的扫描不是在一个场周期完成的，而是由两个场周期完成的。无论是逐行扫描还是隔行扫描，为了完成对整个屏幕的扫描（一帧画面的扫描），扫描线并不是完全水平的，而是稍微倾斜的。为此，电子束既要做水平方向的运动，又要做垂直方向的运动。前者形成一行的扫描，称为行扫描，后者形成一幅画面的扫描，称为场扫描。

以NTSC电视为例，在工作时把一幅525行的图像分成两场来扫描，第一场称为奇数场，只能扫描奇数行（依次扫描1、3、5……行），第二场称为偶数场，只扫描偶数行（依次扫描2、4、6……行），通过两场扫描来完成一帧图像需扫描的所有行数，由于人眼具有视觉暂留效应，因此看上去仍是一幅完整的图像，这就是隔行扫描的原理。

2.8.2 PAL制式

PAL制式又称为帕尔制式，意思是逐行倒相，属于同时制。PAL由德国人Walter Bruch在1967年提出，当时他为德律风根（Telefunken）工作。PAL有时也被用来指625线、每秒25格、隔行扫描、PAL色彩编码的电视制式。

PAL制式中根据不同的参数细节，又可以进一步划分为G、I、D等制式，其中PAL-D制式是中国大陆采用的制式。PAL和NTSC这两种制式是不能互相兼容的，如果在PAL制式的电视上播放NTSC制式的影像，画面将变成黑白，反之在NTSC制式电视上播放PAL制式的影像也是一样。

它对同时传送的两个色差信号中的一个色差信号采用逐行倒相,对另一个色差信号进行正交调制。这样,如果在信号传输过程中发生相位失真,则会由于相邻两行信号的相位相反起到互相补偿作用,从而有效地克服了因相位失真而引起的色彩变化,因此,PAL制式对相位失真不敏感,图像彩色误差较小,与黑白电视的兼容也好。PAL电视标准,每秒25帧,电视扫描线为625线,奇场在前,偶场在后,标准的数字化PAL电视的标准分辨率为720×576,24位的色彩位深,画面的宽高比为4∶3。PAL电视标准用于中国、欧洲等国家和地区,供电频率为50Hz,场频为每秒50场,帧频为每秒25帧,扫描线为625行,其中,帧正程575行,帧逆程50行。采用隔行扫描方式,每场扫描312.5行,场正程287.5行,逆程25行。场周期为20ms。行频为15 625Hz。图像信号带宽分别为4.2MHz、5.5MHz、5.6MHz等。

PAL和NTSC制式区别在于节目的彩色编、解码方式和场扫描频率不同。中国(含香港地区)、印度、巴基斯坦等国家采用PAL制式,美国、日本、韩国及中国台湾地区等采用NTSC制式。

PAL与NTSC制式在电影放映时每秒播放24个胶片帧,而视频图像PAL制式的场频为每秒50场,NTSC制的场频每秒60场,由于现在的电视都是隔行场,所以可以认为PAL制式每秒得到25个完整视频帧,NTSC制式每秒得到30个完整视频帧。

电影和PAL每秒只差1帧,所以以前一般来讲就直接一帧对一帧地进行制作,这样PAL每秒会比电影多放一帧,也就是速度提高了1/24,而且声音的音调会升高。这就是一些DVD爱好者不喜欢PAL制式DVD的原因之一,但是现在有些PAL制式DVD采取了24+1的制作方法,也就是把24帧中的一帧重复一次,从而获得跟电影一样的播放速度。

而NTSC因为每秒播放30帧,不能直接一帧对一帧地制作,所以要通过3-2 PULLDOWN等办法把24个电影帧转换成30个视频帧,这30个视频帧里所包含的内容和24个电影帧是相等的,所以NTSC的播放速度和电影一样,对于同一部片子来讲,PAL制式的DVD会比NTSC制式的同一部片子快1/24。换算时间时,NTSC时间×24÷25=PAL时间。

PAL与NTSC制式相比较,PAL制式有下列优点:

(1) 对相位失真(包括微分相位失真)不敏感。PAL允许整个系统色度信号的最大相位失真比NTSC制式大得多,达到±40°,也不产生色调失真,因此,对传输设备和接收机的技术指标要求,PAL制式比NTSC制式低。

(2) 比NTSC制式抗多径接收性能好。

(3) PAL制式相对NTSC制式而言,色度信号的正交失真不敏感,并且对色度信号部分抑制边带而引起的失真也不敏感。

(4) 在PAL接收机中采用梳状滤镜可使亮度串色的幅度下降3dB,并且可以提高彩色信噪比3dB。

PAL制式有下列缺点:

(1) 由于PAL制式色信号逐行倒相,所以传输及解码中产生的误差(例如微分相位等)将在图像上产生爬行及半帧频闪烁现象。

（2）PAL信号不利于信号处理（包括数字信号处理、亮度信号的彻底分离等），这是由它的色度信号逐行倒相且色副载波相位8场一循环引起的。

（3）与NTSC制式一样，彩色接收机图像的水平清晰度比黑白电视机低。

（4）垂直彩色清晰度PAL制式比NTSC制式低。

（5）由于要有高精度和高稳定度的延时线及附属电路，所以PAL制式接收机比NTSC制式接收机复杂，成本稍高，对于录像机也是如此。

2.8.3　NTSC制式

NTSC是美国国家电视标准委员会的英文缩写，是美国和日本的主流电视标准。NTSC每秒发送30个隔行扫描帧，扫描线为525线。

NTSC和PAL归根到底只是两种不同的视频格式，其主要差别在于NTSC的场频为每秒60场而PAL的场频为每秒50场，由于现在的电视都采取隔行模式，所以NTSC每秒可以得到30个完整的视频帧，而PAL每秒可以得到25个完整的视频帧。

在北美，电力以60Hz的频率产生。在其他大陆则以50Hz的频率产生。模拟电视的刷新率（帧率）与其功耗成正比，但仅仅因为电视以60Hz的频率运行并不意味着它每秒显示60帧。模拟电视使用阴极射线管（CRT）将光线投射到屏幕的背面。这些管子不像投影仪，它们不能一次性填满屏幕。取而代之的是，它们会迅速从屏幕顶部向下发射光线，然而，结果是屏幕顶部的图像开始褪色，因为CRT在屏幕底部发出光束。为了解决这个问题，模拟电视"交错"图像。也就是说，它们会跳过屏幕上的每行，以保持与人眼看起来一致的图像。由于这种"跳跃"，60Hz NTSC电视以29.97FPS运行，50Hz PAL电视以25FPS运行。

NTSC制式，简称N制，其两大主要分支是NTSC-J与NTSC-US（又名NTSC-U/C）。它属于同时制，帧频为每秒29.97（简化为30），扫描线为525，隔行扫描，画面比例为4∶3，分辨率为640×480。这种制式的色度信号调制包括了平衡调制和正交调制两种，解决了彩色-黑白电视广播的兼容性问题，但存在相位容易失真、色彩不太稳定的缺点。NTSC标准从制定以来除了增加了色彩信号的新参数之外没有太大的变化。NTSC信号不能直接兼容于计算机系统。

全屏图像的每帧有525条水平线。这些线是从左到右从上到下排列的，采用隔行扫描的方式，所以每个完整的帧需要扫描两次屏幕：第1次扫描奇数线，第2次扫描偶数线。每次半帧屏幕扫描需要大约1/60s，整帧扫描需要1/30s。这种隔行扫描系统也叫interlacing（隔行扫描）。适配器可以把NTSC信号转换成为计算机能够识别的数字信号；相反地，还有种设备能把计算机视频转换成NTSC信号，能把电视接收器当成计算机显示器使用，但是由于通用电视接收器的分辨率要比一台普通显示器低，所以即使电视屏幕再大也不能适应所有的计算机程序。

第3章 FFmpeg三大常用工具及应用选项详解

5min

FFmpeg多媒体库支持的命令行调用分为3个模块：ffmpeg、ffplay、ffprobe，其中ffmpeg模块常用于音视频剪切、转码、滤镜、拼接、混音、截图等；ffplay模块用于播放视频；ffprobe模块用于检测多媒体流格式。详情可查阅FFmpeg的官方文档，网址为https://ffmpeg.org/ffmpeg-all.html。

注意：本章的知识侧重于讲解命令行选项的使用，读者在学习过程中可能会感觉比较抽象。可以先对这些选项大体上有个印象，后续章节笔者准备了大量的案例来应用这些选项。

3.1 ffmpeg工具简介

ffmpeg工具主要用于编解码，主要工作流程相对比较简单，如图3-1所示。

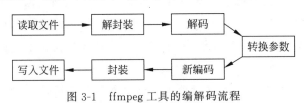

图3-1 ffmpeg工具的编解码流程

(1) 读取输入源。
(2) 进行音视频的解封装。
(3) 解码每帧音视频数据。
(4) 编码每帧音视频数据。
(5) 进行音视频的重写封装。
(6) 输出到目标。

ffmpeg工具首先读取输入源，然后通过解封装器（Demuxer）将音视频包进行解封装，这个动作通过调用libavformat中的接口实现；接下来通过解码器（Decoder）进行解码，将音视频通过Decoder解包为YUV或者PCM这样的音视频裸数据，Decoder通过libavcodec中的接口实现，然后通过编码器（Encoder）将对应的数据进行编码，编码可以通过

libavcodec 中的接口实现；接下来将编码后的音视频数据包通过封装器（Muxer）进行封装，Muxer 封装可以通过 libavformat 中的接口实现，最终的输出称为输出流。

ffmpeg 命令行工具是一个快速的音视频转换工具，使用方法及格式如下：

> ffmpeg [全局选项] {[输入文件选项] -i '输入文件'} ... {[输出文件选项] '输出文件'}

（1）[全局选项]：一对方括号[]代表这些选项是可选的。

（2）{[输入文件选项]-i'输入文件'}：一对花括号{}代表可以读取任意数量的"输入文件"，这里的文件可以是常规文件、管道、网络流、抓取设备等，输入文件前必须带有-i 选项，也可以带有其他的输入文件选项。

（3）{[输出文件选项]'输出文件'}：一对花括号{}代表可以写入任意数量的"输出文件"，可以带有相关的输出文件选项，任何不能被解释为选项的字符串都被认为是一个输出文件或者称为 URL。

ffmpeg 是多媒体领域应用最广泛的一个开源框架，包含了传输协议、视频格式、编解码、图像滤镜、语音处理等功能，并可以与 CUDA、OpenCV 等其他软件对接，几乎是事实上的音视频标准库。它的架构清晰简洁，大体上分为以下几部分：

（1）传输协议，包括 TCP、UDP、HTTP、RTMP、RTSP 等常见的协议，本地文件也被实现为一个协议 file。

（2）视频封装格式，包括 TS、FLV、MP4、MP3、MOV 等市面上常见的格式，几乎没有 ffmpeg 解析不了的。

（3）编解码协议，包括视频的 H.264、H.265、VP8/9 等，音频的 MP3、AAC、Opus 等。大概支持几十种编解码协议，常见的不常见的都有，目前最流行的还是 H.264 和 AAC。

（4）图像滤镜和语音滤镜，在 ffmpeg 里都通过 avfilter 实现，它是 ffmpeg 提供的对解码后的图像和语音进行处理的一个框架。

（5）模块化设计，足以与 Nginx 和 Linux 内核相媲美，添加第三方模块或者自定义模块都非常方便。它自带的各个功能也是以模块的形式进行管理的，可以在编译之前灵活地配置。

3.2 ffplay 工具简介

在编译 FFmpeg 源代码时，如果系统中包含了 SDL 库，则会默认编译生成 ffplay 工具，如果不包含 SDL 时，无法生成 ffplay 工具，所以如果想使用 ffplay 进行流媒体播放测试，则需要安装 SDL 库。

通常使用 ffplay 作为播放器，其实 ffplay 不但可以作为播放器，同样可以作为很多图像化音视频数据的分析工具，通过 ffplay 可以看到视频图像的运动估计方向、音频数据的波形等，在本节将会对更多的参数进行介绍并举例。

3.2.1 ffplay 常用参数

ffplay 不仅是播放器,同时也是测试 ffmpeg 的 codec 引擎、format 引擎及 filter 引擎的工具,并且也可以作为可视化的媒体参数分析工具,可以通过 ffplay -help 命令查看这些参数。常见参数读者可以手动进行测试,举例如下。

如果希望从视频的第 30s 开始播放,播放 10s,命令如下:

```
ffplay -ss 30 -t 10 input.mp4
```

视频播放时播放器的窗口可以显示自定义标题,显示效果如图 3-2 所示,命令如下:

```
ffplay -window_title "Hello World,This is a sample" in.avi
```

图 3-2　ffplay 自定义窗口标题

使用 ffplay 还可以打开网络直播流,实时网络直播视频流的播放效果如图 3-3 所示,命令如下:

图 3-3　ffplay 播放网络直播流并自定义窗口标题

```
ffplay -window_title "播放测试" rtsp://127.0.0.1:8554/test1
```

注意：这里的网络直播流的网址为 rtsp://127.0.0.1:8554/test1，直播流是用 VLC 模拟出来的 RTSP 直播流，具体的操作步骤可参考本节的"3.2.4 VLC 作为 RTSP 流媒体服务器"。

3.2.2 ffplay 高级参数

通过 ffplay -help 命令可以看到的帮助信息比较多，在帮助信息中包含了许多高级参数，这里列举几个重要的参数选项，如表 3-1 所示。

表 3-1 ffplay 的参数选项及说明信息

参数	说明	参数	说明
x	强制设置视频显示窗口的宽度	fast	非标准化规范的多媒体兼容优化
y	强制设置视频显示窗口的高度		
s	设置视频显示的宽和高	sync	音视频同步设置，可根据音频视频进行参考，可根据视频时间参考，也可根据外部扩展时间进行参考
fs	强制全屏显示（Full Screen）		
an	屏蔽音频		
vn	屏蔽视频		
sn	屏蔽字幕	autoexit	多媒体播放完毕自动退出 ffplay，ffplay 默认播放完毕不退出播放器
ss	根据设置的时间（单位为秒）进行定位拖动		
t	设置播放视频/音频长度	exitonkeydown	当有按键按下事件产生时退出 ffplay
Bytes	设置定位拖动的策略，0 为不可拖动，1 为可拖动，-1 为自动	exitonmousedown	当有鼠标按键事件产生时退出 ffplay
nodisp	关闭图形化显示窗口	loop	设置多媒体文件循环播放次数
f	强制使用设置的格式进行解析	framedrop	当 CPU 资源占用过高时，自动丢帧
window_title	设置显示窗口的标题		
af	设置音频的滤镜	infbuf	设置无极限的播放器 buffer，这个选项常见于实时流媒体播放场景
codec	强制使用设置的 codec 进行解码		
autorotate	自动旋转视频		
ast	设置将要播放的音频流	vf	视频滤镜设置
vst	设置将要播放的视频流	acodec	强制使用设置的音频解码器
sst	设置将要播放的字幕流	vcodec	强制使用设置的视频解码器
stats	输出多媒体播放状态	scodec	强制使用设置的字幕解码器

下面根据这些参数与前面介绍过的一些参数进行组合，案例如下。

（1）从 20s 开始播放一个视频，播放时长为 10s，播放完成后自动退出 ffplay，播放器的窗口标题为 Hello World，命令如下：

```
ffplay -window_title "Hello World" -ss 20 -t 10 -autoexit ande10.mp4
# -autoexit：播放完毕后自动退出
```

（2）强制使用 H.264 解码器解码 MPEG-4 格式的视频将会报错，test3.avi 的音视频流信息如图 3-4 所示，命令如下：

```
ffplay -vcodec h264 test3.avi
```

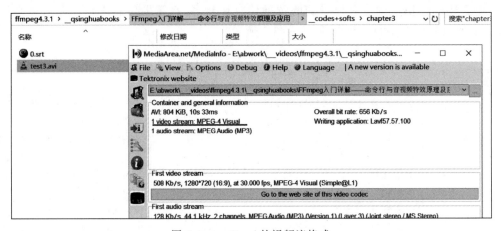

图 3-4   test3.avi 的视频流格式

注意：这里的 test3.avi 中的视频流是用 MPEG-4 编码的，而不是 H.264。

该案例中会提示一些报错信息，因为强制使用 H.264 解码器，所以会提示找不到 NAL unit，代码如下：

```
//chapter3/3.1.txt
D:\_movies\__test>ffplay -vcodec h264 test3.avi
ffplay version 4.3.1 Copyright(c) 2003-2020 the FFmpeg developers
  built with gcc 10.2.1(GCC) 20200726
  configuration: --enable-gpl --enable-version3 --enable-sdl2 --enable-fontconfig ……
  libavutil       56. 51.100 / 56. 51.100
  libavcodec      58. 91.100 / 58. 91.100
  libavformat     58. 45.100 / 58. 45.100
  libavdevice     58. 10.100 / 58. 10.100
  libavfilter      7. 85.100 /  7. 85.100
  libswscale       5.  7.100 /  5.  7.100
  libswresample    3.  7.100 /  3.  7.100
  libpostproc     55.  7.100 / 55.  7.100
Input #0,avi,from 'test3.avi':    0KB vq=    0KB sq=    0B f=0/0
  Metadata:
```

```
    encoder          : Lavf57.57.100
  Duration: 00:00:10.03,start: 0.000000,bitrate: 656 kb/s
    Stream #0:0: Video: mpeg4(Simple Profile)(FMP4 / 0x34504D46),yuv420p,1280x720
[SAR 1:1 DAR 16:9],509 kb/s,30 fps,30 tbr,30 tbn,30 tbc
    Stream #0:1: Audio: mp3(U[0][0][0] / 0x0055),44100 Hz,stereo,fltp,128 kb/s
    #注意：这里提示找不到H.264码流规定的 NAL unit
[h264 @ 00de5740] Invalid NAL unit 0,skipping.
    Last message repeated 4 times
[h264 @ 00de5740] Invalid NAL unit 0,skipping.KB sq=  0B f=0/0
```

（3）如果使用 ffplay 播放视频时希望加载字幕文件，则可以通过加载 ASS 或者 SRT 字幕文件来解决，下面举一个加载 SRT 字幕的例子，首先编辑 SRT 字幕文件，将这些内容存储为普通文本格式，文件名为 0.srt（在本书课件资料的 chapter3 目录下），并与要播放的视频文件放到同一个目录下，具体内容如下：

```
1
00:00:00,009 --> 00:00:03,490
这里是【梅老师】FFmpeg 的课程

2
00:00:05,619 --> 00:00:07,420
欢迎您进入 FFmpeg 的音视频世界

3
00:00:09,549 --> 00:00:12,170
祝大家万事如意,学有所成
```

然后通过 filter 将字幕文件加载到播放数据中，显示效果如图 3-5 所示，命令如下：

```
ffplay -window_title "Test Subtitle" -vf "subtitles=0.srt" ande_302.mp4
```

图 3-5 ffplay 播放字幕文件

在该案例中，ffplay 完整的输出信息如下（注意#开头的内容是笔者添加的注释信息）：

```
//chapter3/3.1-ffplay-out.txt
D:\_test>ffplay-window_title "Test Subtitle" -vf "subtitles=0.srt" ande_302.mp4
#ffplay的编译选项，这里开启的第三方编码器比较多，读者可以顺便熟悉一下
ffplay version 4.3.1 Copyright(c) 2003-2020 the FFmpeg developers
    built with gcc 10.2.1(GCC) 20200726
    configuration: --enable-gpl --enable-version3 --enable-sdl2 --enable-fontconfig --en
able-gnutls --enable-iconv --enable-libass --enable-libdav1d --enable-libbluray --enab
le-libfreetype --enable-libmp3lame --enable-libopencore-amrnb --enable-libopencore-amr
wb --enable-libopenjpeg --enable-libopus --enable-libshine --enable-libsnappy --enable
-libsoxr --enable-libsrt --enable-libtheora --enable-libtwolame --enable-libvpx --enab
le-libwavpack --enable-libwebp --enable-libx264 --enable-libx265 --enable-libxml2 --en
able-libzimg --enable-lzma --enable-zlib --enable-gmp --enable-libvidstab --enable-lib
vmaf --enable-libvorbis --enable-libvo-amrwbenc --enable-libmysofa --enable-libspeex -
-enable-libxvid --enable-libaom --enable-libgsm --disable-w32threads --enable-libmfx -
-enable-ffnvcodec --enable-CUDA-llvm --enable-cuvid --enable-d3d11va --enable-nvenc --
enable-nvdec --enable-dxva2 --enable-avisynth --enable-libopenmpt --enable-amf
    libavutil      56. 51.100 / 56. 51.100
    libavcodec     58. 91.100 / 58. 91.100
    libavformat    58. 45.100 / 58. 45.100
    libavdevice    58. 10.100 / 58. 10.100
    libavfilter     7. 85.100 /  7. 85.100
    libswscale      5.  7.100 /  5.  7.100
    libswresample   3.  7.100 /  3.  7.100
    libpostproc    55.  7.100 / 55.  7.100
Input #0,mov,mp4,m4a,3gp,3g2,mj2,from 'ande_302.mp4': 0B f=0/0
    Metadata:
        major_brand     : isom
        minor_version   : 512
        compatible_brands: isomiso2avc1mp41
        encoder         : Lavf57.57.100
    Duration: 00:00:39.87,start: 0.000000,bitrate: 724 kb/s
#输入文件的第0路流，格式为H.264、1280x720、30帧/秒等
        Stream #0:0(und): Video: h264(High)(avc1 / 0x31637661),yuv420p,1280x720
[SAR 1: 1 DAR 16: 9],590 kb/s,30 fps,30 tbr,15360 tbn,60 tbc(default)
        Metadata:
```

```
        handler_name    : VideoHandler
#输入文件的第1路流,格式为 AAC、44100Hz、立体声、fltp 采样格式等
    Stream #0:1(und): Audio: aac(LC)(mp4a / 0x6134706D), 44100 Hz, stereo, fltp, 127
kb/s(default)
    Metadata:
        handler_name    : SoundHandler
#解析字幕信息
[Parsed_subtitles_0 @ 0c4f5f80] Shaper: FriBidi 1.0.9(SIMPLE)0/0
[Parsed_subtitles_0 @ 0c4f5f80] Using font provider directwrite/0
[Parsed_subtitles_0 @ 0c4f5f80] fontselect: (Arial,400,0) -> ArialMT,0,ArialMT
[Parsed_subtitles_0 @ 0c4f5f80] Glyph 0x8FD9 not found,selecting one more font for(A
rial,400,0)
[Parsed_subtitles_0 @ 0c4f5f80] fontselect: (Arial,400,0) -> MicrosoftYaHeiUI,1,Mi
crosoftYaHeiUI
    12.17 A-V: 0.001 fd=  54 aq=   19KB vq=   40KB sq=    0B f=0/0
```

3.2.3 ffplay 的数据可视化分析应用

使用 ffplay 除了可以播放视频流媒体文件之外,还可以作为可视化的视频流媒体分析工具。例如当播放音频文件时,有时不确定文件的声音是否正常,此时可以直接使用 ffplay 播放音频文件,播放时将会把解码后的音频数据以音频波形显示出来,如图 3-6 所示。从图中可以看到,音频在播放时的波形可以通过振幅显示出来,通过振幅可以判断音频的播放情况,命令如下:

```
ffplay -showmode 1 test3.mp3
```

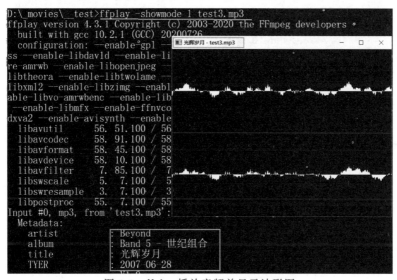

图 3-6　ffplay 播放音频并显示波形图

3.2.4 VLC 作为 RTSP 流媒体服务器

VLC 的功能很强大，不仅是一个视频播放器，也可作为小型的视频服务器，还可以一边播放一边转码，把视频流发送到网络上。VLC 作为视频服务器的具体步骤如下：

（1）单击主菜单中"媒体"下的"流"。

（2）在弹出的对话框中单击"添加"按钮，选择一个本地视频文件，如图 3-7 所示。

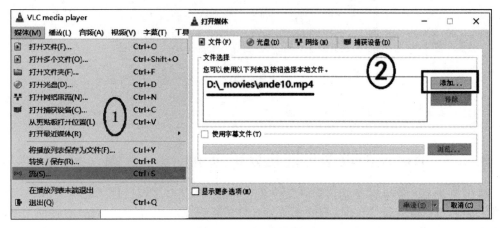

图 3-7　VLC 流媒体服务器之打开本地文件

（3）单击页面下方的"串流"，添加串流协议，如图 3-8 所示。

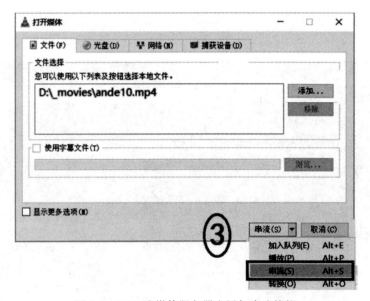

图 3-8　VLC 流媒体服务器之添加串流协议

(4）该页面会显示刚才选择的本地视频文件，然后单击"下一步"按钮，如图 3-9 所示。

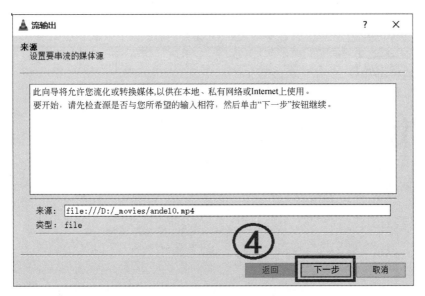

图 3-9　VLC 流媒体服务器之文件来源

(5）在该页面单击"添加"按钮，选择具体的流协议，例如这里选择 RTSP，然后单击"下一步"按钮，如图 3-10 所示。

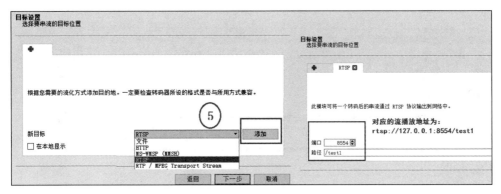

图 3-10　VLC 流媒体服务器之选择 RTSP 协议

(6）在该页面的下拉列表框列表中选择 Video-H.264＋MP3(TS)，然后单击"下一步"按钮，如图 3-11 所示。

注意：一定要选中"激活转码"，并且需要是 TS 流格式。

(7）在该页面可以看到 VLC 生成的所有串流输出参数，然后单击"流"按钮即可，如图 3-12 所示。

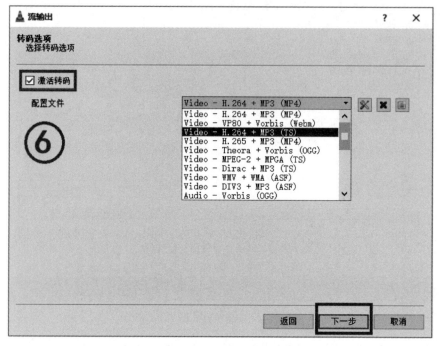

图 3-11　VLC 流媒体服务器之 H.264＋MP3(TS)

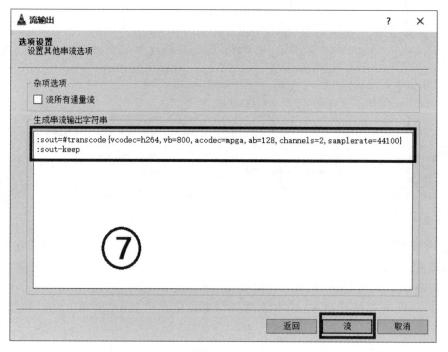

图 3-12　VLC 流媒体服务器之串流输出字符串

3.3 ffprobe 工具简介

ffprobe 工具主要用于检测多媒体信息，包括时长、视频分辨率、帧率、音频采样率、声道数、每个流(stream)信息等。支持的显示形式包括 json 和 xml，例如-print_format json 指定 json 方式输出信息，命令如下：

```
ffprobe -i input.mp4 -show_streams -show_format -print_format json
```

如果要显示每帧数据信息，则可使用-show_frames，可以显示 pts、packet_size、duration、frame_type 等信息，命令如下：

```
ffprobe -i input.mp4 -show_frames
```

如果只显示视频流，则可使用-select_streams v，其中 v 代表 video，a 代表 audio，s 代表 subtitle，命令如下：

```
ffprobe -i input.mp4 -show_frames -select_streams v
```

ffprobe 常用参数比较多，可以通过 ffprobe--help 命令来查看详细的信息。

3.3.1 show_packets

show_packets：查看的多媒体包信息使用 PACKET 标签包括起来，其中包含的信息主要如下。

(1) codec_type：多媒体类型，例如视频包、音频包等。
(2) stream_index：多媒体的流索引(Stream Index)。
(3) pts：多媒体的显示时间值(Presentation Timestamp)。
(4) pts_time：根据不同格式计算过后的多媒体的显示时间。
(5) dts：多媒体解码时间值(Decoding Timestamp)。
(6) dts_time：根据不同格式计算过后的多媒体解码时间。
(7) duration：多媒体包占用的时间值。
(8) duration_time：根据不同格式计算过后的多媒体包占用的时间值。
(9) size：多媒体包的大小。
(10) pos：多媒体包所在的文件偏移位置。
(11) flags：多媒体包标记，关键包与非关键包的标记。

3.3.2 show_format

ffprobe 还可以分析多媒体的封装格式，通过-show_format 参数可以查看多媒体的封

装格式,封装可以使用 FORMAT 标签括起来显示,命令如下:

```
ffprobe -show_format test3.mp4
```

通过读取 format 信息,可以看到这个视频文件有两个流通道,包括视频流 Stream #0:0 (und):Video:h264 和音频流 Stream #0:1(und):Audio:aac。这个文件的起始时间是 0.000000,长度为 00:00:08.55,文件大小为 659 171B,码率为 617kb/s。该文件的封装格式可能为 MOV、MP4、M4A、3GP、3G2、MJ2,之所以 ffprobe 会这么输出,是因为这几种封装格式在 FFmpeg 中所识别的标签基本相同,所以才会有这么多种显示方式。完整的输出信息,代码如下(以 # 开头的部分是笔者的注释信息):

```
//chapter3/3.1-ffpbore-out.txt
D:\_movies\__test> ffprobe -show_format test3.mp4
ffprobe version 4.3.1 Copyright(c) 2007-2020 the FFmpeg developers
  built with gcc 10.2.1(GCC) 20200726
  configuration: --enable-gpl --enable-version3 --enable-sdl2 --enable-fontconfig --e
able-gnutls --enable-iconv --enable-libass --enable-libdav1d --enable-libbluray --ena
le-libfreetype --enable-libmp3lame ......
  libavutil      56. 51.100 / 56. 51.100
  libavcodec     58. 91.100 / 58. 91.100
  libavformat    58. 45.100 / 58. 45.100
  libavdevice    58. 10.100 / 58. 10.100
  libavfilter     7. 85.100 /  7. 85.100
  libswscale      5.  7.100 /  5.  7.100
  libswresample   3.  7.100 /  3.  7.100
  libpostproc    55.  7.100 / 55.  7.100
#输入文件的封装格式,这里为 MP4 封装格式
Input #0, mov,mp4,m4a,3gp,3g2,mj2, from 'test3.mp4':
  Metadata:
    major_brand     : isom
    minor_version   : 512
    compatible_brands: isomiso2avc1mp41
    encoder         : Lavf57.57.100
  Duration: 00:00:08.55, start: 0.000000, bitrate: 617 kb/s

#第 0 路流:视频流,H.264 编码格式
    Stream #0:0(und): Video: h264(High)(avc1 / 0x31637661), yuv420p,1280x720
[SAR: 1 DAR 16:9],553 kb/s,30 fps,30 tbr,16k tbn,60 tbc(default)
    Metadata:
      handler_name    : VideoHandler

#第 1 路流:音频流,AAC 编码格式
```

```
Stream #0:1(und): Audio: aac(LC)(mp4a / 0x6134706D),44100 Hz,stereo,fltp,12
kb/s(default)
    Metadata:
        handler_name : SoundHandler

#[FORMAT]标签格式的输出信息,格式为 name = value
[FORMAT]
filename = test3.mp4
nb_streams = 2
nb_programs = 0
format_name = mov,mp4,m4a,3gp,3g2,mj2
format_long_name = QuickTime / MOV
start_time = 0.000000
duration = 8.545000
size = 659171
bit_rate = 617129
probe_score = 100
TAG: major_brand = isom
TAG: minor_version = 512
TAG: compatible_brands = isomiso2avc1mp41
TAG: encoder = Lavf57.57.100
[/FORMAT]
```

3.3.3 show_frames

通过 ffprobe 的 show_frames 参数可以查看视频文件中的帧信息,输出的帧信息使用 FRAME 标签括起来,能够看到每帧的信息,命令如下:

```
ffprobe - show_frames - i test3.mp4
```

下面介绍重要的属性说明,如表 3-2 所示。

表 3-2 show_frames 的属性说明

属 性	值	属 性	值
media_type	帧的类型(视频、音频、字幕等)	pkt_duration	Frame 包的时长
stream_index	帧所在的索引区域	pkt_duration_time	Frame 包的时长时间显示
key_frame	是否是关键帧	pkt_pos	Frame 包所在文件的偏移位置
pkt_pts	Frame 包的 pts	width	帧显示的宽度
pkt_pts_time	Frame 包的 pts 的时间显示	height	帧显示的高度
pkt_dts	Frame 包的 dts	pix_fmt	帧的图像色彩格式(YUV、RGB 等)
pkt_dts_time	Frame 包的 dts 的时间显示	pict_fmt	帧类型(I、P、B)

从该案例中的部分输出信息可以看出,音视频帧是交错输出的,一般情况是一帧视频,

然后是多帧音频，以此交错类推，输出信息如下（以#开头的部分是笔者的注释信息）：

```
//chapter3/test3.mp4.frames.txt
//chapter3/完整的ffprobe -show_frames 输出的帧信息
D:\_movies\__test>ffprobe -show_frames -i test3.mp4
ffprobe version 4.3.1 Copyright(c) 2007-2020 the FFmpeg developers
  built with gcc 10.2.1(GCC) 20200726
  configuration: --enable-gpl --enable-version3 --enable-sdl2 --enable-fontconfig --en
able-gnutls --enable-iconv --enable-libass --enable-libdav1d --enable-libbluray --enab
le-libfreetype --enable-libmp3lame ......
  libavutil      56. 51.100 / 56. 51.100
  libavcodec     58. 91.100 / 58. 91.100
  libavformat    58. 45.100 / 58. 45.100
  libavdevice    58. 10.100 / 58. 10.100
  libavfilter     7. 85.100 /  7. 85.100
  libswscale      5.  7.100 /  5.  7.100
  libswresample   3.  7.100 /  3.  7.100
  libpostproc    55.  7.100 / 55.  7.100
Input #0,mov,mp4,m4a,3gp,3g2,mj2,from 'test3.mp4':
  Metadata:
    major_brand     : isom
    minor_version   : 512
    compatible_brands: isomiso2avc1mp41
    encoder         : Lavf57.57.100
  Duration: 00:00:08.55,start: 0.000000,bitrate: 617 kb/s
    Stream #0:0(und): Video: h264(High)(avc1 / 0x31637661),yuv420p,1280x720 [SAR 1: 1
 DAR 16: 9],553 kb/s,30 fps,30 tbr,16k tbn,60 tbc(default)
    Metadata:
      major_brand     : isom
      minor_version   : 512
      compatible_brands: isomiso2avc1mp41
      encoder         : Lavf57.57.100
  Duration: 00:00:08.55,start: 0.000000,bitrate: 617 kb/s
    Stream #0:0(und): Video: h264(High)(avc1 / 0x31637661),yuv420p,1280x720 [SAR 1: 1
 DAR 16: 9],553 kb/s,30 fps,30 tbr,16k tbn,60 tbc(default)
    Metadata:
      handler_name    : VideoHandler
    Stream #0:1(und): Audio: aac(LC)(mp4a / 0x6134706D),44100 Hz,stereo,fltp,127 kb/s(default)
    Metadata:
      handler_name    : SoundHandler
#音频帧: audio
[FRAME]
media_type=audio
stream_index=1
key_frame=1
```

```
pkt_pts = 0
pkt_pts_time = 0.000000
pkt_dts = 0
pkt_dts_time = 0.000000
best_effort_timestamp = 0
best_effort_timestamp_time = 0.000000
pkt_duration = 1024
pkt_duration_time = 0.023220
pkt_pos = 48
pkt_size = 378
sample_fmt = fltp
nb_samples = 1024
channels = 2
channel_layout = stereo
[/FRAME]

#音频帧：audio
[FRAME]
media_type = audio
stream_index = 1
key_frame = 1
pkt_pts = 1024
pkt_pts_time = 0.023220
pkt_dts = 1024
pkt_dts_time = 0.023220
best_effort_timestamp = 1024
best_effort_timestamp_time = 0.023220
pkt_duration = 1024
pkt_duration_time = 0.023220
pkt_pos = 426
pkt_size = 373
sample_fmt = fltp
nb_samples = 1024
channels = 2
channel_layout = stereo
[/FRAME]

#音频帧：audio
[FRAME]
media_type = audio
stream_index = 1
key_frame = 1
pkt_pts = 2048
pkt_pts_time = 0.046440
pkt_dts = 2048
```

```
pkt_dts_time = 0.046440
best_effort_timestamp = 2048
best_effort_timestamp_time = 0.046440
pkt_duration = 1017
pkt_duration_time = 0.023061
pkt_pos = 799
pkt_size = 369
sample_fmt = fltp
nb_samples = 1024
channels = 2
channel_layout = stereo
[/FRAME]

# 音频帧：audio
[FRAME]
media_type = audio
stream_index = 1
key_frame = 1
pkt_pts = 3065
pkt_pts_time = 0.069501
pkt_dts = 3065
pkt_dts_time = 0.069501
best_effort_timestamp = 3065
best_effort_timestamp_time = 0.069501
pkt_duration = 1024
pkt_duration_time = 0.023220
pkt_pos = 1168
pkt_size = 367
sample_fmt = fltp
nb_samples = 1024
channels = 2
channel_layout = stereo
[/FRAME]

# 音频帧：audio
[FRAME]
media_type = audio
stream_index = 1
key_frame = 1
pkt_pts = 5113
pkt_pts_time = 0.115941
pkt_dts = 5113
pkt_dts_time = 0.115941
best_effort_timestamp = 5113
best_effort_timestamp_time = 0.115941
pkt_duration = 1024
```

```
pkt_duration_time = 0.023220
pkt_pos = 1908
pkt_size = 356
sample_fmt = fltp
nb_samples = 1024
channels = 2
channel_layout = stereo
[/FRAME]
...
#视频帧:video
[FRAME]
media_type = video
stream_index = 0
key_frame = 1
pkt_pts = 19088
pkt_pts_time = 1.193000
pkt_dts = 19088
pkt_dts_time = 1.193000
best_effort_timestamp = 19088
best_effort_timestamp_time = 1.193000
pkt_duration = 533
pkt_duration_time = 0.033313
pkt_pos = 18360
pkt_size = 107280
width = 1280
height = 720
pix_fmt = yuv420p
sample_aspect_ratio = 1:1
pict_type = I
coded_picture_number = 0
display_picture_number = 0
interlaced_frame = 0
top_field_first = 0
repeat_pict = 0
color_range = unknown
color_space = unknown
color_primaries = unknown
color_transfer = unknown
chroma_location = left
[/FRAME]
...
```

3.3.4 show_streams

通过ffprobe的show_streams参数可以查看多媒体文件中的流信息,流信息使用STREAMS标签括起来,命令如下:

```
ffprobe -show_streams -i test3.mp4
```

下面介绍重要的属性说明，如表 3-3 所示。

表 3-3 show_streams 的属性说明

属　性	值	属　性	值
index	流所在的索引区域	codec_type	编码类型
codec_name	编码名	codec_time_base	编码的时间戳的基础单位
codec_long_name	编码全名	pix_fmt	图像显示的图像色彩格式
profile	编码的能力	coded_width	图像的宽度
level	编码的层级	coded_height	图像的高度
has_b_frames	包含 B 帧信息	codec_tag_string	编码的标签数据

该案例中的部分输出信息如下（以 # 开头的部分是笔者的注释信息）：

```
//chapter3/test3.mp4.streams.txt
#STREAM: 0, 视频流, H.264, 1280x720, ……
[STREAM]
index=0
codec_name=h264
codec_long_name=H.264 / AVC / MPEG-4 AVC / MPEG-4 part 10
profile=High
codec_type=video
codec_time_base=1/60
codec_tag_string=avc1
codec_tag=0x31637661
width=1280
height=720
coded_width=1280
coded_height=720
closed_captions=0
has_b_frames=2
sample_aspect_ratio=1:1
display_aspect_ratio=16:9
pix_fmt=yuv420p
level=31
color_range=unknown
color_space=unknown
color_transfer=unknown
color_primaries=unknown
chroma_location=left
field_order=unknown
timecode=N/A
```

```
refs = 1
is_avc = true
nal_length_size = 4
id = N/A
r_frame_rate = 30/1
avg_frame_rate = 30/1
time_base = 1/16000
start_pts = 19088
start_time = 1.193000
duration_ts = 118400
duration = 7.400000
bit_rate = 553246
max_bit_rate = N/A
bits_per_raw_sample = 8
nb_frames = 222
nb_read_frames = N/A
nb_read_packets = N/A
DISPOSITION: default = 1
DISPOSITION: dub = 0
DISPOSITION: original = 0
DISPOSITION: comment = 0
DISPOSITION: lyrics = 0
DISPOSITION: karaoke = 0
DISPOSITION: forced = 0
DISPOSITION: hearing_impaired = 0
DISPOSITION: visual_impaired = 0
DISPOSITION: clean_effects = 0
DISPOSITION: attached_pic = 0
DISPOSITION: timed_thumbnails = 0
TAG: language = und
TAG: handler_name = VideoHandler
[/STREAM]

#STREAM: 1, 音频流, AAC, 44100Hz, 2 声道, ……
[STREAM]
index = 1
codec_name = aac
codec_long_name = AAC(Advanced Audio Coding)
profile = LC
codec_type = audio
codec_time_base = 1/44100
codec_tag_string = mp4a
codec_tag = 0x6134706d
sample_fmt = fltp
sample_rate = 44100
channels = 2
```

```
channel_layout = stereo
bits_per_sample = 0
id = N/A
r_frame_rate = 0/0
avg_frame_rate = 0/0
time_base = 1/44100
start_pts = 0
start_time = 0.000000
duration_ts = 376811
duration = 8.544467
bit_rate = 127887
max_bit_rate = 127887
bits_per_raw_sample = N/A
nb_frames = 368
nb_read_frames = N/A
nb_read_packets = N/A
DISPOSITION: default = 1
DISPOSITION: dub = 0
DISPOSITION: original = 0
DISPOSITION: comment = 0
DISPOSITION: lyrics = 0
DISPOSITION: karaoke = 0
DISPOSITION: forced = 0
DISPOSITION: hearing_impaired = 0
DISPOSITION: visual_impaired = 0
DISPOSITION: clean_effects = 0
DISPOSITION: attached_pic = 0
DISPOSITION: timed_thumbnails = 0
TAG: language = und
TAG: handler_name = SoundHandler
[/STREAM]
```

3.3.5 print_format

ffprobe 使用前面的参数可以获得到对应的 key-value，但是阅读起来因个人习惯不同，所以有的人认为方便，而有的人认为不方便，这样就需要用到 ffprobe 的 print_format 参数进行相应的格式输出（包括 XML、JSON、INI、CSV、FLAT），下面举几种输出的例子：

```
//chapter3/print_format-help.txt
ffprobe - show_frames test3.mp4 - print_format json
ffprobe - show_frames test3.mp4 - print_format xml
ffprobe - show_frames test3.mp4 - print_format flat
```

JSON 格式的部分输出信息如下：

```
//chapter3/test3.mp4.print_format.json.txt
{
    "frames": [
        {
            "media_type": "audio",
            "stream_index": 1,
            "key_frame": 1,
            "pkt_pts": 0,
            "pkt_pts_time": "0.000000",
            "pkt_dts": 0,
            "pkt_dts_time": "0.000000",
            "best_effort_timestamp": 0,
            "best_effort_timestamp_time": "0.000000",
            "pkt_duration": 1024,
            "pkt_duration_time": "0.023220",
            "pkt_pos": "48",
            "pkt_size": "378",
            "sample_fmt": "fltp",
            "nb_samples": 1024,
            "channels": 2,
            "channel_layout": "stereo"
        },
        {
            "media_type": "audio",
            "stream_index": 1,
            "key_frame": 1,
            "pkt_pts": 1024,
            "pkt_pts_time": "0.023220",
            "pkt_dts": 1024,
            "pkt_dts_time": "0.023220",
            "best_effort_timestamp": 1024,
            "best_effort_timestamp_time": "0.023220",
            "pkt_duration": 1024,
            "pkt_duration_time": "0.023220",
            "pkt_pos": "426",
            "pkt_size": "373",
            "sample_fmt": "fltp",
            "nb_samples": 1024,
            "channels": 2,
            "channel_layout": "stereo"
        }
        ...
    ]
}
```

XML 格式的部分输出信息如下:

```
//chapter3/test3.mp4.print_format.xml.txt
<?xml version = "1.0" encoding = "UTF-8"?>
<ffprobe>
    <frames>
        <frame media_type = "audio" stream_index = "1" key_frame = "1" pkt_pts = "0" pkt_pts_time = "0.000000" pkt_dts = "0" pkt_dts_time = "0.000000" best_effort_timestamp = "0" best_effort_timestamp_time = "0.000000" pkt_duration = "1024" pkt_duration_time = "0.023220" pkt_pos = "48" pkt_size = "378" sample_fmt = "fltp" nb_samples = "1024" channels = "2" channel_layout = "stereo"/>
        <frame media_type = "audio" stream_index = "1" key_frame = "1" pkt_pts = "1024" pkt_pts_time = "0.023220" pkt_dts = "1024" pkt_dts_time = "0.023220" best_effort_timestamp = "1024" best_effort_timestamp_time = "0.023220" pkt_duration = "1024" pkt_duration_time = "0.023220" pkt_pos = "426" pkt_size = "373" sample_fmt = "fltp" nb_samples = "1024" channels = "2" channel_layout = "stereo"/>
        <frame media_type = "audio" stream_index = "1" key_frame = "1" pkt_pts = "2048" pkt_pts_time = "0.046440" pkt_dts = "2048" pkt_dts_time = "0.046440" best_effort_timestamp = "2048" best_effort_timestamp_time = "0.046440" pkt_duration = "1017" pkt_duration_time = "0.023061" pkt_pos = "799" pkt_size = "369" sample_fmt = "fltp" nb_samples = "1024" channels = "2" channel_layout = "stereo"/>
        <frame media_type = "audio" stream_index = "1" key_frame = "1" pkt_pts = "3065" pkt_pts_time = "0.069501" pkt_dts = "3065" pkt_dts_time = "0.069501" best_effort_timestamp = "3065" best_effort_timestamp_time = "0.069501" pkt_duration = "1024" pkt_duration_time = "0.023220" pkt_pos = "1168" pkt_size = "367" sample_fmt = "fltp" nb_samples = "1024" channels = "2" channel_layout = "stereo"/>
        ...
    </frames>
</ffprobe>
```

FLAT 格式的部分输出信息如下：

```
//chapter3/test3.mp4.print_format.flat.txt
frames.frame.0.media_type = "audio"
frames.frame.0.stream_index = 1
frames.frame.0.key_frame = 1
frames.frame.0.pkt_pts = 0
frames.frame.0.pkt_pts_time = "0.000000"
frames.frame.0.pkt_dts = 0
frames.frame.0.pkt_dts_time = "0.000000"
frames.frame.0.best_effort_timestamp = 0
frames.frame.0.best_effort_timestamp_time = "0.000000"
frames.frame.0.pkt_duration = 1024
frames.frame.0.pkt_duration_time = "0.023220"
frames.frame.0.pkt_pos = "48"
frames.frame.0.pkt_size = "378"
frames.frame.0.sample_fmt = "fltp"
```

```
frames.frame.0.nb_samples = 1024
frames.frame.0.channels = 2
frames.frame.0.channel_layout = "stereo"
frames.frame.1.media_type = "audio"
frames.frame.1.stream_index = 1
frames.frame.1.key_frame = 1
frames.frame.1.pkt_pts = 1024
frames.frame.1.pkt_pts_time = "0.023220"
frames.frame.1.pkt_dts = 1024
frames.frame.1.pkt_dts_time = "0.023220"
frames.frame.1.best_effort_timestamp = 1024
frames.frame.1.best_effort_timestamp_time = "0.023220"
frames.frame.1.pkt_duration = 1024
frames.frame.1.pkt_duration_time = "0.023220"
frames.frame.1.pkt_pos = "426"
frames.frame.1.pkt_size = "373"
frames.frame.1.sample_fmt = "fltp"
frames.frame.1.nb_samples = 1024
frames.frame.1.channels = 2
frames.frame.1.channel_layout = "stereo"
...
```

3.3.6 select_streams

如果只查看音频流或视频流,则可使用-select_streams 参数,例如只查看视频流的 frames 信息,命令如下:

```
ffprobe -show_frames -select_streams v -of json test3.mp4
```

命令行执行后可以看到输出信息全部为视频的 frames,内容如下:

```
//chapter3/test3.mp4.select_streams-v-ofjson.txt
{
    "frames": [
        {
            "media_type": "video",
            "stream_index": 0,
            "key_frame": 1,
            "pkt_pts": 19088,
            "pkt_pts_time": "1.193000",
            "pkt_dts": 19088,
            "pkt_dts_time": "1.193000",
            "best_effort_timestamp": 19088,
            "best_effort_timestamp_time": "1.193000",
```

```
            "pkt_duration": 533,
            "pkt_duration_time": "0.033313",
            "pkt_pos": "18360",
            "pkt_size": "107280",
            "width": 1280,
            "height": 720,
            "pix_fmt": "yuv420p",
            "sample_aspect_ratio": "1: 1",
            "pict_type": "I",
            "coded_picture_number": 0,
            "display_picture_number": 0,
            "interlaced_frame": 0,
            "top_field_first": 0,
            "repeat_pict": 0,
            "chroma_location": "left"
        },
        {
            "media_type": "video",
            "stream_index": 0,
            "key_frame": 0,
            "pkt_pts": 19616,
            "pkt_pts_time": "1.226000",
            "pkt_dts": 19616,
            "pkt_dts_time": "1.226000",
            "best_effort_timestamp": 19616,
            "best_effort_timestamp_time": "1.226000",
            "pkt_duration": 533,
            "pkt_duration_time": "0.033313",
            "pkt_pos": "130212",
            "pkt_size": "170",
            "width": 1280,
            "height": 720,
            "pix_fmt": "yuv420p",
            "sample_aspect_ratio": "1: 1",
            "pict_type": "B",
            "coded_picture_number": 3,
            "display_picture_number": 0,
            "interlaced_frame": 0,
            "top_field_first": 0,
            "repeat_pict": 0,
            "chroma_location": "left"
        },
        ...
    ]
}
```

3.4 通用选项

通用选项是指对音频、视频都能使用的命令参数，这里介绍几个重要的选项。

(1) -f fmt(input/output)：强制输入或输出文件格式。通常，输入文件的格式是自动检测的，输出文件的格式是通过文件扩展名进行推断的。

(2) -i filename(input)：输入文件名。

(3) -y(global)：如果存在同名的输出文件，则直接强制覆盖。

(4) -n(global)：不覆盖输出文件，如果一个给定的输出文件已经存在，则立即退出。

(5) -c[:stream_specifier] codec(input/output、per-stream)：编解码器选项，例如-c:v 代表视频编码器，-c:a 代表音频编码器，-c copy 代表音视频编码格式都复制原来的。也可以写成-codec[:stream_specifier] codec(input/output, per-stream)，为一个或多个流选择一个编码器(当使用在一个输出文件之前时)或者一个解码器(当使用在一个输入文件之前时)。codec 是一个编码器/解码器名称(例如 libx264、aac、libmp3lame 等)或者一个特定值 copy(只适用输出)。

(6) -t duration(output)：当到达 duration 时，停止写输出。duration 可以是一个数字(单位为秒)，或者使用 hh:mm:ss[.xxx]形式。

(7) -to position(output)：在 position 处停止写输出。duration 可以是一个数字(单位为秒)，或者使用 hh:mm:ss[.xxx]形式。选项-to 和-t 是互斥的，-t 的优先级更高。

(8) -fs limit_size(output)：设置文件大小限制，以字节表示。

(9) -ss position(input/output)：当作为输入选项时(在 -i 之前)，在输入文件中跳转到 position。需要注意的是，在大多数格式中，不太可能精确地跳转，因此，FFmpeg 将跳转到 position 之前最接近的位置。当进行转码并且-accurate_seek 打开时(默认会打开)，位于跳转点和 position 之间的额外部分将被解码并且丢弃。当进行流复制或者使用-noaccurate_seek 时，它将被保留下来。当作为输出选项时(在输出文件名前)，会解码，但是丢弃输入，直到时间戳到达 position。position 可以是一个数字(单位为秒)或者 hh:mm:ss[.xxx]形式。

(10) -itsoffset offset(input)：设置输入时间偏移。offset 将被添加到输入文件的时间戳。指定一个正偏移，意味着相应的流将被延时指定时间。

(11) -timestamp date(output)：在容器中设置录音时间戳。

(12) -metadata[:metadata_specifier] key=value(output, per-metadata)：设置 metadata 的 key-value 对。

(13) -target type(output)：指定目标文件类型(VCD、SVCD、DVD、DV 和 DV50)。type 可以带有 pal-、ntsc-或 film-前缀，以使用相应的标准。所有的格式选项(bitrate、codecs、buffer sizes)将自动设定。

（14）-dframes number(output)：设置要录制数据帧的个数。这是-frames:d 的别名。

（15）-frames[:stream_specifier] framecount(output、per-stream)：framecount 帧以后停止写流。

（16）-q[:stream_specifier] q(output、per-stream)：指定音视频质量，如-q:v 2，其中 2 代表保存为高质量。或者写成-qscale[:stream_specifier] q(output、per-stream)，可以使用固定质量范围。

（17）-filter[:stream_specifier] filtergraph(output,per-stream)：创建 filtergraph 指定的过滤图，并使用它过滤流。

（18）-filter_script[:stream_specifier] filename(output、per-stream)：该选项与-filter 相似，唯一的不同是，它的参数是一个存放过滤图的文件的名称。

（19）-pre[:stream_specifier] preset_name(output,per-stream)：指定匹配流的预设。

（20）-stats(global)：打印编码进程/统计信息。默认打开，可以使用-nostats 禁用。

（21）-stdin：开启标准输入交互。默认打开，除非标准输入作为一个输入。可以使用-nostdin 禁止。

（22）-DeBug_ts(global)：打印时间戳信息，默认关闭。

（23）-attach filename(output)：将一个附件添加到输出文件中。

（24）-dump_attachment[:stream_specifier] filename(input,per-stream)：将匹配的附件流提取到 filename 指定的文件中。

3.5 视频选项

主要应用于视频的选项，列举如下。

（1）-vframes number(output)：设置录制视频帧的个数，它是-frames:v 的别名。

（2）-r[:stream_specifier] fps(input/output、per-stream)：设置帧率。

（3）-s[:stream_specifier] size(input/output、per-stream)：设置帧大小，格式为 width x height，默认与原始的宽和高相同，例如 640x360(注意中间是小写的 x)。

（4）-aspect[:stream_specifier] aspect(output、per-stream)：设置视频显示的宽高比。

（5）-vn(output)：禁止视频录制。

（6）-vcodec codec(output)：设置视频 codec，它是-codec:v 的别名，例如-vcodec libx264 代表用 libx264 进行视频编码，-vcodec copy 代表不用重新编码而直接复制原始视频流。

（7）-pass[:stream_specifier] n(output、per-stream)：选择 pass number(1 or 2)，用来进行双行程视频编码。

（8）-passlogfile[:stream_specifier] prefix(output、per-stream)：设置 two-pass 日志文件名前缀，默认为 ffmpeg2pass。

(9) -vf filtergraph(output)：创建 filtergraph 指定的过滤图，并使用它来过滤流。

(10) -pix_fmt[:stream_specifier] format(input/output、per-stream)：设置像素格式。

(11) -sws_flags flags(input/output)：设置软缩放标志。

(12) -vdt n：丢弃阈值。

(13) -psnr：用于计算压缩帧的 PSNR(Peak Signal to Noise Ratio)，即峰值信噪比，是一种评价图像的客观标准。

(14) -vstats：将视频编码统计信息复制到 vstats_HHMMSS.log。

(15) -vstats_file file：将视频编码统计信息复制到指定的 file。

(16) -force_key_frames[:stream_specifier] time[,time...](output、per-stream)：强制关键帧。

(17) -force_key_frames[:stream_specifier] expr:expr(output、per-stream)：在指定的时间戳强制关键帧。

(18) -copyinkf[:stream_specifier](output、per-stream)：当进行流复制时，同时复制开头的非关键帧。

(19) -hwaccel[:stream_specifier] hwaccel(input、per-stream)：使用硬件加速来解码匹配的流。

(20) -hwaccel_device[:stream_specifier] hwaccel_device(input、per-stream)：选择硬件加速所使用的设备，该选项只有-hwaccel 同时指定时才有意义。

3.6 音频选项

主要应用于音频的选项，列举如下。

(1) -aframes number(output)：设置录制音频帧的个数，是-frames:a 的别名。

(2) -ar[:stream_specifier] freq(input/output、per-stream)：设置音频采样率。

(3) -aq q(output)：设置音频质量，是-q:a 的别名。

(4) -ac[:stream_specifier] channels(input/output、per-stream)：设置音频通道数。

(5) -an(output)：禁止音频录制。

(6) -acodec codec(input/output)：设置音频 codec，是-codec:a 的别名。例如-acodec aac 代表使用 aac 进行音频编码。

(7) -sample_fmt[:stream_specifier] sample_fmt(output、per-stream)：设置音频采样格式。

(8) -af filtergraph(output)：创建 filtergraph 所指定的过滤图，并使用它来过滤流。

3.7 字幕选项

主要应用于字幕的选项，列举如下。

(1) -s size：设置框架大小（width x height 或缩写）。

(2) -sn：禁用字幕。

(3) -scodec：编解码器强制字幕编解码器。

(4) -stag fourcc/tag：字幕标签/fourcc。

(5) -fix_sub_duration：修复字幕持续时间。

(6) -canvas_size size：设置画布大小（width x height）。

(7) -spre：预设将字幕选项设置为指示的预设。

3.8 高级选项

(1) -map [-]input_file_id[:stream_specifier][,sync_file_id[:stream_specifier]] | [linklabel](output)：指定一个或多个流作为输出文件的源。

(2) -re(input)：以本地视频文件的帧率来读取数据，主要用来模拟一个采集设备，例如可以读取一个本地文件来模拟实时输入流。

(3) -map_metadata[:metadata_spec_out] infile[:metadata_spec_in](output、per-metadata)：设置下一个输出文件的 metadata 信息。

(4) -map_chapters input_file_index(output)：从索引号为 input_file_index 的输入文件中将章节复制到下一个输出文件中。

(5) -timelimit duration(global)：FFmpeg 运行 duration 秒后退出。

(6) -dump(global)：将每个输入包复制到标准输出。

(7) -hex(global)：复制包时，同时复制负载。

(8) -vsync parameter：视频同步方法。

(9) -async samples_per_second：音频同步方法。

(10) -shortest(output)：当最短的输入流结束时，终止编码。

(11) -muxdelay seconds(input)：设置最大解封装、解码延时。

(12) -muxpreload seconds(input)：设置初始解封装、解码延时。

(13) -streamid output-stream-index:new-value(output)：为一个输出流分配一个新的 stream-id。

(14) -bsf[:stream_specifier] bitstream_filters(output、per-stream)：为匹配的流设置比特流滤镜。

(15) -filter_complex filtergraph(global)：定义一个复杂的过滤图。

(16) -lavfi filtergraph(global)：定义一个复杂的过滤图，相当于-filter_complex。

(17) -filter_complex_script filename(global)：该选项类似于-filter_complex，唯一的不同是它的参数是一个定义过滤图的文件的文件名。

(18) -accurate_seek(input)：打开或禁止在输入文件中的精确跳转，默认打开。

3.9 map 详解

FFmpeg 的 -map 选项用于指定一个或多个流作为输出文件的源,语法如下:

```
- map [ - ]input_file_id[: stream_specifier][, sync_file_id[: stream_specifier]] |
[linklabel](output)
```

该命令行中的第 1 个 -map 选项用于指定输出流 0 的源;第 2 个 -map 选项用于指定输出流 1 的源,以此类推。以下是一些特别流符号的说明:
(1) -map 0 表示选择第 1 个文件的所有流。
(2) -map i:v 表示从文件序号 i(index)中获取所有视频流。
(3) -map i:a 表示获取所有音频流。
(4) -map i:s 表示获取所有字幕流等。
(5) 特殊参数 -an、-vn、-sn 表示分别排除所有的音频流、视频流、字幕流。

注意:如果文件索引号前带有减号(—),则表示排除指定文件中的指定流。例如 -map -0:v:0 表示排除第 1 个输入文件中的第 1 路视频流。

-map 的通常用法是 -map file_number[:stream_type][:stream_number],即"-map 文件索引号:流类型:流索引号",下面列举几个案例,如图 3-13 所示。

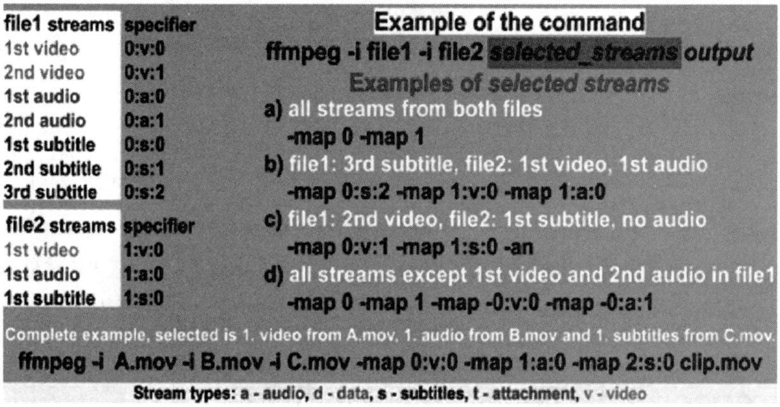

```
file1 streams  specifier        Example of the command
1st video      0:v:0        ffmpeg -i file1 -i file2 selected_streams output
2nd video      0:v:1              Examples of selected streams
1st audio      0:a:0        a) all streams from both files
2nd audio      0:a:1           -map 0 -map 1
1st subtitle   0:s:0        b) file1: 3rd subtitle, file2: 1st video, 1st audio
2nd subtitle   0:s:1           -map 0:s:2 -map 1:v:0 -map 1:a:0
3rd subtitle   0:s:2        c) file1: 2nd video, file2: 1st subtitle, no audio
                               -map 0:v:1 -map 1:s:0 -an
file2 streams  specifier    d) all streams except 1st video and 2nd audio in file1
1st video      1:v:0           -map 0 -map 1 -map -0:v:0 -map -0:a:1
1st audio      1:a:0
1st subtitle   1:s:0
Complete example, selected is 1. video from A.mov, 1. audio from B.mov and 1. subtitles from C.mov
ffmpeg -i A.mov -i B.mov -i C.mov -map 0:v:0 -map 1:a:0 -map 2:s:0 clip.mov
Stream types: a - audio, d - data, s - subtitles, t - attachment, v - video
```

图 3-13 map 用法及案例

在 map 用法中,文件、流(包括音频流、视频流、字幕流)的索引号都是从 0 开始的,例如第 1 个文件的第 1 路视频流的标识符(specifier)为 0:v:0,第 1 个文件的第 2 路视频流的标识符为 0:v:1、第 2 个文件的第 3 路字幕流的标识符为 1:s:2。

在上述案例中有两个输入文件 file1 和 file2,一个输出文件 output,命令行语法如下:

```
ffmpeg - i file1 - i file2 selected_streams output
```

其中，列举几种 selected_streams 可用的情况。

a) 从所有输入文件中选择所有流，代码如下：

```
-map 0 -map 1
# -map 0 表示从第 1 个文件中获取所有流，包括音频流、视频流和字幕流
# -map 1 表示从第 2 个文件中获取所有流，包括音频流、视频流和字幕流
```

b) 从第 1 个输入文件中获取第 3 路字幕流，从第 2 个文件中获取第 1 路视频流和第 1 路音频流，代码如下：

```
-map 0:s:2 -map 1:v:0 -map 1:a:0
# -map 0:s:2 表示从第 1 个文件中获取第 3 路字幕流
# -map 1:v:0 表示从第 2 个文件中获取第 1 路视频流
# -map 1:a:0 表示从第 2 个文件中获取第 1 路音频流
```

c) 从第 1 个输入文件中获取第 2 路视频流，从第 2 个文件中获取第 1 路字幕流，然后屏蔽所有的音频流，代码如下：

```
-map 0:v:1 -map 1:s:0 -an
# -map 0:v:1 表示从第 1 个文件中获取第 2 路视频流
# -map 1:s:0 表示从第 2 个文件中获取第 1 路字幕流
# -an 表示屏蔽所有的音频流
```

d) 从所有输入文件中选择所有流，但需要排除第 1 个输入文件中的第 1 路视频流和第 2 路音频流，代码如下：

```
-map 0 -map 1 -map -0:v:0 -map -0:a:1
# -map 0 表示从第 1 个文件中获取所有流，包括音频流、视频流和字幕流
# -map 1 表示从第 2 个文件中获取所有流，包括音频流、视频流和字幕流
# -map -0:v:0 注意文件索引号前边有一个减号(-)，表示从第 1 个文件中排除第 1 路视频流
# -map -0:a:1 注意文件索引号前边有一个减号(-)，表示从第 1 个文件中排除第 2 路音频流
```

3.10　ffmpeg -h 详解

打开命令行窗口，输入 ffmpeg -h 命令，会打印出 FFmpeg 的帮助信息，输出内容如下：

```
//chapter3/ffmpeg.h.10.comment.txt
//chapter3/ffmpeg-h-注释说明
Hyper fast Audio and Video encoder
# ffmpeg 的语法格式
usage: ffmpeg [options] [[infile options] -i infile]... {[outfile options] outfile}...
```

```
#ffmpeg 的获取帮助的参数,包括 -h、-h long 和 -h full
#由于内容比较多,读者可以自己测试 -h long 和 -h full
Getting help:
    -h      -- print basic options
    -h long -- print more options
    -h full -- print all options(including all format and codec specific options,very long)
    -h type=name -- print all options for the named decoder/encoder/demuxer/muxer/filter/
bsf/protocol
    See man ffmpeg for detailed description of the options.

Print help / information / capabilities:
-L                       show license                                 #显示授权信息
-h topic                 show help                                    #显示帮助信息
-? topic                 show help                                    #显示帮助信息
-help topic              show help
--help topic             show help
-version                 show version                                 #显示版本信息
-buildconf               show build configuration                     #显示编译配置信息
-formats                 show available formats                       #显示可用的格式
-muxers                  show available muxers                        #显示可用的封装器
-demuxers                show available demuxers                      #显示可用的解封装器
-devices                 show available devices                       #显示可用的设备
-codecs                  show available codecs                        #显示可用的编解码器
-decoders                show available decoders                      #显示可用的解码器
-encoders                show available encoders                      #显示可用的编码器
-bsfs                    show available bit stream filters            #显示可用的位流滤镜
-protocols               show available protocols                     #显示可用的协议
-filters                 show available filters                       #显示可用的滤镜
-pix_fmts                show available pixel formats                 #显示可用的像素格式
-layouts                 show standard channel layouts                #显示可用的声道模式
-sample_fmts             show available audio sample formats          #显示可用的采样格式
-colors                  show available color names                   #显示可用的颜色名称
-sources device          list sources of the input device             #显示可用的输入设备
-sinks device            list sinks of the output device              #显示可用的输出设备
-hwaccels                show available HW acceleration methods       #显示可用的硬件加速方法

#全局选项
Global options(affect whole program instead of just one file):
-loglevel loglevel       set logging level
-v loglevel              set logging level
-report                  generate a report
-max_alloc Bytes         set maximum size of a single allocated block
-y                       overwrite output files
-n                       never overwrite output files
-ignore_unknown          Ignore unknown stream types
-filter_threads          number of non-complex filter threads
```

```
-filter_complex_threads number of threads for -filter_complex
-stats                   print progress report during encoding
-max_error_rate maximum error rate ratio of errors(0.0: no errors,1.0: 100% errors) above
which ffmpeg returns an error instead of success.
-bits_per_raw_sample number set the number of bits per raw sample
-vol volume              change audio volume(256 = normal)
```

文件主要选项
```
Per-file main options:
-f fmt                   force format           # 强制规定文件格式
-c codec                 codec name
-codec codec             codec name
-pre preset              preset name
-map_metadata outfile[,metadata]: infile[,metadata] set metadata information of outfile
from infile
-t duration              record or transcode "duration" seconds of audio/video
-to time_stop            record or transcode stop time
-fs limit_size           set the limit file size in Bytes
-ss time_off             set the start time offset
-sseof time_off          set the start time offset relative to EOF
-seek_timestamp          enable/disable seeking by timestamp with -ss
-timestamp time          set the recording timestamp('now' to set the current time)
-metadata string = string add metadata
-program title = string: st = number... add program with specified streams
-target type             specify target file type("vcd","svcd","dvd","dv" or "dv50" with
optional prefixes "pal-","ntsc-" or "film-")
-apad                    audio pad
-frames number           set the number of frames to output
-filter filter_graph     set stream filtergraph
-filter_script filename  read stream filtergraph description from a file
-reinit_filter           reinit filtergraph on input parameter changes
-discard                 discard
-disposition             disposition
```

视频选项
```
Video options:
-vframes number          set the number of video frames to output
-r rate                  set frame rate(Hz value,fraction or abbreviation)
-s size                  set frame size(WxH or abbreviation)
-aspect aspect           set aspect ratio(4:3,16:9 or 1.3333,1.7777)
-bits_per_raw_sample number set the number of bits per raw sample
-vn                      disable video
-vcodec codec            force video codec('copy' to copy stream)
-timecode hh:mm:ss[:;.]ff set initial TimeCode value.
-pass n                  select the pass number(1 to 3)
-vf filter_graph         set video filters
```

```
-ab bitrate              audio bitrate(please use -b: a)
-b bitrate               video bitrate(please use -b: v)
-dn                      disable data

#音频选项
Audio options:
-aframes number          set the number of audio frames to output
-aq quality              set audio quality(codec-specific)
-ar rate                 set audio sampling rate(in Hz)
-ac channels             set number of audio channels
-an                      disable audio
-acodec codec            force audio codec('copy' to copy stream)
-vol volume              change audio volume(256=normal)
-af filter_graph         set audio filters

#字幕选项
Subtitle options:
-s size                  set frame size(WxH or abbreviation)
-sn                      disable subtitle
-scodec codec            force subtitle codec('copy' to copy stream)
-stag fourcc/tag         force subtitle tag/fourcc
-fix_sub_duration        fix subtitles duration
-canvas_size size        set canvas size(WxH or abbreviation)
-spre preset             set the subtitle options to the indicated preset
```

3.11 FFmpeg 其他选项

FFmpeg 提供了非常多的编码器、解码器、封装器、协议、硬件加速等功能，这里重点介绍以下几项。

(1) 可用的比特流：ffmpeg -bsfs。
(2) 可用的编解码器：ffmpeg -codecs。
(3) 可用的解码器：ffmpeg -decoders。
(4) 可用的编码器：ffmpeg -encoders。
(5) 可用的滤镜：ffmpeg -filters。
(6) 可用的视频格式：ffmpeg -formats。
(7) 可用的声道布局：ffmpeg -layouts。
(8) 可用的许可证：ffmpeg -L。
(9) 可用的像素格式：ffmpeg -pix_fmts。
(10) 可用的协议：ffmpeg -protocols。

3.11.1 -formats：支持的文件格式

-formats用于列举所有可用的文件格式，D代表解封装支持的格式，E代表封装支持的格式，DE代表封装/解封装都支持的格式。由于内容太多，笔者删除了一些不常用的格式，输出信息如下：

```
//chapter3//ffmpeg-311-formats.txt
File formats:                                               # 文件格式
 D. = Demuxing supported                                    # 解封装支持
 .E = Muxing supported                                      # 封装支持
 --
 D  3dostr            3DO STR
  E 3g2               3GP2(3GPP2 file format)
  E 3gp               3GP(3GPP file format)
 D  aac               raw ADTS AAC(Advanced Audio Coding)   # AAC 格式
 DE ac3               raw AC-3                              # AC-3 格式
 D  avs               Argonaut Games Creature Shock
 DE avs2              raw AVS2-P2/IEEE1857.4 video

 D  dshow             DirectShow capture
 D  dsicin            Delphine Software International CIN
 DE dv                DV(Digital Video)        # DV 格式,用于数字视频
 D  dvbsub            raw dvbsub
 D  dvbtxt            dvbtxt
  E dvd               MPEG-2 PS(DVD VOB)       # DVD 格式,包括 DVD 和 VOB,属于 PS 格式
 DE f32be             PCM 32-bit floating-point big-endian
 DE f32le             PCM 32-bit floating-point little-endian
  E f4v               F4V Adobe Flash Video    # Flash 格式,包含视频流信息
 DE f64be             PCM 64-bit floating-point big-endian
 DE f64le             PCM 64-bit floating-point little-endian
 DE ffmetadata        FFmpeg metadata in text

 DE flv               FLV(Flash Video)         # FLV 格式,包含视频、音频、字幕等

 DE g722              raw G.722                # 音频格式
 DE g723_1            raw G.723.1              # 音频格式
 DE g726              raw big-endian G.726("left-justified")
 DE g726le            raw little-endian G.726("right-justified")
 D  g729              G.729 raw format demuxer
 D  gdigrab           GDI API Windows frame grabber
 DE gif               CompuServe Graphics Interchange Format(GIF)
 D  gif_pipe          piped gif sequence
```

```
DE h261              raw H.261                              #视频格式
DE h263              raw H.263                              #视频格式
DE h264              raw H.264 video                        #视频格式
DE hevc              raw HEVC video                         #视频格式,即H.265

DE image2            image2 sequence
DE image2pipe        piped image2 sequence

 D jpeg_pipe         piped jpeg sequence
 D jpegls_pipe       piped jpegls sequence

DE m4v               raw MPEG-4 video                       #视频格式,包含MPEG-4视频流信息
 E matroska          Matroska                               #视频格式,MKV

DE mjpeg             raw MJPEG video
 D mjpeg_2000        raw MJPEG 2000 video

 E mov               QuickTime / MOV
 D mov,mp4,m4a,3gp,3g2,mj2 QuickTime / MOV
 E mp2               MP2(MPEG audio layer 2)                #音频格式
DE mp3               MP3(MPEG audio layer 3)                #音频格式
 E mp4               MP4(MPEG-4 Part 14)                    #视频格式,.mp4
DE mpeg              MPEG-1 Systems / MPEG program stream
 E mpeg1video        raw MPEG-1 video
 E mpeg2video        raw MPEG-2 video
DE mpegts            MPEG-TS(MPEG-2 Transport Stream)
 D mpegtsraw         raw MPEG-TS(MPEG-2 Transport Stream)
 D mpegvideo         raw MPEG video
DE mpjpeg            MIME multipart JPEG
 D mpl2              MPL2 subtitles
 D mv                Silicon Graphics Movie

 E oga               Ogg Audio
DE ogg               Ogg
 E ogv               Ogg Video
DE oma               Sony OpenMG audio
 E opus              Ogg Opus

DE rawvideo          raw video
DE rtp               RTP output
 E rtp_mpegts        RTP/mpegts output format
DE rtsp              RTSP output
DE s16be             PCM signed 16-bit big-endian
DE s16le             PCM signed 16-bit little-endian
DE s24be             PCM signed 24-bit big-endian
DE s24le             PCM signed 24-bit little-endian
```

```
   DE s32be                PCM signed 32-bit big-endian
   DE s32le                PCM signed 32-bit little-endian

   DE u16be                PCM unsigned 16-bit big-endian
   DE u16le                PCM unsigned 16-bit little-endian
   DE u24be                PCM unsigned 24-bit big-endian
   DE u24le                PCM unsigned 24-bit little-endian
   DE u32be                PCM unsigned 32-bit big-endian
   DE u32le                PCM unsigned 32-bit little-endian
   DE u8                   PCM unsigned 8-bit
   DE vc1                  raw VC-1 video
   DE vc1test              VC-1 test bitstream
    E vcd                  MPEG-1 Systems / MPEG program stream(VCD)
    D vfwcap               VfW video capture
    E vob                  MPEG-2 PS(VOB)
    D vobsub               VobSub subtitle format

   DE wav                  WAV / WAVE(Waveform Audio)
    E webm                 WebM
    E webm_chunk           WebM Chunk Muxer
   DE webm_dash_manifest   WebM DASH Manifest
    E webp                 WebP
    D webp_pipe            piped webp sequence

   DE yuv4mpegpipe         YUV4MPEG pipe
```

3.11.2 -muxers：支持的封装器格式

-muxers 用于列举所有可用的封装器格式，D 代表解封装支持的格式，E 代表封装支持的格式，DE 代表封装/解封装都支持的格式。-muxers 属于封装格式，所以只包含 E 类型的格式，具体输出信息如下：

```
//chapter3//ffmpeg-311-muxers.txt
File formats:
 D. = Demuxing supported
 .E = Muxing supported
 --
    E 3g2                  3GP2(3GPP2 file format)
    E 3gp                  3GP(3GPP file format)
    E a64                  a64 - video for Commodore 64
    E ac3                  raw AC-3
    E adts                 ADTS AAC(Advanced Audio Coding)
    E adx                  CRI ADX
    E aiff                 Audio IFF
```

E	alaw	PCM A-law
E	amr	3GPP AMR
E	apng	Animated Portable Network Graphics
E	aptx	raw aptX(Audio Processing Technology for Bluetooth)
E	aptx_hd	raw aptX HD(Audio Processing Technology for Bluetooth)
E	asf	ASF(Advanced / Active Streaming Format)
E	asf_stream	ASF(Advanced / Active Streaming Format)
E	ass	SSA(SubStation Alpha) subtitle
E	ast	AST(Audio Stream)
E	au	Sun AU
E	avi	AVI(Audio Video Interleaved)
E	avm2	SWF(ShockWave Flash)(AVM2)
E	avs2	raw AVS2-P2/IEEE1857.4 video
E	bit	G.729 BIT file format
E	caf	Apple CAF(Core Audio Format)
E	cavsvideo	raw Chinese AVS(Audio Video Standard) video
E	codec2	codec2 .c2 muxer
E	codec2raw	raw codec2 muxer
E	crc	CRC testing
E	dash	DASH Muxer
E	data	raw data
E	daud	D-Cinema audio
E	dirac	raw Dirac
E	dnxhd	raw DNxHD(SMPTE VC-3)
E	dts	raw DTS
E	dv	DV(Digital Video)
E	dvd	MPEG-2 PS(DVD VOB)
E	eac3	raw E-AC-3
E	f32be	PCM 32-bit floating-point big-endian
E	f32le	PCM 32-bit floating-point little-endian
E	f4v	F4V Adobe Flash Video
E	f64be	PCM 64-bit floating-point big-endian
E	f64le	PCM 64-bit floating-point little-endian
E	ffmetadata	FFmpeg metadata in text
E	fifo	FIFO queue pseudo-muxer
E	fifo_test	Fifo test muxer
E	film_cpk	Sega FILM / CPK
E	filmstrip	Adobe Filmstrip
E	fits	Flexible Image Transport System
E	flac	raw FLAC
E	flv	FLV(Flash Video)
E	framecrc	framecrc testing
E	framehash	Per-frame hash testing
E	framemd5	Per-frame MD5 testing
E	g722	raw G.722
E	g723_1	raw G.723.1

E	g726	raw big-endian G.726("left-justified")
E	g726le	raw little-endian G.726("right-justified")
E	gif	CompuServe Graphics Interchange Format(GIF)
E	gsm	raw GSM
E	gxf	GXF(General eXchange Format)
E	h261	raw H.261
E	h263	raw H.263
E	h264	raw H.264 video
E	hash	Hash testing
E	hds	HDS Muxer
E	hevc	raw HEVC video
E	hls	Apple HTTP Live Streaming
E	ico	Microsoft Windows ICO
E	ilbc	iLBC storage
E	image2	image2 sequence
E	image2pipe	piped image2 sequence
E	ipod	iPod H.264 MP4(MPEG-4 Part 14)
E	ircam	Berkeley/IRCAM/CARL Sound Format
E	ismv	ISMV/ISMA(Smooth Streaming)
E	ivf	On2 IVF
E	jacosub	JACOsub subtitle format
E	kvag	Simon & Schuster Interactive VAG
E	latm	LOAS/LATM
E	lrc	LRC lyrics
E	m4v	raw MPEG-4 video
E	matroska	Matroska
E	md5	MD5 testing
E	microdvd	MicroDVD subtitle format
E	mjpeg	raw MJPEG video
E	mkvtimestamp_v2	extract pts as timecode v2 format, as defined by mkvtoolnix
E	mlp	raw MLP
E	mmf	Yamaha SMAF
E	mov	QuickTime / MOV
E	mp2	MP2(MPEG audio layer 2)
E	mp3	MP3(MPEG audio layer 3)
E	mp4	MP4(MPEG-4 Part 14)
E	mpeg	MPEG-1 Systems / MPEG program stream
E	mpeg1video	raw MPEG-1 video
E	mpeg2video	raw MPEG-2 video
E	mpegts	MPEG-TS(MPEG-2 Transport Stream)
E	mpjpeg	MIME multipart JPEG
E	mulaw	PCM mu-law
E	mxf	MXF(Material eXchange Format)
E	mxf_d10	MXF(Material eXchange Format) D-10 Mapping
E	mxf_opatom	MXF(Material eXchange Format) Operational Pattern Atom
E	null	raw null video
E	nut	NUT

E	oga	Ogg Audio
E	ogg	Ogg
E	ogv	Ogg Video
E	oma	Sony OpenMG audio
E	opus	Ogg Opus
E	psp	PSP MP4(MPEG-4 Part 14)
E	rawvideo	raw video
E	rm	RealMedia
E	roq	raw id RoQ
E	rso	Lego Mindstorms RSO
E	rtp	RTP output
E	rtp_mpegts	RTP/mpegts output format
E	rtsp	RTSP output
E	s16be	PCM signed 16-bit big-endian
E	s16le	PCM signed 16-bit little-endian
E	s24be	PCM signed 24-bit big-endian
E	s24le	PCM signed 24-bit little-endian
E	s32be	PCM signed 32-bit big-endian
E	s32le	PCM signed 32-bit little-endian
E	s8	PCM signed 8-bit
E	sap	SAP output
E	sbc	raw SBC
E	scc	Scenarist Closed Captions
E	sdl,sdl2	SDL2 output device
E	segment	segment
E	singlejpeg	JPEG single image
E	smjpeg	Loki SDL MJPEG
E	smoothstreaming	Smooth Streaming Muxer
E	sox	SoX native
E	spdif	IEC 61937(used on S/PDIF-IEC958)
E	spx	Ogg Speex
E	srt	SubRip subtitle
E	stream_segment,ssegment	streaming segment muxer
E	streamhash	Per-stream hash testing
E	sup	raw HDMV Presentation Graphic Stream subtitles
E	svcd	MPEG-2 PS(SVCD)
E	swf	SWF(ShockWave Flash)
E	tee	Multiple muxer tee
E	truehd	raw TrueHD
E	tta	TTA(True Audio)
E	u16be	PCM unsigned 16-bit big-endian
E	u16le	PCM unsigned 16-bit little-endian
E	u24be	PCM unsigned 24-bit big-endian
E	u24le	PCM unsigned 24-bit little-endian
E	u32be	PCM unsigned 32-bit big-endian
E	u32le	PCM unsigned 32-bit little-endian

```
E u8                      PCM unsigned 8-bit
E uncodedframecrc         uncoded framecrc testing
E vc1                     raw VC-1 video
E vc1test                 VC-1 test bitstream
E vcd                     MPEG-1 Systems / MPEG program stream(VCD)
E vidc                    PCM Archimedes VIDC
E vob                     MPEG-2 PS(VOB)
E voc                     Creative Voice
E w64                     Sony Wave64
E wav                     WAV / WAVE(Waveform Audio)
E webm                    WebM
E webm_chunk              WebM Chunk Muxer
E webm_dash_manifest      WebM DASH Manifest
E webp                    WebP
E webvtt                  WebVTT subtitle
E wtv                     Windows Television(WTV)
E wv                      raw WavPack
E yuv4mpegpipe            YUV4MPEG pipe
```

3.11.3 -demuxers：支持的解封装器格式

-demuxers 用于列举所有可用的解封装器格式，D 代表解封装支持的格式，E 代表封装支持的格式，DE 代表封装/解封装都支持的格式。-demuxers 属于解封装格式，所以只包含 D 类型的格式。由于内容太多，笔者删除了一些不常用的格式，具体输出信息如下：

```
//chapter3//ffmpeg-311-demuxers.txt
File formats:
 D. = Demuxing supported
 .E = Muxing supported
 --
 D 3dostr                 3DO STR
 D 4xm                    4X Technologies
 D aa                     Audible AA format files
 D aac                    raw ADTS AAC(Advanced Audio Coding)
 D ac3                    raw AC-3
 D acm                    Interplay ACM
 D act                    ACT Voice file format
 D adf                    Artworx Data Format
 D adp                    ADP
 ...
 D dv                     DV(Digital Video)
 D dvbsub                 raw dvbsub
 D dvbtxt                 dvbtxt
 D dxa                    DXA
```

D	ea	Electronic Arts Multimedia
D	ea_cdata	Electronic Arts cdata
D	eac3	raw E-AC-3
D	epaf	Ensoniq Paris Audio File
D	exr_pipe	piped exr sequence
D	f32be	PCM 32-bit floating-point big-endian
D	f32le	PCM 32-bit floating-point little-endian
D	f64be	PCM 64-bit floating-point big-endian
D	f64le	PCM 64-bit floating-point little-endian
D	ffmetadata	FFmpeg metadata in text
D	film_cpk	Sega FILM / CPK
D	filmstrip	Adobe Filmstrip
D	fits	Flexible Image Transport System
D	flac	raw FLAC
D	flic	FLI/FLC/FLX animation
D	flv	FLV(Flash Video)
D	frm	Megalux Frame
D	fsb	FMOD Sample Bank
...		
D	h261	raw H.261
D	h263	raw H.263
D	h264	raw H.264 video
D	hca	CRI HCA
D	hcom	Macintosh HCOM
D	hevc	raw HEVC video
...		
D	j2k_pipe	piped j2k sequence
D	jacosub	JACOsub subtitle format
D	jpeg_pipe	piped jpeg sequence
D	jpegls_pipe	piped jpegls sequence
...		
D	m4v	raw MPEG-4 video
D	matroska,webm	Matroska / WebM
D	mgsts	Metal Gear Solid: The Twin Snakes
D	microdvd	MicroDVD subtitle format
D	mjpeg	raw MJPEG video
D	mjpeg_2000	raw MJPEG 2000 video
...		
D	mov,mp4,m4a,3gp,3g2,mj2	QuickTime / MOV
D	mp3	MP2/3(MPEG audio layer 2/3)
D	mpc	Musepack
D	mpc8	Musepack SV8
D	mpeg	MPEG-PS(MPEG-2 Program Stream)
D	mpegts	MPEG-TS(MPEG-2 Transport Stream)
D	mpegtsraw	raw MPEG-TS(MPEG-2 Transport Stream)
D	mpegvideo	raw MPEG video

```
D mpjpeg                          MIME multipart JPEG
...
D mv                              Silicon Graphics Movie
D mvi                             Motion Pixels MVI
D mxf                             MXF(Material eXchange Format)
...
D ogg                             Ogg
...
D rtp                             RTP input
D rtsp                            RTSP input
D s16be                           PCM signed 16-bit big-endian
D s16le                           PCM signed 16-bit little-endian
D s24be                           PCM signed 24-bit big-endian
D s24le                           PCM signed 24-bit little-endian
D s32be                           PCM signed 32-bit big-endian
D s32le                           PCM signed 32-bit little-endian
D s337m                           SMPTE 337M
...
D u16be                           PCM unsigned 16-bit big-endian
D u16le                           PCM unsigned 16-bit little-endian
D u24be                           PCM unsigned 24-bit big-endian
D u24le                           PCM unsigned 24-bit little-endian
D u32be                           PCM unsigned 32-bit big-endian
D u32le                           PCM unsigned 32-bit little-endian
D u8                              PCM unsigned 8-bit
...
D wav                             WAV / WAVE(Waveform Audio)
D wc3movie                        Wing Commander III movie
D webm_dash_manifest              WebM DASH Manifest
D webp_pipe                       piped webp sequence
...
D yuv4mpegpipe                    YUV4MPEG pipe
```

3.11.4 -devices：支持的设备

-devices用于列举所有可用的设备，D代表解封装支持的格式，E代表封装支持的格式，DE代表封装/解封装都支持的格式。具体输出信息如下：

```
//chapter3//ffmpeg-311-devices.txt
Devices:
 D. = Demuxing supported
 .E = Muxing supported
 --
 D  dshow                    DirectShow capture  #DirectShow类型的捕获设备
```

D gdigrab	GDI API Windows frame grabber	#Windows 下的帧抓取器,可以录屏
D lavfi	Libavfilter virtual input device	#虚拟输入设备
E sdl,sdl2	SDL2 output device	#SDL2 的输出设备
D vfwcap	VfW video capture	#Windows 下的 vfwcap,用于视频捕获

3.11.5 -encoders:支持的编码器格式

-encoders 用于列举所有可用的编码器格式,V 代表视频格式,A 代表音频格式,S 代表字幕格式,F 代表帧级别的多线程运算,S 代表条带级别的多线程运算,X 代表实验的编解码器,B 代表支持绘制水平带,D 代表直接渲染。由于内容太多,笔者删除了一些不常用的格式,具体输出信息如下:

```
//chapter3//ffmpeg-311-encoders.txt
Encoders:
 V..... = Video
 A..... = Audio
 S..... = Subtitle
 .F.... = Frame-level multithreading
 ..S... = Slice-level multithreading
 ...X.. = Codec is experimental
 ....B. = Supports draw_horiz_band
 .....D = Supports direct rendering method 1
 ------
 ...
 V..... ayuv              Uncompressed packed MS 4:4:4:4      #YUV444 采样格式
 V..... bmp               BMP(Windows and OS/2 bitmap)        #BMP 格式
 ...
 V..... flashsv           Flash Screen Video
 V..... flashsv2          Flash Screen Video Version 2
 V..... flv               FLV / Sorenson Spark / Sorenson H.263(Flash Video)(codec flv1)
                                                              #FLV 编码
 V..... gif               GIF(Graphics Interchange Format)
 V..... h261              H.261                               #H.261 视频编码
 V..... h263              H.263 / H.263-1996                  #H.263 视频编码
 V.S... h263p             H.263+ / H.263-1998 / H.263 version 2
 V..... libx264           libx264 H.264 / AVC / MPEG-4 AVC / MPEG-4 part 10(codec h264)
                                                              #libx264 编码,属于 H.264 的开源编码器
 V..... libx264rgb        libx264 H.264 / AVC / MPEG-4 AVC / MPEG-4 part 10 RGB(codec h264)
 V..... h264_amf          AMD AMF H.264 Encoder(codec h264)
 V..... h264_mf           H264 via MediaFoundation(codec h264)
 V..... h264_nvenc        NVIDIA NVENC H.264 encoder(codec h264)
 V..... h264_qsv          H.264 / AVC / MPEG-4 AVC / MPEG-4 part 10(Intel Quick Sync Video acceleration)(codec h264)
 V..... nvenc             NVIDIA NVENC H.264 encoder(codec h264)
```

V.....	nvenc_h264	NVIDIA NVENC H.264 encoder(codec h264)
V.....	hap	Vidvox Hap
V.....	libx265	libx265 H.265 / HEVC(codec hevc) #libx265编码
V.....	nvenc_hevc	NVIDIA NVENC hevc encoder(codec hevc)
V.....	hevc_amf	AMD AMF HEVC encoder(codec hevc)
V.....	hevc_mf	HEVC via MediaFoundation(codec hevc)
V.....	hevc_nvenc	NVIDIA NVENC hevc encoder(codec hevc)
V.....	hevc_qsv	HEVC(Intel Quick Sync Video acceleration)(codec hevc)
VF....	huffyuv	Huffyuv / HuffYUV
V.....	jpeg2000	JPEG 2000
VF....	libopenjpeg	OpenJPEG JPEG 2000(codec jpeg2000)
VF....	jpegls	JPEG-LS
VF....	ljpeg	Lossless JPEG
VF....	magicyuv	MagicYUV video
VFS...	mjpeg	MJPEG(Motion JPEG)
V.....	mjpeg_qsv	MJPEG(Intel Quick Sync Video acceleration)(codec mjpeg)
V.S...	mpeg1video	MPEG-1 video
V.S...	mpeg2video	MPEG-2 video
V.....	mpeg2_qsv	MPEG-2 video(Intel Quick Sync Video acceleration)(codec mpeg2video)
V.S...	mpeg4	MPEG-4 part 2
V.....	libxvid	libxvidcore MPEG-4 part 2(codec mpeg4)
V.....	msmpeg4v2	MPEG-4 part 2 Microsoft variant version 2
V.....	msmpeg4	MPEG-4 part 2 Microsoft variant version 3(codec msmpeg4v3)
V.....	msvideo1	Microsoft Video-1
...		
V.....	v210	Uncompressed 4:2:2 10-bit
V.....	v308	Uncompressed packed 4:4:4
V.....	v408	Uncompressed packed QT 4:4:4:4
V.....	v410	Uncompressed 4:4:4 10-bit
V.....	libvpx	libvpx VP8(codec vp8)
V.....	libvpx-vp9	libvpx VP9(codec vp9)
V.....	vp9_qsv	VP9 video(Intel Quick Sync Video acceleration)(codec vp9)
V.....	libwebp_anim	libwebp WebP image(codec webp)
V.....	libwebp	libwebp WebP image(codec webp)
V.....	wmv1	Windows Media Video 7
V.....	wmv2	Windows Media Video 8
V.....	y41p	Uncompressed YUV 4:1:1 12-bit
V.....	yuv4	Uncompressed packed 4:2:0
VF....	zlib	LCL(LossLess Codec Library) ZLIB
V.....	zmbv	Zip Motion Blocks Video
A.....	aac	AAC(Advanced Audio Coding)
A.....	aac_mf	AAC via MediaFoundation(codec aac)
A.....	ac3	ATSC A/52A(AC-3)
A.....	ac3_fixed	ATSC A/52A(AC-3)(codec ac3)

A.....	ac3_mf	AC3 via MediaFoundation(codec ac3)
A.....	adpcm_adx	SEGA CRI ADX ADPCM
A.....	g722	G.722 ADPCM(codec adpcm_g722)
A.....	g726	G.726 ADPCM(codec adpcm_g726)
A.....	g726le	G.726 little endian ADPCM("right-justified")(codec adpcm_g726le)
A.....	adpcm_ima_qt	ADPCM IMA QuickTime
A.....	adpcm_ima_ssi	ADPCM IMA Simon & Schuster Interactive
A.....	adpcm_ima_wav	ADPCM IMA WAV
A.....	adpcm_ms	ADPCM Microsoft
A.....	adpcm_swf	ADPCM Shockwave Flash
A.....	adpcm_yamaha	ADPCM Yamaha
A.....	flac	FLAC(Free Lossless Audio Codec)
A.....	g723_1	G.723.1
A.....	mp2	MP2(MPEG audio layer 2)
A.....	mp2fixed	MP2 fixed point(MPEG audio layer 2)(codec mp2)
A.....	libtwolame	libtwolame MP2(MPEG audio layer 2)(codec mp2)
A.....	mp3_mf	MP3 via MediaFoundation(codec mp3)
A.....	libmp3lame	libmp3lame MP3(MPEG audio layer 3)(codec mp3)
A.....	libopus	libopus Opus(codec opus)
A.....	pcm_alaw	PCM A-law / G.711 A-law
A.....	pcm_dvd	PCM signed 16|20|24-bit big-endian for DVD media
A.....	pcm_f32be	PCM 32-bit floating point big-endian
A.....	pcm_f32le	PCM 32-bit floating point little-endian
A.....	pcm_f64be	PCM 64-bit floating point big-endian
A.....	pcm_f64le	PCM 64-bit floating point little-endian
A.....	pcm_mulaw	PCM mu-law / G.711 mu-law
A.....	pcm_s16be	PCM signed 16-bit big-endian
A.....	pcm_s16be_planar	PCM signed 16-bit big-endian planar
A.....	pcm_s16le	PCM signed 16-bit little-endian
A.....	pcm_s16le_planar	PCM signed 16-bit little-endian planar
A.....	pcm_s24be	PCM signed 24-bit big-endian
A.....	pcm_s24daud	PCM D-Cinema audio signed 24-bit
A.....	pcm_s24le	PCM signed 24-bit little-endian
A.....	pcm_s24le_planar	PCM signed 24-bit little-endian planar
A.....	pcm_s32be	PCM signed 32-bit big-endian
A.....	pcm_s32le	PCM signed 32-bit little-endian
A.....	pcm_s32le_planar	PCM signed 32-bit little-endian planar
A.....	pcm_s64be	PCM signed 64-bit big-endian
A.....	pcm_s64le	PCM signed 64-bit little-endian
A.....	pcm_s8	PCM signed 8-bit
A.....	pcm_s8_planar	PCM signed 8-bit planar
A.....	pcm_u16be	PCM unsigned 16-bit big-endian
A.....	pcm_u16le	PCM unsigned 16-bit little-endian

```
A..... pcm_u24be          PCM unsigned 24-bit big-endian
A..... pcm_u24le          PCM unsigned 24-bit little-endian
A..... pcm_u32be          PCM unsigned 32-bit big-endian
A..... pcm_u32le          PCM unsigned 32-bit little-endian
A..... pcm_u8             PCM unsigned 8-bit
A..... pcm_vidc           PCM Archimedes VIDC
A..... real_144           RealAudio 1.0(14.4K)(codec ra_144)
A..... roq_dpcm           id RoQ DPCM

A..... wmav1              Windows Media Audio 1
A..... wmav2              Windows Media Audio 2
S..... ssa                ASS(Advanced SubStation Alpha) subtitle(codec ass)
S..... ass                ASS(Advanced SubStation Alpha) subtitle
S..... dvbsub             DVB subtitles(codec dvb_subtitle)
S..... dvdsub             DVD subtitles(codec dvd_subtitle)
S..... mov_text           3GPP Timed Text subtitle
S..... srt                SubRip subtitle(codec subrip)
S..... subrip             SubRip subtitle
S..... text               Raw text subtitle
S..... webvtt             WebVTT subtitle
S..... xsub               DivX subtitles(XSUB)
```

3.11.6 -decoders：支持的解码器格式

-decoders用于列举所有可用的解码器格式，V代表视频格式，A代表音频格式，S代表字幕格式，F代表帧级别的多线程运算，S代表条带级别的多线程运算，X代表实验的编解码器，B代表支持绘制水平带，D代表直接渲染。由于内容太多，笔者删除了一些不常用的格式，具体输出信息如下：

```
//chapter3//ffmpeg-311-decoders.txt
Decoders:
V..... = Video
A..... = Audio
S..... = Subtitle
.F.... = Frame-level multithreading
..S... = Slice-level multithreading
...X.. = Codec is experimental
....B. = Supports draw_horiz_band
.....D = Supports direct rendering method 1
------
V....D 012v               Uncompressed 4:2:2 10-bit
 V....D 8bps              QuickTime 8BPS video

V....D avs                AVS(Audio Video Standard) video
```

V....D	avui	Avid Meridien Uncompressed
V....D	ayuv	Uncompressed packed MS 4:4:4:4
V....D	cyuv	Creative YUV(CYUV)
V.S..D	dds	DirectDraw Surface image decoder
VFS..D	ffv1	FFmpeg video codec #1
V...BD	flv	FLV / Sorenson Spark / Sorenson H.263(Flash Video)(codec flv1)
V....D	gif	GIF(Graphics Interchange Format)
V....D	h261	H.261
V...BD	h263	H.263 / H.263-1996,H.263+ / H.263-1998 / H.263 version 2
V...BD	h263i	Intel H.263
V...BD	h263p	H.263 / H.263-1996,H.263+ / H.263-1998 / H.263 version 2
VFS..D	h264	H.264 / AVC / MPEG-4 AVC / MPEG-4 part 10
V....D	h264_qsv	H.264 / AVC / MPEG-4 AVC / MPEG-4 part 10(Intel Quick Sync Video acceleration)(codec h264)
V.....	h264_cuvid	NVIDIA CUVID H264 decoder(codec h264)
VFS..D	hap	Vidvox Hap
VFS..D	hevc	HEVC(High Efficiency Video Coding)
V....D	hevc_qsv	HEVC(Intel Quick Sync Video acceleration)(codec hevc)
V.....	hevc_cuvid	NVIDIA CUVID HEVC decoder(codec hevc)
VFS..D	jpeg2000	JPEG 2000
VF...D	libopenjpeg	OpenJPEG JPEG 2000(codec jpeg2000)
V....D	mjpeg	MJPEG(Motion JPEG)
V.....	mjpeg_cuvid	NVIDIA CUVID MJPEG decoder(codec mjpeg)
V....D	mjpeg_qsv	MJPEG video(Intel Quick Sync Video acceleration)(codec mjpeg)
V....D	mjpegb	Apple MJPEG-B
V....D	mmvideo	American Laser Games MM Video
V....D	motionpixels	Motion Pixels video
V.S.BD	mpeg1video	MPEG-1 video
V.....	mpeg1_cuvid	NVIDIA CUVID MPEG1VIDEO decoder(codec mpeg1video)
V.S.BD	mpeg2video	MPEG-2 video
V.S.BD	mpegvideo	MPEG-1 video(codec mpeg2video)
V....D	mpeg2_qsv	MPEG-2 video(Intel Quick Sync Video acceleration)(codec mpeg2video)
V.....	mpeg2_cuvid	NVIDIA CUVID MPEG2VIDEO decoder(codec mpeg2video)
VF..BD	mpeg4	MPEG-4 part 2
V.....	mpeg4_cuvid	NVIDIA CUVID MPEG4 decoder(codec mpeg4)
V....D	vc1	SMPTE VC-1
V....D	vc1_qsv	VC-1 video(Intel Quick Sync Video acceleration)(codec vc1)
VF..BD	vp3	On2 VP3
VF..BD	vp4	On2 VP4
V....D	vp5	On2 VP5
V....D	vp6	On2 VP6
V.S..D	vp6a	On2 VP6(Flash version,with alpha channel)

V....D	vp6f	On2 VP6(Flash version)
V....D	vp7	On2 VP7
VFS..D	vp8	On2 VP8
V....D	libvpx	libvpx VP8(codec vp8)
V.....	vp8_cuvid	NVIDIA CUVID VP8 decoder(codec vp8)
V....D	vp8_qsv	VP8 video(Intel Quick Sync Video acceleration)(codec vp8)
VFS..D	vp9	Google VP9
V.....	libvpx-vp9	libvpx VP9(codec vp9)
V.....	vp9_cuvid	NVIDIA CUVID VP9 decoder(codec vp9)
V....D	vp9_qsv	VP9 video(Intel Quick Sync Video acceleration)(codec vp9)
VF...D	webp	WebP image
V...BD	wmv1	Windows Media Video 7
V...BD	wmv2	Windows Media Video 8
V....D	wmv3	Windows Media Video 9
V....D	wmv3image	Windows Media Video 9 Image
V....D	yuv4	Uncompressed packed 4:2:0
VF...D	zlib	LCL(LossLess Codec Library) ZLIB
A....D	aac	AAC(Advanced Audio Coding)
A....D	aac_fixed	AAC(Advanced Audio Coding)(codec aac)
A....D	aac_latm	AAC LATM(Advanced Audio Coding LATM syntax)
A....D	ac3	ATSC A/52A(AC-3)
A....D	ac3_fixed	ATSC A/52A(AC-3)(codec ac3)
A....D	adpcm_4xm	ADPCM 4X Movie
A....D	adpcm_adx	SEGA CRI ADX ADPCM
A....D	adpcm_afc	ADPCM Nintendo Gamecube AFC
A....D	adpcm_agm	ADPCM AmuseGraphics Movie
A....D	adpcm_aica	ADPCM Yamaha AICA
A....D	adpcm_argo	ADPCM Argonaut Games
A....D	adpcm_ct	ADPCM Creative Technology
A....D	adpcm_dtk	ADPCM Nintendo Gamecube DTK
A....D	adpcm_ea	ADPCM Electronic Arts
A....D	adpcm_ea_maxis_xa	ADPCM Electronic Arts Maxis CDROM XA
A....D	adpcm_ea_r1	ADPCM Electronic Arts R1
A....D	adpcm_ea_r2	ADPCM Electronic Arts R2
A....D	adpcm_ea_r3	ADPCM Electronic Arts R3
A....D	adpcm_ea_xas	ADPCM Electronic Arts XAS
A....D	g722	G.722 ADPCM(codec adpcm_g722)
A....D	g726	G.726 ADPCM(codec adpcm_g726)
A....D	g726le	G.726 ADPCM little-endian(codec adpcm_g726le)
A....D	adpcm_ima_alp	ADPCM IMA High Voltage Software ALP
A....D	adpcm_ima_amv	ADPCM IMA AMV
A....D	adpcm_ima_apc	ADPCM IMA CRYO APC
A....D	adpcm_ima_apm	ADPCM IMA Ubisoft APM

A....D	adpcm_ima_cunning	ADPCM IMA Cunning Developments
A....D	adpcm_ima_dat4	ADPCM IMA Eurocom DAT4
A....D	adpcm_ima_dk3	ADPCM IMA Duck DK3
A....D	adpcm_ima_dk4	ADPCM IMA Duck DK4
A....D	adpcm_ima_ea_eacs	ADPCM IMA Electronic Arts EACS
A....D	adpcm_ima_ea_sead	ADPCM IMA Electronic Arts SEAD
A....D	adpcm_ima_iss	ADPCM IMA Funcom ISS
A....D	adpcm_ima_mtf	ADPCM IMA Capcom's MT Framework
A....D	adpcm_ima_oki	ADPCM IMA Dialogic OKI
A....D	adpcm_ima_qt	ADPCM IMA QuickTime
A....D	adpcm_ima_rad	ADPCM IMA Radical
A....D	adpcm_ima_smjpeg	ADPCM IMA Loki SDL MJPEG
A....D	adpcm_ima_ssi	ADPCM IMA Simon & Schuster Interactive
A....D	adpcm_ima_wav	ADPCM IMA WAV
A....D	adpcm_ima_ws	ADPCM IMA Westwood
A....D	adpcm_ms	ADPCM Microsoft
A....D	adpcm_mtaf	ADPCM MTAF
A....D	adpcm_psx	ADPCM Playstation
A....D	adpcm_sbpro_2	ADPCM Sound Blaster Pro 2-bit
A....D	adpcm_sbpro_3	ADPCM Sound Blaster Pro 2.6-bit
A....D	adpcm_sbpro_4	ADPCM Sound Blaster Pro 4-bit
A....D	adpcm_swf	ADPCM Shockwave Flash
A....D	adpcm_thp	ADPCM Nintendo THP
A....D	adpcm_thp_le	ADPCM Nintendo THP(little-endian)
A....D	adpcm_vima	LucasArts VIMA audio
A....D	adpcm_xa	ADPCM CDROM XA
A....D	adpcm_yamaha	ADPCM Yamaha
A....D	adpcm_zork	ADPCM Zork
A....D	mp2	MP2(MPEG audio layer 2)
A....D	mp2float	MP2(MPEG audio layer 2)(codec mp2)
A....D	mp3float	MP3(MPEG audio layer 3)(codec mp3)
A....D	mp3	MP3(MPEG audio layer 3)
A....D	mp3adufloat	ADU(Application Data Unit) MP3(MPEG audio layer 3)(codec mp3adu)
A....D	mp3adu	ADU(Application Data Unit) MP3(MPEG audio layer 3)
A....D	mp3on4float	MP3onMP4(codec mp3on4)
A....D	mp3on4	MP3onMP4
A....D	als	MPEG-4 Audio Lossless Coding(ALS)(codec mp4als)
A....D	mpc7	Musepack SV7(codec musepack7)
A....D	mpc8	Musepack SV8(codec musepack8)
A....D	nellymoser	Nellymoser Asao
A....D	opus	Opus
A....D	libopus	libopus Opus(codec opus)
A....D	paf_audio	Amazing Studio Packed Animation File Audio
A....D	pcm_alaw	PCM A-law / G.711 A-law
A....D	pcm_bluray	PCM signed 16|20|24-bit big-endian for Blu-ray media

```
 A....D pcm_dvd              PCM signed 16|20|24-bit big-endian for DVD media
 A....D pcm_f16le            PCM 16.8 floating point little-endian
 A....D pcm_f24le            PCM 24.0 floating point little-endian
 A....D pcm_f32be            PCM 32-bit floating point big-endian
 A....D pcm_f32le            PCM 32-bit floating point little-endian
 A....D pcm_f64be            PCM 64-bit floating point big-endian
 A....D pcm_f64le            PCM 64-bit floating point little-endian
 A....D pcm_lxf              PCM signed 20-bit little-endian planar
 A....D pcm_mulaw            PCM mu-law / G.711 mu-law
 A....D pcm_s16be            PCM signed 16-bit big-endian
 A....D pcm_s16be_planar     PCM signed 16-bit big-endian planar
 A....D pcm_s16le            PCM signed 16-bit little-endian
 A....D pcm_s16le_planar     PCM signed 16-bit little-endian planar
 A....D pcm_s24be            PCM signed 24-bit big-endian
 A....D pcm_s24daud          PCM D-Cinema audio signed 24-bit
 A....D pcm_s24le            PCM signed 24-bit little-endian
 A....D pcm_s24le_planar     PCM signed 24-bit little-endian planar
 A....D pcm_s32be            PCM signed 32-bit big-endian
 A....D pcm_s32le            PCM signed 32-bit little-endian
 A....D pcm_s32le_planar     PCM signed 32-bit little-endian planar
 A....D pcm_s64be            PCM signed 64-bit big-endian
 A....D pcm_s64le            PCM signed 64-bit little-endian
 A....D pcm_s8               PCM signed 8-bit
 A....D pcm_s8_planar        PCM signed 8-bit planar
 A....D pcm_u16be            PCM unsigned 16-bit big-endian
 A....D pcm_u16le            PCM unsigned 16-bit little-endian
 A....D pcm_u24be            PCM unsigned 24-bit big-endian
 A....D pcm_u24le            PCM unsigned 24-bit little-endian
 A....D pcm_u32be            PCM unsigned 32-bit big-endian
 A....D pcm_u32le            PCM unsigned 32-bit little-endian
 A....D pcm_u8               PCM unsigned 8-bit

 S..... mov_text             3GPP Timed Text subtitle

 S..... text                 Raw text subtitle
 S..... vplayer              VPlayer subtitle
 S..... webvtt               WebVTT subtitle
 S..... xsub                 XSUB
```

3.11.7 -protocols：支持的协议格式

-protocols用于列举所有可用的协议格式，分为输入协议和输出协议，具体输出信息如下（#以开头的部分是笔者的注释）：

```
//chapter3/ffmpeg-311--protocols.txt
Supported file protocols:
Input:                  #输入类型的协议
  async
  bluray
  cache
  concat
  crypto
  data
  ffrtmpcrypt
  ffrtmphttp
  file                  #本地文件
  ftp                   #FTP 文件传输协议
  gopher
  hls                   #HLS(HTTP Live Streaming)直播协议
  http                  #http,
  httpproxy
  https
  mmsh
  mmst
  pipe
  rtmp                  #RTMP,直播推流协议
  rtmpe
  rtmps
  rtmpt
  rtmpte
  rtmpts
  rtp                   #RTP,实时流协议,用于音视频数据的传输
  srtp
  subfile
  tcp
  tls
  udp
  udplite
  Srt

Output:                 #输出类型的协议
  crypto
  ffrtmpcrypt
  ffrtmphttp
  file
  ftp
  gopher
  http
  httpproxy
  https
```

```
icecast
md5
pipe
prompeg
rtmp
rtmpe
rtmps
rtmpt
rtmpte
rtmpts
rtp
srtp
tee
tcp
tls
udp
udplite
srt
```

3.11.8　-hwaccels：支持的硬件加速格式

-hwaccels 用于列举所有可用的硬件加速格式,具体输出信息如下：

```
//chapter3/ffmpeg-311 -- hwaccels.txt
Hardware acceleration methods:
CUDA      ♯CUDA(Compute Unified Device Architecture)是显卡厂商 NVIDIA 推出的运算平台
dxva2     ♯dxva2：DXVA 是 DirectX Video Acceleration 的简称,中文译为视频硬件加速。DXVA 是微
          ♯软公司专门制定的视频加速规范,它共有两个版本,分别是 DXVA 1.0 和 DXVA 2.0
qsv       ♯QSV：Intel 的硬件加速方案
d3d11va   ♯d3d11va 硬件加速
```

3.11.9　-layouts：支持的声道模式

-layouts 用于列举所有可用的声道模式,具体输出信息如下：

```
//chapter3/ffmpeg-311 -- layouts.txt
Individual channels:              ♯独立声道
NAME          DESCRIPTION
FL            front left           ♯左前
FR            front right          ♯右前
FC            front center         ♯中前
LFE           low frequency        ♯低频
BL            back left            ♯左后
BR            back right           ♯右后
```

FLC	front left-of-center	♯左中前
FRC	front right-of-center	♯右中前
BC	back center	♯中后
SL	side left	♯左侧
SR	side right	♯右侧
TC	top center	♯中上
TFL	top front left	
TFC	top front center	
TFR	top front right	
TBL	top back left	
TBC	top back center	
TBR	top back right	
DL	downmix left	
DR	downmix right	
WL	wide left	
WR	wide right	
SDL	surround direct left	
SDR	surround direct right	
LFE2	low frequency 2	

Standard channel layouts:		♯标准声道模式
NAME	DECOMPOSITION	
mono	FC	♯单声道
stereo	FL+FR	♯双声道：左前、右前
2.1	FL+FR+LFE	♯2.1声道
3.0	FL+FR+FC	
3.0(back)	FL+FR+BC	
4.0	FL+FR+FC+BC	
quad	FL+FR+BL+BR	
quad(side)	FL+FR+SL+SR	
3.1	FL+FR+FC+LFE	
5.0	FL+FR+FC+BL+BR	
5.0(side)	FL+FR+FC+SL+SR	
4.1	FL+FR+FC+LFE+BC	
5.1	FL+FR+FC+LFE+BL+BR	
5.1(side)	FL+FR+FC+LFE+SL+SR	
6.0	FL+FR+FC+BC+SL+SR	
6.0(front)	FL+FR+FLC+FRC+SL+SR	
hexagonal	FL+FR+FC+BL+BR+BC	
6.1	FL+FR+FC+LFE+BC+SL+SR	
6.1(back)	FL+FR+FC+LFE+BL+BR+BC	
6.1(front)	FL+FR+LFE+FLC+FRC+SL+SR	
7.0	FL+FR+FC+BL+BR+SL+SR	
7.0(front)	FL+FR+FC+FLC+FRC+SL+SR	
7.1	FL+FR+FC+LFE+BL+BR+SL+SR	
7.1(wide)	FL+FR+FC+LFE+BL+BR+FLC+FRC	

```
7.1(wide-side)      FL + FR + FC + LFE + FLC + FRC + SL + SR
octagonal           FL + FR + FC + BL + BR + BC + SL + SR
hexadecagonal       FL + FR + FC + BL + BR + BC + SL + SR + TFL + TFC + TFR + TBL + TBC + TBR + WL + WR
downmix             DL + DR
```

3.11.10 -sample_fmts：支持的采样格式

-sample_fmts 用于列举所有可用的采样格式，具体输出信息如下：

```
//chapter3/ffmpeg-311 -- sample_fmts.txt
name   depth
u8      8       #无符号8位
s16     16      #有符号16位
s32     32      #有符号32位
flt     32      #float: 32位
dbl     64      #double: 64位

##p: 代表planar, 平面模式，例如S16和S16P的不同点在于数据的排列方式，前者相邻连续
##排列，后者则分离排列，但是现在有相当多的音频文件采用planar方案，如S16、U8、S32、F32、F64
##都有对应的planar方式
u8p     8       #无符号8位：planar, 平面模式
s16p    16
s32p    32
fltp    32
dblp    64
s64     64
s64p    64
```

3.11.11 -colors：支持的颜色名称

-colors 用于列举所有可用的颜色名称，具体输出信息如下：

```
//chapter3/ffmpeg-311 -- colors.txt
name                    #RRGGBB
AliceBlue               #f0f8ff     #爱丽丝蓝
AntiqueWhite            #faebd7     #古董白
Aqua                    #00ffff
...
Black                   #000000
BlanchedAlmond          #ffebcd
Blue                    #0000ff     #蓝色
BlueViolet              #8a2be2
Brown                   #a52a2a     #棕色
```

BurlyWood	#deb887	
...		
DarkGoldenRod	#b8860b	
DarkGray	#a9a9a9	#深灰色
DarkGreen	#006400	
DarkKhaki	#bdb76b	
DarkMagenta	#8b008b	
DarkOliveGreen	#556b2f	
Darkorange	#ff8c00	
DarkOrchid	#9932cc	
DarkRed	#8b0000	#深红色
DarkSalmon	#e9967a	
DarkTurquoise	#00ced1	
DarkViolet	#9400d3	#深紫色
DeepPink	#ff1493	
Gold	#ffd700	
GoldenRod	#daa520	
Gray	#808080	#灰色
Green	#008000	#绿色
GreenYellow	#adff2f	
HoneyDew	#f0fff0	
...		
Violet	#ee82ee	#紫色
Wheat	#f5deb3	#小麦色
White	#ffffff	#白色
WhiteSmoke	#f5f5f5	
Yellow	#ffff00	#黄色
YellowGreen	#9acd32	

3.11.12 -pix_fmts：支持的像素格式

-pix_fmts用于列举所有可用的像素格式，I代表支持输入，O代表支持输出，P代表支持调色板（Paletted），H代表支持硬件加速，B代表支持位流，具体输出信息如下：

```
//chapter3/ffmpeg-311 -- pix_fmts.txt
Pixel formats:
I.... = Supported Input format for conversion
.O... = Supported Output format for conversion
..H.. = Hardware accelerated format
...P. = Paletted format
....B = Bitstream format
FLAGS NAME       NB_COMPONENTS BITS_PER_PIXEL
#名称              单元数         每像素的位数
-----
IO... yuv420p         3             12       #每像素占12位,Y、U、V分别存储
```

IO...	yuv422	3	16	#每像素占16位
IO...	rgb24	3	24	#每像素占24位
IO...	bgr24	3	24
IO...	yuv422p	3	16
IO...	yuv444p	3	24
IO...	yuv410p	3	9
IO...	yuv411p	3	12
IO...	gray	1	8
IO..B	monow	1	1
IO..B	monob	1	1
I..P.	pal8	1	8
IO...	yuvj420p	3	12
IO...	yuvj422p	3	16
IO...	yuvj444p	3	24
IO...	uyvy422	3	16
.....	uyvyy411	3	12
IO...	bgr8	3	8
.O..B	bgr4	3	4
IO...	bgr4_Byte	3	4
IO...	rgb8	3	8
.O..B	rgb4	3	4
IO...	rgb4_Byte	3	4
IO...	nv12	3	12
IO...	nv21	3	12
IO...	argb	4	32
IO...	rgba	4	32
IO...	abgr	4	32
IO...	bgra	4	32
IO...	gray16be	1	16
IO...	gray16le	1	16
IO...	yuv440p	3	16
IO...	yuvj440p	3	16
IO...	yuva420p	4	20
IO...	rgb48be	3	48
IO...	rgb48le	3	48
IO...	rgb565be	3	16
IO...	rgb565le	3	16
IO...	rgb555be	3	15
IO...	rgb555le	3	15
IO...	bgr565be	3	16
IO...	bgr565le	3	16
IO...	bgr555be	3	15
IO...	bgr555le	3	15
..H..	vaapi_moco	0	0
..H..	vaapi_idct	0	0
..H..	vaapi_vld	0	0

IO...	yuv420p16le	3	24
IO...	yuv420p16be	3	24
IO...	yuv422p16le	3	32
IO...	yuv422p16be	3	32
IO...	yuv444p16le	3	48
IO...	yuv444p16be	3	48
..H..	dxva2_vld	0	0
IO...	rgb444le	3	12
IO...	rgb444be	3	12
IO...	bgr444le	3	12
IO...	bgr444be	3	12
IO...	ya8	2	16
IO...	bgr48be	3	48
IO...	bgr48le	3	48
IO...	yuv420p9be	3	13
IO...	yuv420p9le	3	13
IO...	yuv420p10be	3	15
IO...	yuv420p10le	3	15
IO...	yuv422p10be	3	20
IO...	yuv422p10le	3	20
IO...	yuv444p9be	3	27
IO...	yuv444p9le	3	27
IO...	yuv444p10be	3	30
IO...	yuv444p10le	3	30
IO...	yuv422p9be	3	18
IO...	yuv422p9le	3	18
IO...	gbrp	3	24
IO...	gbrp9be	3	27
IO...	gbrp9le	3	27
IO...	gbrp10be	3	30
IO...	gbrp10le	3	30
IO...	gbrp16be	3	48
IO...	gbrp16le	3	48
IO...	yuva422p	4	24
IO...	yuva444p	4	32
IO...	yuva420p9be	4	22
IO...	yuva420p9le	4	22
IO...	yuva422p9be	4	27
IO...	yuva422p9le	4	27
IO...	yuva444p9be	4	36
IO...	yuva444p9le	4	36
IO...	yuva420p10be	4	25
IO...	yuva420p10le	4	25
IO...	yuva422p10be	4	30
IO...	yuva422p10le	4	30
IO...	yuva444p10be	4	40

IO... yuva444p10le	4	40
IO... yuva420p16be	4	40
IO... yuva420p16le	4	40
IO... yuva422p16be	4	48
IO... yuva422p16le	4	48
IO... yuva444p16be	4	64
IO... yuva444p16le	4	64
..H.. vdpau	0	0
IO... xyz12le	3	36
IO... xyz12be	3	36
..... nv16	3	16
..... nv20le	3	20
..... nv20be	3	20
IO... rgba64be	4	64
IO... rgba64le	4	64
IO... bgra64be	4	64
IO... bgra64le	4	64
IO... yvyu422	3	16
IO... ya16be	2	32
IO... ya16le	2	32
IO... gbrap	4	32
IO... gbrap16be	4	64
IO... gbrap16le	4	64
..H.. qsv	0	0
..H.. mmal	0	0
..H.. d3d11va_vld	0	0
..H.. CUDA	0	0
IO... 0rgb	3	24
IO... rgb0	3	24
IO... 0bgr	3	24
IO... bgr0	3	24
IO... yuv420p12be	3	18
IO... yuv420p12le	3	18
IO... yuv420p14be	3	21
IO... yuv420p14le	3	21
IO... yuv422p12be	3	24
IO... yuv422p12le	3	24
IO... yuv422p14be	3	28
IO... yuv422p14le	3	28
IO... yuv444p12be	3	36
IO... yuv444p12le	3	36
IO... yuv444p14be	3	42
IO... yuv444p14le	3	42
IO... gbrp12be	3	36
IO... gbrp12le	3	36
IO... gbrp14be	3	42

```
IO... gbrp14le         3    42
IO... yuvj411p         3    12
I.... bayer_bggr8      3    8
I.... bayer_rggb8      3    8
I.... bayer_gbrg8      3    8
I.... bayer_grbg8      3    8
I.... bayer_bggr16le   3    16
I.... bayer_bggr16be   3    16
I.... bayer_rggb16le   3    16
I.... bayer_rggb16be   3    16
I.... bayer_gbrg16le   3    16
I.... bayer_gbrg16be   3    16
I.... bayer_grbg16le   3    16
I.... bayer_grbg16be   3    16
..H.. xvmc             0    0
IO... yuv440p10le      3    20
IO... yuv440p10be      3    20
IO... yuv440p12le      3    24
IO... yuv440p12be      3    24
IO... ayuv64le         4    64
..... ayuv64be         4    64
..H.. videotoolbox_vld 0    0
IO... p010le           3    15
IO... p010be           3    15
IO... gbrap12be        4    48
IO... gbrap12le        4    48
IO... gbrap10be        4    40
IO... gbrap10le        4    40
..H.. mediacodec       0    0
IO... gray12be         1    12
IO... gray12le         1    12
IO... gray10be         1    10
IO... gray10le         1    10
IO... p016le           3    24
IO... p016be           3    24
..H.. d3d11            0    0
IO... gray9be          1    9
IO... gray9le          1    9
IO... gbrpf32be        3    96
IO... gbrpf32le        3    96
IO... gbrapf32be       4    128
IO... gbrapf32le       4    128
..H.. drm_prime        0    0
..H.. opencl           0    0
IO... gray14be         1    14
IO... gray14le         1    14
```

```
IO... grayf32be         1    32
IO... grayf32le         1    32
IO... yuva422p12be      4    36
IO... yuva422p12le      4    36
IO... yuva444p12be      4    48
IO... yuva444p12le      4    48
IO... nv24              3    24
IO... nv42              3    24
..H.. vulkan            0    0
..... y210be            3    20
I.... y210le            3    20
```

第 4 章 FFmpeg 命令行实现音视频转封装

8min

音视频的编码格式与封装格式是两个不同的概念,例如 MP4、RMVB、AVI、MKV、MOV 等是常见的视频封装格式,其实这些常见的视频封装格式是包裹了音视频编码数据的容器,用来把特定编码标准编码的视频流和音频流混在一起,成为一个文件。例如,MP4 支持 H.264、H.265 等视频编码和 AAC、MP3 等音频编码。MP4 是目前最流行的视频封装格式之一,在移动端,一般将视频封装为 MP4 格式。视频编码格式有很多,例如 H.26x 系列和 MPEG 系列的编码,这些编码格式都是为了适应时代发展而出现的。常见的视频编码格式包括 H.264、H.265,常见的音频编码格式包括 AAC、MP3 等。

4.1 视频容器及封装与解封装简介

对于任何一部视频来讲,如果只有图像,而没有声音,则用户体验是不好的,所以视频编码后,需要加上音频编码,然后一起进行封装。封装是指封装格式,简单来讲就是将已经编码压缩好的视频轨和音频轨按照一定的格式放到一个文件中。简单来说,视频轨相当于饭,而音频轨相当于菜,封装格式相当于一个饭盒,即用来盛放饭菜的容器,如图 4-1 所示。目前市面上主要的视频容器有 MPG、VOB、MP4、3GP、ASF、RMVB、WMV、MOV、Divx、MKV、FLV、TS/PS 等。封装之后的视频就可以传输了,也可以通过视频播放器进行解码观看。

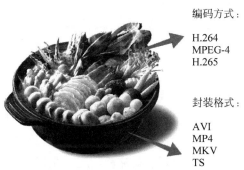

图 4-1 音视频的容器封装格式与编码方式

封装格式也称作多媒体容器，它只是为多媒体编码提供了一个"外壳"，也就是将所有的已处理好的视频、音频或字幕都包装到一个文件容器内呈现给观众，这个包装的过程就叫封装，如图 4-2 所示。其实封装就是按照一定规则把音视频、字幕等数据组织起来，包含编码类型等公共信息，播放器可以按照这些信息来匹配解码器、同步音视频。

图 4-2　音视频的封装

封装格式即音视频容器，例如经常看到的视频后缀 .mp4、.rmvb、.avi、.mkv、.mov 等，如图 4-3 所示。这些就是音视频的容器，它们将音频和视频甚至字幕一起打包进去，封装成一个文件，用来存储或传输编码数据。

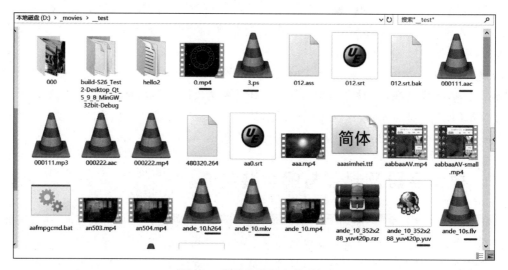

图 4-3　常见的视频文件后缀

所谓封装格式就是以怎样的方式将视频轨、音频轨、字幕轨等信息组合在一起。不同的封装格式支持的音视频编码格式是不一样的，例如 MKV 格式支持得比较多，RMVB 则主要支持 Real 公司的音视频编码格式。常见的封装格式包括 AVI、VOB、WMV、RM、RMVB、MOV、MKV、FLV、MP4、MP3、WebM、DAT、3GP、ASF、MPEG、OGG 等。视频文件的封装格式并不影响视频的画质，影响视频画面质量的是视频的编码格式。一个完整的视频文件是由音频、视频和字幕等组成的。

常见的 MP4、FLV、TS 等都是对音视频数据进行封装的一种封装格式，通俗地讲，就是把很多东西合成一个东西，只是合成的这个东西的表现形式不一样而已，用更加专业的术语来讲，这里的合成就是复用器（Muxer），具体的复用操作流程如图 4-4 所示。

从图 4-4 中可以大致看出音视频封装的流程主要包括以下步骤：

（1）首先要有编码好的视频、音频数据，利用给定的 YUV 数据编码得到某种视频编码

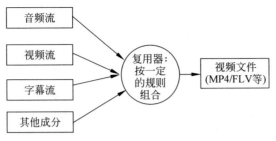

图 4-4　音视频的复用流程

格式(例如 H.264)的数据,以同样的方法得到音频编码格式(例如 AAC 格)的数据。

(2) 其次根据想要封装的格式选择特定的封装器,获取输出文件格式可以直接指定文件格式,例如 FLV、MKV、MP4、AVI 等,也可以通过输出文件的后缀名来确定,还可以选择默认的输出格式。根据得到的文件格式,由于其中可能含有视频、音频等信息,因此需要为格式添加视频、音频并对格式中的一些信息进行设置(例如头信息等)。

(3) 最后利用封装器进行封装,即利用已设置好的音频、视频、头信息等进行封装。

解复用器(Demuxer)的主要功能就是解封装,与上面的复用器起着相反的作用,即把一个流媒体文件拆解成音频数据和视频数据,例如有可能被拆解成 H.264 编码的视频码流和 AAC 编码的音频码流,具体的解复用操作流程如图 4-5 所示。

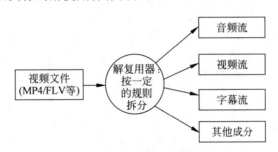

图 4-5　音视频的解复用流程

从图 4-5 中可以大致看出音视频解封装的流程主要包括以下步骤:

(1) 首先要对解复用器进行初始化,例如对输入文件(Container)、输出文件(Video、Audio)进行处理,以方便后面的使用。

(2) 其次将输入的封装格式文件传输到解复用器内,打开输入文件,并分析格式上下文参数(Format Context),从而从输入文件中得到流信息。

(3) 最后利用解封装对输入文件进行解封装,打开视频、音频编码器,针对视频数据分配图像(Image)和帧(AVFrame)结构,然后初始化数据包(AVPacket),从输入文件中读取 AVFrame 信息,并进行解码,最后需要释放各种分配的数据信息。

4.2 音视频流的分离与合成

使用FFmpeg进行音视频流的分离及合成非常方便,还可以从某个时间点开始,截取一定长度的片段。如果只做封装格式级别的操作,则不涉及转码,所以速度非常快。

4.2.1 从MP4文件中提取音频流和视频流

1. 从MP4文件中提取AAC音频流

从MP4文件中提取AAC音频流的命令如下:

```
ffmpeg -i hello4.mp4 -vn -acodec copy output4.aac
# -vn表示过滤掉视频流
```

从上述命令行可以看出,-vn会过滤掉视频流,-acodec copy会复制音频流,输出文件的封装格式为AAC,FFmpeg会默认存储为ADTS格式的AAC文件。该命令行的转换过程如图4-6所示,其中输入流#0:1代表的是AAC音频流,直接复制后,对应的是输出流#0:0,存储为ADTS格式的AAC文件。

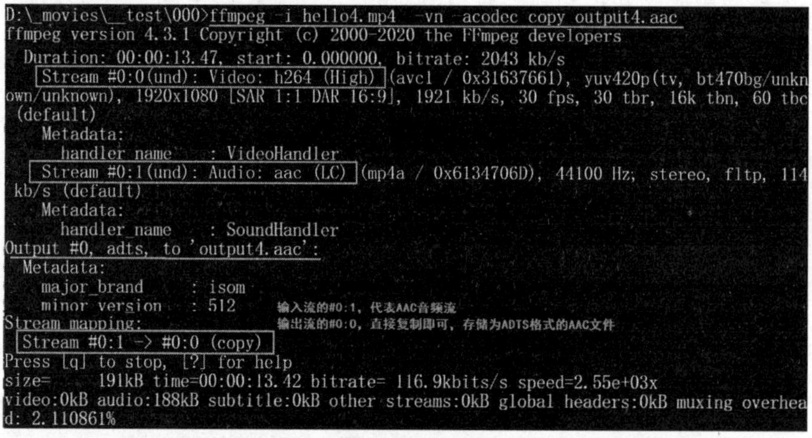

```
D:\_movies\_test\000>ffmpeg -i hello4.mp4 -vn -acodec copy output4.aac
ffmpeg version 4.3.1 Copyright (c) 2000-2020 the FFmpeg developers
  Duration: 00:00:13.47, start: 0.000000, bitrate: 2043 kb/s
    Stream #0:0(und): Video: h264 (High) (avc1 / 0x31637661), yuv420p(tv, bt470bg/unkn
own/unknown), 1920x1080 [SAR 1:1 DAR 16:9], 1921 kb/s, 30 fps, 30 tbr, 16k tbn, 60 tbc
 (default)
    Metadata:
      handler_name    : VideoHandler
    Stream #0:1(und): Audio: aac (LC) (mp4a / 0x6134706D), 44100 Hz, stereo, fltp, 114
 kb/s (default)
    Metadata:
      handler_name    : SoundHandler
Output #0, adts, to 'output4.aac':
  Metadata:
    major_brand     : isom
    minor_version   : 512          输入流的#0:1,代表AAC音频流
Stream mapping:                    输出流的#0:0,直接复制后可,存储为ADTS格式的AAC文件
  Stream #0:1 -> #0:0 (copy)
Press [q] to stop, [?] for help
size=     191kB time=00:00:13.42 bitrate= 116.9kbits/s speed=2.55e+03x
video:0kB audio:188kB subtitle:0kB other streams:0kB global headers:0kB muxing overhea
d: 2.110861%
```

图4-6 使用FFmpeg从MP4文件中提取AAC音频流

其中输入文件hello4.mp4包含两路流,即H.264(AVC、30帧/秒、1920×1080)视频流和AAC(AAC、44.1kHz、2 channels)音频流,如图4-7所示。

注意:如果输入文件hello4.mp4中包含的音视频流的编码格式不是AAC、H.264,则提取出来的音视频文件就不能存储为.aac、.h264的格式。

AAC是新一代的音频有损压缩技术,一种高压缩比的音频压缩算法。在MP4视频中的音频数据大多数采用AAC压缩格式。AAC格式主要分为两种:音频数据交换格式(Audio Data Interchange Format,ADIF)和音频数据传输流(Audio Data Transport Stream,ADTS)。

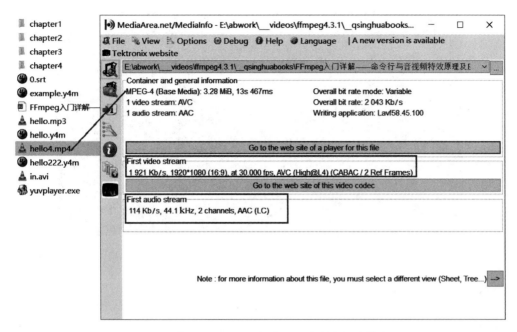

图 4-7　使用 MediaInfo 查看 MP4 文件中的流信息

（1）ADIF：这种格式的特征是可以准确地找到这个音频数据的开始，即它的解码必须在明确定义的开始处进行。ADIF 常用在磁盘文件中，只有一个统一的头，所以必须得到所有的数据后才能解码。ADIF 的数据格式为 header｜raw_data。

（2）ADTS：这种格式的特征是它是一个有同步字的比特流，解码可以在这个流中的任何位置开始。它的特征类似于 MP3 数据流格式。ADTS 可以在任意帧解码，它每帧都有头信息。这两种数据格式的 header 格式也是不同的，目前编码后音频流一般采用 ADTS 格式。ADTS 的一帧数据格式如图 4-8 所示（中间部分为帧格式，左右省略号为前后数据帧）。

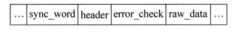

图 4-8　ADTS 的一帧数据格式

2. 从 MP4 文件中提取 H.264 视频流

从 MP4 文件中的 H.264 视频流的命令如下：

```
ffmpeg -i hello4.mp4 -vcodec copy -an output4.h264
# -an 表示过滤掉音频流
```

从上述命令中可以看到从 hello4.mp4 文件中将 H.264 视频流提取到 output4.h264 文件中，参数-an 会过滤掉音频流，参数-vcodec copy 会复制视频流，输出文件的封装格式为.h264。该命令行的转换过程如图 4-9 所示，将 hello4.mp4 中的视频流♯0:0 直接复制到

图 4-9　使用 FFmpeg 从 MP4 文件中提取视频流

输出文件中。

用 UltraEdit 的十六进制方式打开 output4.h264 文件,可以发现该文件中有很多数字串 00000001 或 000001,这些数字串是 H.264 码流中的起始码,如图 4-10 所示。由此可见,FFmpeg 对后缀名为 .h264 的文件进行了封装,采用了 AnnexB 格式进行打包。

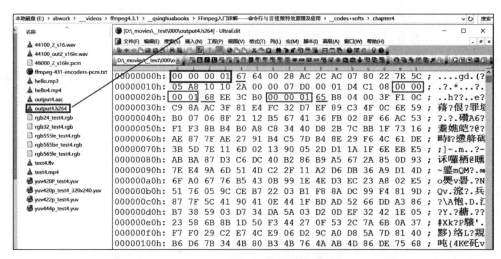

图 4-10　H.264 码流中的起始码

3. H.264 码流结构简介

H.264 的主要目标是使提取的文件有高的视频压缩比和良好的网络亲和性,为了实现这两个目标,H.264 的解决方案是将系统框架分为两层,分别是视频编码层和网络抽象层,如图 4-11 所示。

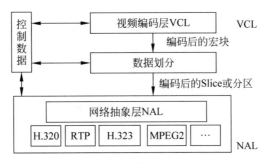

图 4-11　H.264 的 VCL 与 NAL

下面介绍 H.264 的几个重要概念：

(1) 原始数据比特串(String of Data Bit, SoDB)是由编码器直接输出的原始编码数据，即 VCL 数据，是编码后的原始数据。

(2) 原始字节序列载荷(Raw Byte Sequence Payload, RBSP)，在 SODB 的后面增加了若干结尾比特(RBSP trailing bits, 1 个为 1 的比特和若干为 0 的比特)，以使 SODB 的长度为整数字节。

(3) 扩展字节序列载荷(Extension Byte Sequence Payload, EBSP)，在 RBSP 的基础上增加了仿校验字节(0x03)。

(4) NAL 单元(NAL Unit, NALU)，由 1 个 NAL 头(NAL Header)和 1 个 RBSP(或 EBSP)组成。

从封装格式角度分析，H.264 又分为两种格式，即 AVC1 和 H264。

H264，即 FOURCC H264(H264 bitstream with start codes)，也称为 AnnexB 格式，是一种带有起始码的格式，一般用于无线发射、有线广播或者 HD-DVD 中，这些数据流的开始都有一个开始码 0x000001 或者 0x00000001，NALU 是 NAL(网络适配层)以网络所要求的恰当方式对数据进行打包和发送的基本单元。这种方式适合流式传输。编码器将每个 NALU 各自独立、完整地放入一个分组，因为分组都有头部，解码器可以方便地检测出 NALU 的分界，并依次取出 NALU 进行解码。每个 NALU 前有一个起始码 0x000001(或 0x00000001)，解码器检测每个起始码，作为一个 NALU 的起始标识，当检测到下一个起始码时，当前 NALU 结束。AnnexB 格式的每个 NALU 都包含起始码，并且通常会周期性地在关键帧之前重复插入 SPS 和 PPS。

AVC1，即 FOURCC AVC1(H264 bitstream without start codes)是一种不带起始码的格式，主要存储在.mp4、.flv 格式的文件中，它的数据流的开始是 1、2 或者 4 字节，表示长度数据，NALU 简单来说是 H.264 格式中的最基本的单元，是一个数据包。这种方式适合保存为本地文件。

注意：关于 H.264 码流结构更详细的介绍可参考笔者的另外一本书《FFmpeg 入门详解——音视频原理及应用》清华大学出版社：梅会东。

4. FOURCC 简介

FOURCC 的全称是 FOUR-Character Codes，代表四字符代码，它是一个 32 位的标识符，对应的 C 语言代码如下：

```
typedef unsigned int FOURCC
```

FOURCC 是一种独立标识视频数据流格式的四字符代码。视频播放软件通过查询 FOURCC 代码并且寻找与 FOURCC 代码相关联的视频解码器来播放特定的视频流，例如 DIV3＝DivX Low-Motion、DIV4＝DivX Fast-Motion、DIVX＝DivX4、FFDS＝FFDShow 等。通常情况下，WAV、AVI 等格式以 RIFF 文件的标签头标识，Quake 3 的模型文件 .md3 中也大量存在 IDP3 的 FOURCC。一般用宏来生成 FOURCC，FOURCC 是由 4 个字符拼接而成的，生成 FOURCC 的传统方法，代码如下：

```
//chapter4/4.1.txt
#define MAKE_FOURCC(a,b,c,d) \
(((uint32_t)d) |(((uint32_t)c) << 8 ) |(((uint32_t)b) << 16 ) |(((uint32_t)a) << 24 ) )
```

这种方法简单直观，可以方便地使用下面这个模型操作，因为宏能生成常量，符合 case 后的条件，具体的代码如下：

```
//chapter4/4.1.txt
switch(val)
{
case MAKE_FOURCC('f','m','t',' '):
...
break;
case MAKE_FOURCC('Y','4','4','2'):
...
break;
...
}
```

常见的 FOURCC 代码，列举如下：

(1) I420：YUV 编码，视频格式为 .avi。

(2) PIM1：MPEG-1 编码，视频格式为 .avi。

(3) XVID：MPEG-4 编码，视频格式为 .avi。

(4) THEO：Ogg Vorbis，视频格式为 .ogv。

(5) FLV1：Flash 视频编码，视频格式为 .flv。

(6) AVC1：H.264 编码，视频格式为 .mp4。

(7) DIV3：MPEG-4.3 编码。

(8) DIVX：MPEG-4 编码。

(9) MP42：MPEG-4.2 编码。

(10) MJPG：motion-jpeg 编码。

(11) U263：H.263 编码。
(12) I263：H.263I 编码。

4.2.2 h264_mp4toannexb

H.264 有两种封装格式，一种是 AnnexB 模式，即传统模式，有起始码（Start Code，0x000001 或 0x0000001）、SPS 和 PPS，在 VLC 播放器中打开后编码器信息中显示的是 H.264。另一种是 MP4 模式，例如在.mp4、.mkv、.flv 等文件里会使用这种方式，没有 Start Code，而 SPS、PPS 及其他信息被封装在容器（container）中，每个帧（frame）前面是这个帧的长度，以长度信息分割 NALU，在 VLC 播放器里打开后编码器信息显示的是 AVC1，而市面上的很多解码器只支持 AnnexB 这种模式，因此需要对 MP4 进行转换。很多场景需要对这两种格式进行转换，FFmpeg 提供了名称为 h264_mp4toannexb 的位流滤镜（Bitstream Filter,bsf）实现这个功能。

1. h264_mp4toannexb 官网介绍及翻译详解

在 FFmpeg 官网上的描述信息，如图 4-12 所示。

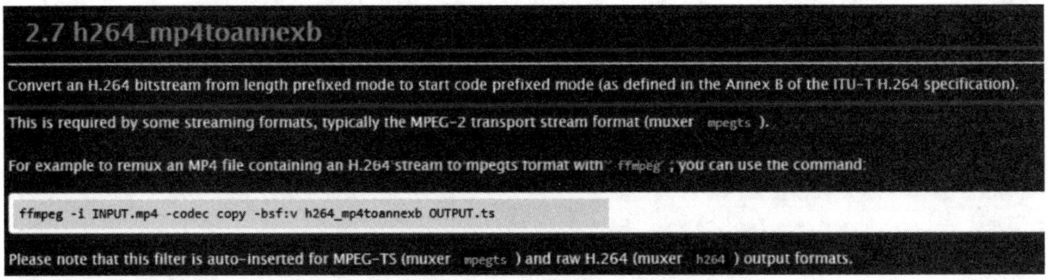

```
2.7 h264_mp4toannexb

Convert an H.264 bitstream from length prefixed mode to start code prefixed mode (as defined in the Annex B of the ITU-T H.264 specification).

This is required by some streaming formats, typically the MPEG-2 transport stream format (muxer mpegts ).

For example to remux an MP4 file containing an H.264 stream to mpegts format with ffmpeg ; you can use the command:

ffmpeg -i INPUT.mp4 -codec copy -bsf:v h264_mp4toannexb OUTPUT.ts

Please note that this filter is auto-inserted for MPEG-TS (muxer mpegts ) and raw H.264 (muxer h264 ) output formats.
```

图 4-12 位流滤镜 h264_mp4toannexb 的官方解释

笔者在这里简单翻译一下：

将"长度前缀模式"的格式（AVCC）转换为 H.264（AnnexB）格式，带有起始码（0x000001 或 0x0000001）。

一些流转换器，尤其是 MPEG-2 的 TS 流复用器（mpegts），经常使用这种转换。

例如使用 FFmpeg 将一个包含 H.264 视频流的 MP4 文件转换为 mpegts 格式，命令如下：

```
ffmpeg - i INPUT.mp4 - codec copy - bsf: v h264_mp4toannexb OUTPUT.ts
```

例如将 MP4 转换成 H.264，输出文件为 output4.h264，并指定这个流滤镜（h264_mp4toannexb），所以生成的 H.264 码流带有起始码，命令如下：

```
ffmpeg - i test4.mp4 - codec copy - bsf: v h264_mp4toannexb - f h264 output4.h264
```

需要注意的是，当输出格式为 mpegts（MPEG-TS 复用器）或 h264（原始 H.264 复用器)时,这个流滤镜(h264_mp4toannexb)会被自动使用。

注意:上文中输出文件为 output4.h264,如果不使用这个流滤镜(h264_mp4toannexb),则 FFmpeg 在检测到-f h264 后也会自动使用它。

使用位流滤镜(Bitstream Filter)时,需要注意以下几点:

(1) 主要目的是对数据进行格式转换,使它能够被解码器处理(例如 HEVC QSV 的解码器)。

(2) Bitstream Filter 对已编码的码流进行操作,不涉及解码过程。

(3) 使用 ffmpeg 的-bsfs 命令可以查看 ffmpeg 工具支持的 Bitstream Filter 类型。

(4) 使用 ffmpeg 的-bsf 选项来指定对具体流的 Bitstream Filter,使用逗号分隔多个 filter,如果 filter 有参数,参数名和参数值跟在 filter 名称后面。

2. 用 ffmpeg -bsfs 命令查看所有位流滤镜

打开 cmd 窗口,输入 ffmpeg -bsfs 命令后会输出 FFmpeg 所支持的所有位流滤镜,信息如下:

```
//chapter4/ffmpeg-bsfs-list.txt
Bitstream filters:              #所有的位流滤镜
aac_adtstoasc
av1_frame_merge
av1_frame_split
av1_metadata
chomp
dump_extra
dca_core
eac3_core
extract_extradata
filter_units
h264_metadata
h264_mp4toannexb               #将 MP4 的 AVCC 格式转换为 AnnexB 格式
h264_redundant_pps
hapqa_extract
hevc_metadata
hevc_mp4toannexb
imxdump
mjpeg2jpeg
mjpegadump
mp3decomp
mpeg2_metadata
mpeg4_unpack_bframes
mov2textsub
noise
null
opus_metadata
```

```
pcm_rechunk
prores_metadata
remove_extra
text2movsub
trace_headers
truehd_core
vp9_metadata
vp9_raw_reorder
vp9_superframe
vp9_superframe_split
```

4.2.3 根据音频流和视频流合成 MP4 文件

使用 FFmpeg 可以从 hello4.mp4 文件提取视频流(output4.h264)和音频流(output4.aac),也可以根据音视频流合成 MP4 文件,例如使用 output4.h264 和 output4.aac 可以合成 MP4 文件,转换过程如图 4-13 所示(-c copy 代表直接复制所有的流,而不用重新编码),代码如下:

```
ffmpeg -i output4.h264 -i output4.aac -c copy -y hello4out.mp4
#注意:参数 -c copy 用于直接复制音视频流,不用重新编码
#注意:这里有两个输入文件,所以使用了两次 -i,而只有一个输出文件
```

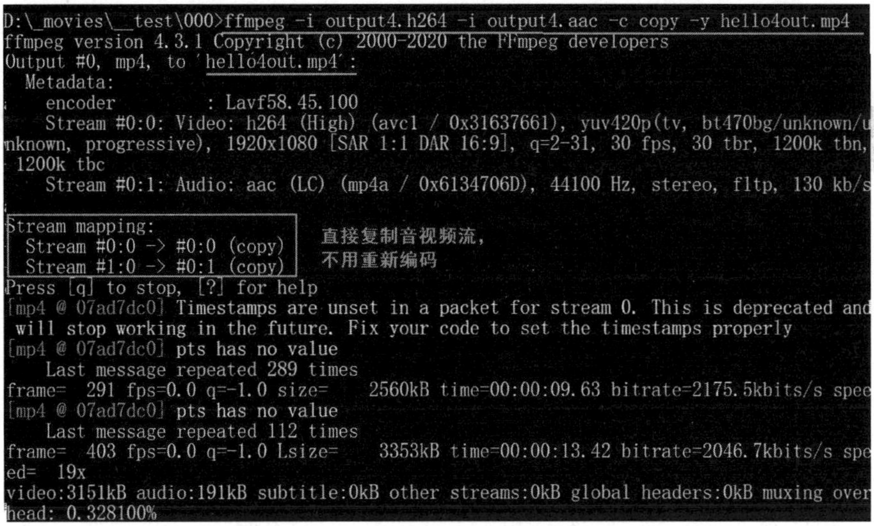

图 4-13 使用 FFmpeg 将音频流、视频流合并成 MP4 文件

新生成的 hello4out.mp4 文件的封装格式为 MP4,包含两路流,即视频流 AVC 和音频 AAC,如图 4-14 所示。

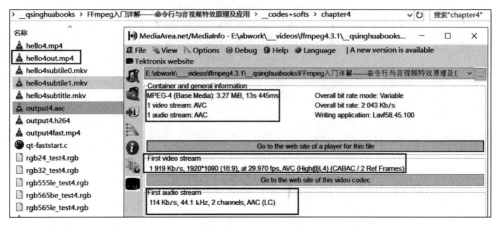

图 4-14 通过 MediaInfo 查看合并后 MP4 文件中的流信息

4.2.4 将多个 MP4 文件合并成一个 MP4 文件

准备好两个 MP4 视频文件（音视频参数需要一致，例如帧率、码率等），打开 cmd 窗口，输入的代码如下：

```
(for %i in(*.mp4) do @echo file '%i') > mylist.txt
```

然后可以得到一个 mylist.txt 文件，里边会包含所有需要合并的 MP4 的文件名。使用 FFmpeg 的 concat 参数可以将这些 MP4 文件合并成为一个新的 MP4 文件，代码如下：

```
ffmpeg -f concat -i mylist.txt -c copy myout.mp4
```

生成的 mylist.txt 文件及合并后的 MP4 文件如图 4-15 所示。

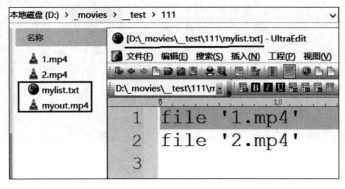

图 4-15 concat 所用到的 mylist.txt 文件中的文件列表

该案例中，FFmpeg 的转换过程（不涉及重新编码）如图 4-16 所示。

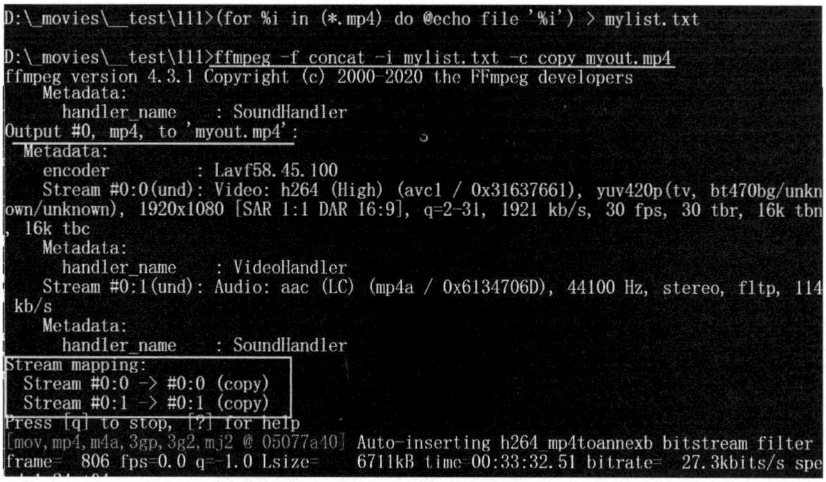

图 4-16　FFmpeg 合并文件

在 concat 协议中，也可以使用绝对路径，新建一个文本文件 in4.txt，示例代码如下：

```
file 'file: D: /video/000.ts'
file 'file: D: /video/001.ts'
file 'file: D: /video/002.ts'
file 'file: D: /video/003.ts'
file 'file: D: /video/004.ts'
file 'file: D: /video/005.ts'
file 'file: D: /video/006.ts'
file 'file: D: /video/007.ts'
file 'file: D: /video/008.ts'
file 'file: D: /video/009.ts'
```

可以使用 FFmpeg 将这些 ts 片段合并成一个 MP4 文件，命令如下：

```
ffmpeg -f concat -safe 0 -i in4.txt -c copy new4.mp4
```

快速生成绝对路径的配置脚本，代码如下：

```
(for %i in( *.ts) do @echo file 'file: %cd%\%i') > mylist4.txt
```

4.3　封装格式之间的互转

封装格式即音视频容器，例如经常看到的视频后缀名 mp4、rmvb、avi、mkv、mov 等，这些就是音视频的容器，它们将音频和视频甚至字幕一起打包进去，封装成一个文件，用来存储或传输编码数据，可以理解成一个容器。

所谓封装格式就是以怎样的方式将视频轨、音频轨、字幕轨等信息组合在一起。不同的封装格式支持的音视频编码格式是不一样的，例如 MKV 格式对音视频格式支持比较多，RMVB 则主要支持 Real 公司的音视频编码格式。常见的封装格式包括 AVI、VOB、WMV、RM、RMVB、MOV、MKV、FLV、MP4、MP3、WebM、DAT、3GP、ASF、MPEG、OGG等。视频文件的封装格式并不影响视频的画质，影响视频画面质量的是视频的编码格式。一个完整的视频文件是由音频和视频两部分（有的也包括字幕）组成的。

MPG 是 MPEG 编码采用的容器，具有流的特性，里面又分为 PS 和 TS，PS 主要用于 DVD 存储，TS 主要用于 HDTV。VOB 是 DVD 采用的容器格式，支持多视频、多音轨、多字幕、章节等。MP4 是 MPEG-4 编码采用的容器，基于 QuickTime MOV 开发，具有许多先进特性。AVI 是音视频交互存储最常见的音视频容器，支持的音视频编码也最多。ASF 是 Windows Media 采用的容器，能够用于流传送，还能包容脚本等。3GP 是 3GPP 视频采用的格式，主要用于流媒体传送。RM 是 RealMedia 采用的容器，用于流传送。MOV 是 QuickTime 的容器，几乎是现今最强大的容器，甚至支持虚拟现实技术、Java 等，它的变种 MP4、3GP 的功能都没有这么强大。MKV 能把 Windows Media Video、Real Video、MPEG-4 等音视频融为一个文件，而且支持多音轨，支持章节、字幕等。OGG 是 OGG 项目采用的容器，具有流的特性，支持多音轨、章节、字幕等。OGM 是 OGG 容器的变种，能够支持基于 DirectShow 的音视频编码，支持章节等特性。WAV 是一种音频容器，常说的 WAV 是没有压缩的 PCM 编码，其实 WAV 里面还可以包括 MP3 等其他 ACM 压缩编码。常见的视频封装格式与对应的视频文件格式如表 4-1 所示。

表 4-1 常见的视频封装格式与对应的视频文件格式

视频封装格式	视频文件格式	视频封装格式	视频文件格式
AVI（Audio Video Interleave）	.avi	Matroska	.mkv
WMV（Windows Media Video）	.wmv	Real Video	.rm
MPEG（Moving Picture Experts Group）	.mpg/.vob/.dat/.mp4	QuickTime	.mov
		Flash Video	.flv

这些音视频封装格式之间可以互相转换，使用 FFmpeg 就可以很方便地实现这些格式转换，转换流程如图 4-17 所示。

图 4-17 音视频封装格式转换的流程

4.3.1 MP4 转换为 FLV

将一个 MP4 文件转换为 FLV 文件，命令如下：

```
ffmpeg -i hello4.mp4 -vcodec copy -acodec copy -f flv out4.flv
```

参数说明如下。
(1) -i：输入文件。
(2) -vcodec copy：视频的编解码处理方式为直接复制。
(3) -acodec copy：音频编码的处理方式为直接复制。
(4) -f flv：将输出的封装格式指定为 FLV。

该案例中 FFmpeg 的转换过程（不涉及编解码），如图 4-18 所示。

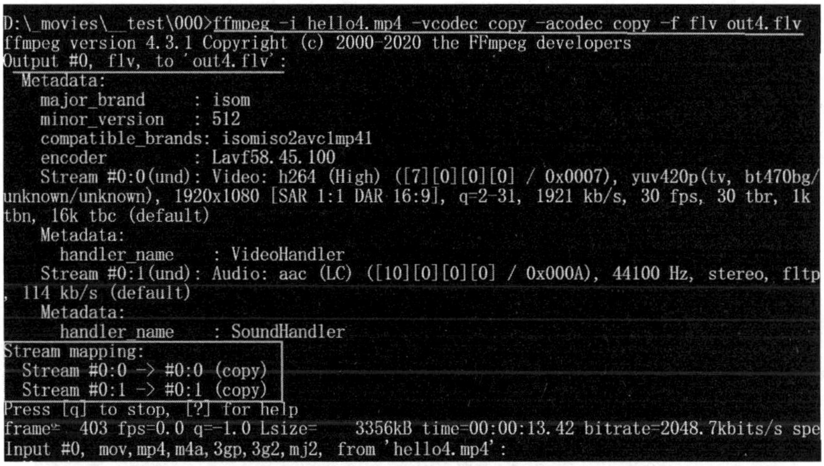

图 4-18　使用 FFmpeg 将 MP4 文件转换为 FLV 文件（不涉及编解码）

注意：如果文件后缀名为 flv，则省略参数-f flv 也是可以的，FFmpeg 会根据后缀名自动判断封装格式，但如果使用了参数-f flv，则即使将后缀名指定为 mp4，FFmpeg 依然会使用 FLV 封装格式。

4.3.2　MP4 转换为 AVI

将一个 MP4 文件转换为 AVI 文件，命令如下：

```
ffmpeg -i hello4.mp4 -vcodec copy -acodec copy out4.avi
```

该案例中，由于使用了参数-vcodec copy -acodec copy，所以 FFmpeg 在生成 AVI 格式的文件时会直接复制音视频流，生成 out4.avi 流信息，如图 4-19 所示。

如果不使用参数-vcodec copy -acodec copy，命令如下：

```
ffmpeg -i hello4.mp4 out4-2.avi
```

该案例中 FFmpeg 在转换过程中音视频都进行了重新转码，视频编码由 H.264 转换成了 MPEG4，音频编码由 AAC 转换成了 MP3，如图 4-20 所示。

新生成的 out4-2.avi 流信息如图 4-21 所示。

图 4-19　通过 MediaInfo 查看新生成的 AVI 文件的流信息

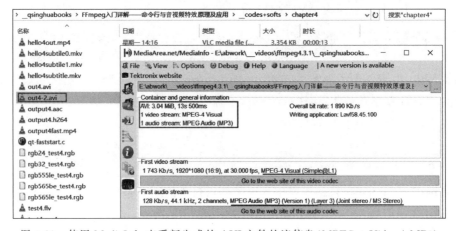

图 4-20　将 MP4 文件转码为 AVI，默认进行重新编解码

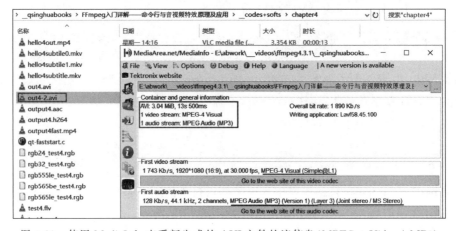

图 4-21　使用 MediaInfo 查看新生成的 AVI 文件的流信息（MPEG-4 Video＋MP3）

注意：如果文件的后缀名为 avi，并且不使用参数 -vcodec copy -acodec copy，则 FFmpeg 会使用 MPEG-4、MPEG-Audio(MP3) 对视频流、音频流进行重新编码。

4.3.3 其他格式转换

使用 FFmpeg 几乎可以对任意类型的封装格式进行转换，下面介绍几个。

(1) MP4 转 TS，命令如下：

```
ffmpeg.exe -i in.mp4 -acodec copy -vcodec copy -f mpegts out.ts
# -f mpegts 代表使用 mpegts 的封装格式
```

(2) MKV 转 MP4，命令如下：

```
ffmpeg.exe -i in.mkv -y -vcodec copy -acodec copy output.mp4
```

(3) MP4 转 MKV，命令如下：

```
ffmpeg -i test.mp4 -c copy out.mkv
```

(4) AVI 转 MPG，命令如下：

```
ffmpeg -i test.avi -c copy test1.mpg    #注意：这个命令会失败，因为 MPG 无法封装 AAC
ffmpeg -i test.avi test1.mpg            #注意：该命令会成功，但会重新转码
```

在案例(4)中，第 1 行会失败，因为 MPG 无法封装 AAC；第 2 行会成功，但会重新转码，视频流从 MPEG-4 转码成了 MPEG1video、音频流从 MP3 转码成了 MP2，如图 4-22 所示。

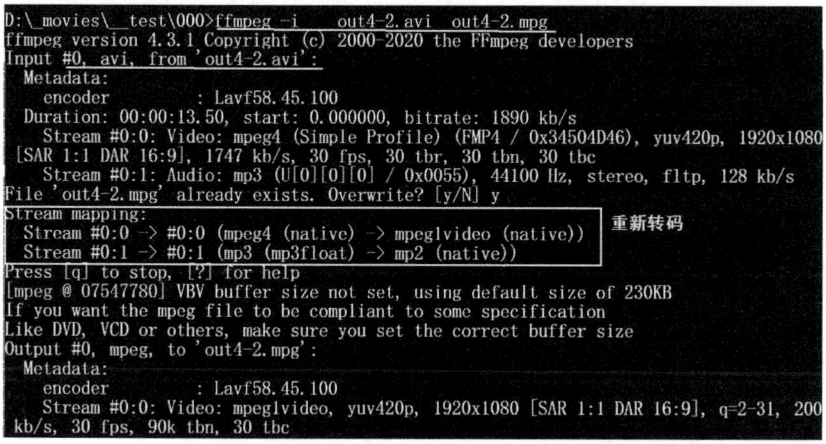

图 4-22 使用 FFmpeg 将 AVI 文件转码为 MPG 文件

注意：.mpg 文件的封装格式为 MPEG-PS，如图 4-23 所示。

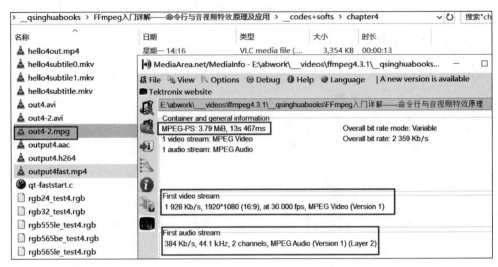

图 4-23　使用 MediaInfo 查看 MPG 文件的封装格式（MPEG-PS）

（5）AVI 转 FLV，命令如下：

```
ffmpeg - i test.avi - f flv test1.flv
```

（6）AVI 转 GIF 格式，命令如下：

```
ffmpeg - i test.avi gif_2.gif
#注意这个转换会进行重新转码
```

在案例(6)中，从 AVI 到 GIF 的格式转换会进行重新转码，FFmpeg 在转换过程中的输出信息如下：

```
//chapter4/ffmpeg-avitogif.out.txt
ffmpeg - i        out4-2.avi gif2.gif
Input #0,avi,from 'test.avi'://代表输入文件
  Metadata:
    encoder          : Lavf58.45.100
  Duration: 00:00:13.50,start: 0.000000,bitrate: 1890 kb/s
    Stream #0:0: Video: mpeg4(Simple Profile)(FMP4 / 0x34504D46),yuv420p,1920x1080
 [SAR 1:1 DAR 16:9],1747 kb/s,30 fps,30 tbr,30 tbn,30 tbc
    Stream #0:1: Audio: mp3(U[0][0][0] / 0x0055),44100 Hz,stereo,fltp,128 kb/s
Stream mapping:
  Stream #0:0 -> #0:0(mpeg4(native) -> gif(native))#代表重新转码
```

```
Press [q] to stop,[?] for help
[swscaler @ 094edd40] No accelerated colorspace conversion found from yuv420p to bgr8.
Output #0,gif,to 'gif2.gif':  #输出文件
  Metadata:
    encoder          : Lavf58.45.100
    Stream #0:0: Video: gif,bgr8,1920x1080 [SAR 1:1 DAR 16:9],q=2-31,200 kb/s,30 fps,100 tbn,30 tbc
    Metadata:
      encoder        : Lavc58.91.100 gif
frame= 29 fps=0.0 q=-0.0 size=1792kB time=00:00:00.98 bitrate=14979.7kbits/s spe
frame= 64 fps= 63 q=-0.0 size=2560kB time=00:00:02.14 bitrate=9799.8kbits/s spee
...
frame= 403 fps= 54 q=-0.0 Lsize=14404kB time=00:00:13.48 bitrate=8753.6kbits/s speed=1.81x
video:14404kB audio:0kB subtitle:0kB other streams:0kB global headers:0kB muxing over
head: 0.000136%
```

（7）AVI 转换到 DV 格式，命令如下：

```
ffmpeg -i test.avi -s pal -r pal -aspect 4:3 -ar 48000 -ac 2 video_2.dv
```

在案例（7）中会进行重新转码，视频流从 h264 转到 dvvideo，音频从 aac 转到 pcm_s16le。FFmpeg 在转换过程中的主要输出信息如下：

```
//chapter4/ffmpeg-avi2dv-out.txt
ffmpeg -i test.avi -s pal -r pal -aspect 4:3 -ar 48000 -ac 2 video_2.dv
-------------------------------
Input #0,avi,from 'out4.avi':
  Metadata:
    encoder          : Lavf58.45.100
  Duration: 00:00:13.44,start: 0.000000,bitrate: 2060 kb/s
    Stream #0:0: Video: h264(High)(avc1 / 0x31637661),yuv420p(tv,bt470bg/unknown/unknown,progressive),1920x1080 [SAR 1:1 DAR 16:9],1926 kb/s,60 fps,30 tbr,60 tbn,60 tbc
    Stream #0:1: Audio: aac(LC)([255][0][0][0] / 0x00FF),44100 Hz,stereo,fltp,114 kb/s
Stream mapping:
  Stream #0:0 -> #0:0(h264(native) -> dvvideo(native))
  Stream #0:1 -> #0:1(aac(native) -> pcm_s16le(native))
Press [q] to stop,[?] for help
Output #0,dv,to 'video_2.dv':
  Metadata:
    encoder          : Lavf58.45.100
```

```
    Stream #0:0: Video: dvvideo,yuv420p,720x576 [SAR 16:15 DAR 4:3],q=2-31,200 kb/s,
25 fps,25 tbn,25 tbc
    Metadata:
      encoder         : Lavc58.91.100 dvvideo
    Stream #0:1: Audio: pcm_s16le,48000 Hz,stereo,s16,1536 kb/s
```

新生成的 DV 格式的文件可通过 MediaInfo 查看音视频流信息,如图 4-24 所示。

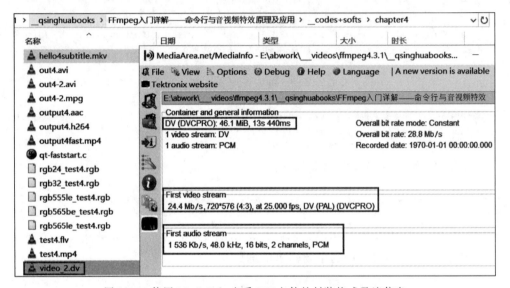

图 4-24　使用 MediaInfo 查看 DV 文件的封装格式及流信息

(8) MP4 转 MOV 格式,命令如下:

```
ffmpeg -i input.mp4 -acodec copy -vcodec copy -f mov output4.mov
```

(9) MP4 转 DVD 格式,命令如下:

```
ffmpeg -i test.avi -target pal-dvd -ps 1000000000 -aspect 16:9 video4.mpg
```

在案例(9)中会进行重新转码,视频流从 h264 转到 mpeg2video,音频从 AAC 转到 AC-3。FFmpeg 在转换过程中的主要输出信息如下:

```
//chapter4/ffmpeg-h264tompeg2-out.txt
ffmpeg -i test.avi -target pal-dvd -ps 1000000000 -aspect 16:9 video4.mpg
---------------------------------
Input #0,avi,from 'out4.avi':
  Metadata:
    encoder         : Lavf58.45.100
```

```
  Duration: 00: 00: 13.44, start: 0.000000, bitrate: 2060 kb/s
    Stream #0: 0: Video: h264(High)(avc1 / 0x31637661), yuv420p(tv, bt470bg/unknown/
unknown, progressive), 1920x1080 [SAR 1: 1 DAR 16: 9], 1926 kb/s, 60 fps, 30 tbr, 60 tbn, 60 tbc
    Stream #0: 1: Audio: aac(LC)([255][0][0][0] / 0x00FF), 44100 Hz, stereo, fltp, 114 kb/s
Stream mapping:
  Stream #0: 0 -> #0: 0(h264(native) -> mpeg2video(native))
  Stream #0: 1 -> #0: 1(aac(native) -> ac3(native))
Press [q] to stop, [?] for help
Output #0, dvd, to 'video4.mpg':
  Metadata:
    encoder         : Lavf58.45.100
    Stream #0: 0: Video: mpeg2video(Main), yuv420p, 720x576 [SAR 64: 45 DAR 16: 9], q = 2 - 31,
60
00 kb/s, 25 fps, 90k tbn, 25 tbc
    Metadata:
      encoder       : Lavc58.91.100 mpeg2video
    Side data:
      cpb: bitrate max/min/avg: 9000000/0/6000000 buffer size: 1835008 vbv_delay: N/A
    Stream #0: 1: Audio: ac3, 48000 Hz, stereo, fltp, 448 kb/s
    Metadata:
      encoder       : Lavc58.91.100 ac3
frame= 91 fps= 0.0 q= 2.0 size=    1024kB time= 00: 00: 03.67 bitrate= 2282.8kbits/s dup=
1 drop=
…
video: 4488kB audio: 737kB subtitle: 0kB other streams: 0kB global headers: 0kB muxing
overhead:
2.620859 %
```

新生成的 MPG 格式的文件可通过 MediaInfo 查看音视频流信息，如图 4-25 所示。

图 4-25　使用 MediaInfo 查看 MPG 格式(MPEG-PS)的文件

4.3.4 AVI/FLV/TS 格式简介

1. AVI 格式简介

采用音视频交错格式（Audio Video Interleaved，AVI）的技术是一门成熟的老技术，尽管国际学术界公认 AVI 已经属于被淘汰的技术，但是由于可以简单易懂地开发 API，所以还在被广泛使用。AVI 符合 RIFF（Resource Interchange File Format）文件规范，使用四字符码 FOURCC 来表征数据类型。AVI 的文件结构分为头部、主体和索引 3 部分。主体中图像数据和声音数据是交互存放的，从尾部的索引可以跳到想放的位置。AVI 本身只是提供了这么一个框架，内部的图像数据和声音数据格式可以是任意的编码形式。因为索引被放在文件尾部，所以在播放网络流媒体时已力不从心。例如从网络上下载 AVI 文件，如果没有下载完成，则很难正常播放出来。

RIFF 文件的基本单元叫作数据块（Chunk），由数据块四字符码（数据块 ID）、数据长度、数据组成。整个 RIFF 文件可以看成一个数据块，其数据块 ID 为 RIFF，称为 RIFF 块，一个 RIFF 文件中只允许存在一个 RIFF 块。RIFF 块中包含一系列其他子块，其中 ID 为 LIST 的子块称为 LIST 块，LIST 块中可以再包含一系列其他子块，但除了 LIST 块外的其他所有的子块都不能再包含子块。下面介绍标准 RIFF 文件的结构，如图 4-26 所示，一个 AVI 通常包含几个子块。ID 为 hdrl 的 LIST 块包含了音视频信息，用于描述媒体流信息。ID 为 info 的 LIST 块包含了编码该 AVI 的程序信息。ID 为 junk 的 Chunk 数据块中的数据属于无用数据，用于填充。ID 为 movi 的 LIST 块包含了交错排列的音视频数据。ID 为 idxl 的 Chunk 块包含了音视频排列的索引数据。

图 4-26 RIFF 文件结构

2. FLV 格式简介

FLV（Flash Video）是以前非常流行的流媒体格式，由于其视频文件体积轻巧、封装播放简单等特点，使其很适合在网络上应用，目前主流的视频网站无一例外地使用了 FLV 格式，由于安全问题当前浏览器已经不提倡使用 Flash 插件，但是通过 video.js 和 flv.js 可以扩展 Flash 功能。FLV 是常见的流媒体封装格式，可以将其数据看为二进制字节流。总体来看，FLV 包括文件头（File Header）和文件体（File Body），其中文件体由一系列的 Tag 及

Tag Size 对组成。FLV 格式的 Tag 结构如图 4-27 所示。

其中,Previous Tag Size 紧跟在每个 Tag 之后,占 4B,表示一个 UI32 类型的数值,代表前面一个 Tag 的大小。需要注意的是,Previous Tag Size #0 的值总为 0。Tag 类型包括视频、音频和 Script,并且每个 Tag 只能包含一种类型的数据。

3. TS 格式简介

MPEG2-TS 是一种标准容器格式,用于传输与存储音视频、节目与系统信息协议数据,广泛应用于数字广播系统,日常数字机顶盒接收的就是 TS 流。在 MPEG-2 标准中,有两种不同的码流被输到信道,一种是 PS 流,适用于没有传输误差的场景;另一种是 TS 流,适用于有信道噪声的

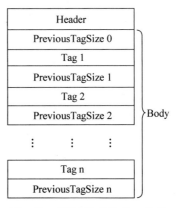

图 4-27 FLV 格式的 Tag 结构

传输场景。节目流被用于合理可靠的媒体,如光盘(如 DVD),而传输流被用于不太可靠的传输,如地面或卫星广播。此外,传输流可以携带多个节目。MPEG-2 System(编号 13818-1)是 MPEG-2 标准的一部分,该部分描述了将多个视频、音频和数据等基本流(ES)合成传输流(TS)和节目流(PS)的方式。

首先需要分辨与 TS 传输流相关的几个基本概念。

(1) 基本流(Elementary Stream,ES)是直接从编码器出来的数据流,可以是编码过的音频、视频或其他连续码流。

(2) 打包的基本流(Packetized Elementary Stream,PES)是 ES 流经过 PES 打包器处理后形成的数据流,在这个过程中完成了将 ES 流分组、加入包头信息(PTS、DTS)等操作。PES 流的基本单位是 PES 包,PES 包由包头和负载(payload)组成。

(3) 节目流(Program Stream,PS)是由 PS 包组成的,而一个 PS 包又由若干个 PES 包组成。一个 PS 包由具有同一时间基准的一个或多个 PES 包复合合成。

(4) 传输流(Transport Stream,TS)是由固定长度(188B)的 TS 包组成的,TS 包是对 PES 包的另一种封装方式,同样由具有同一时间基准的一个或多个 PES 包复合合成。PS 包的长度不固定,而 TS 包的长度固定。

(5) 节目特定信息(Program Specific Information,PSI)用来描述传送流的组成结构。PSI 信息由 4 种类型的表组成,包括节目关联表(PAT)、节目映射表(PMT)、条件接收表(CAT)、网络信息表(NIT)。PAT 与 PMT 两张表帮助找到该传送流中的所有节目与流,PAT 用于指示该 TS 流由哪些节目组成,每个节目的节目映射表 PMT 的 PID 是什么,而 PMT 用于指示该节目由哪些流组成,每一路流的类型与 PID 是什么。

(6) 节目关联表(Program Association Table,PAT)的 PID 是固定的,即永远为 0x0000,它的主要作用是指出该传输流 ID,以及该路传输流中所对应的几路节目流的 MAP 表和网络信息表的 PID。

(7) 节目映射表(Program Map Table,PMT)的 PID 是由 PAT 提供的。通过该表可以

得到一路节目中包含的信息。例如,该路节目由哪些流构成和这些流的类型(视频、音频、数据),指定节目中各流对应的 PID,以及该节目的 PCR 所对应的 PID。

(8) 网络信息表(Network Information Table,NIT)的 PID 是由 PAT 提供的。NIT 的作用主要是对多路传输流的识别,NIT 提供多路传输流,物理网络及网络传输的相关信息,如用于调谐的频率信息及编码方式。此外,还提供调制方式等参数方面的信息。

(9) 条件访问表(Conditional Access Table,CAT)的 PID 为 0x0001。

TS 流的形成过程大体上分为 3 个步骤,如图 4-28 所示。

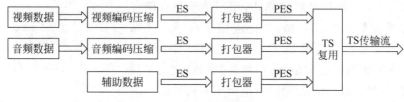

图 4-28 TS 流的形成过程

下面以电视数字信号为例来说明 TS 流的形成过程。第 1 步,通过原始音视频数据经过压缩编码得到 ES 流,生成的 ES 基本流比较大,并且只是 I、P、B 这些视频帧或音频取样信息。第 2 步,对 ES 基本流进行打包生成 PES 流,通过 PES 打包器,首先对 ES 基本流进行分组打包,在每个包前加上包头就构成了 PES 流的基本单位,即 PES 包,对视频 PES 来讲,一般是一帧一个包,音频 PES 一般一个包不超过 64KB。PES 包头信息中加入了 PTS、DTS 信息,用于音视频的同步。第 3 步,同一时间基准的 PES 包经过 TS 复用器生成 TS 传输包。

注意：关于音视频基础理论更详细的介绍可参考笔者的另外一本书《FFmpeg 入门详解——音视频原理及应用》清华大学出版社：梅会东。

4.4 MP4 格式的 faststart 快速播放模式

4.4.1 MP4 格式简介

MP4(MPEG-4 Part 14)是一种常见的多媒体容器格式,它是在 ISO/IEC 14496-14 标准文件中定义的,属于 MPEG-4 的一部分。MP4 是一种较为全面的容器格式,被认为可以在其中嵌入任何形式的数据,不过大部分 MP4 文件存放的是 AVC(H.264)或 MPEG-4 Part 2 编码的视频和 AAC 编码的音频。MP4 格式的官方文件后缀名是 .mp4,还有其他的以 MP4 为基础的扩展格式,如 M4V、3GP、F4V 等。

1. box 结构树

MP4 文件中所有数据都装在 box 中,也就是说 MP4 由若干 box 组成,每个 box 都有类型和长度,包含不同的信息,可以将 box 理解为一个数据对象块。box 中可以嵌套另一个 box,这种 box 称为 Container Box。MP4 文件中的 box 以树状结构的方式组织,一个简单的 MP4 文件由多个 box 组成（可以使用 mp4info 工具查看 MP4 文件结构），MP4 文件的 box 树状结构如图 4-29 所示。根节点之下，主要包含以下 3 种 box 节点，即 ftyp (File Type Box)文件类型、moov(Movie Box)文件媒体信息和 mdat(Media Data Box)媒体数据。

2. ftyp

一个 MP4 文件有且仅有一个 ftyp 类型的 box，作为 MP4 格式的标识包含一些关于文件的信息。ftyp 是 MP4 文件的第 1 个 box，包含了视频文件使用的编码格式、标准等。ftyp box 通常放在文档的开始，通过对该

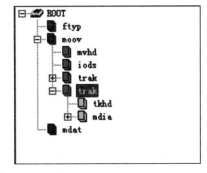

图 4-29　MP4 的 box 树状结构

box 解析可以让软件（播放器、Demux、解析器）知道应该使用哪种协议对这该文档解析，是后续解读的基础。下面是一段定义 MP4 文件头的结构体。

```
//chapter4/ftyp-struct.txt
typedef struct{
    unsigned int length;              //box 的总长度为 28 字节，包括这 4 字节本身
    unsigned char name[4];            //4 个字符: ftyp
    unsigned char majorBrand[4];
    unsigned int minorVersion;
    unsigned char compatibleBrands[12];
}FtypBox;
```

下面是一段十六进制的 MP4 文件数据。

```
00 00 00 1C 66 74 79 70 6D 70 34 32 00 00 00 01      ; ....ftypmp42....
6D 70 34 31 6D 70 34 32 69 73 6F 6D                  ; mp41mp42isom
```

具体解析如下。

(1) 00 00 00 1C，即 box 的总长度为 28 字节，包括这 4 字节本身和后面的 24 字节的 Box Body。

(2) 66 74 79 70，即 ftyp，Box Type。

(3) 6D 70 34 32，即 mp42，代表 Major Brand。

(4) 00 00 00 01，即 1，代表 Minor Version。

(5) 6D 70 34 31 6D 70 34 32 69 73 6F 6D，即 Compatible Brands、mp41(0X6D703431)、mp42(0X6D703432)、isom(0X69736F6D)，说明本文档遵从（或称兼容）mp41、mp42、isom 这 3 种协议。

3. moov

ftyp box 之后会有一个 moov 类型的 box，是一种 Container Box，子 box 中包含了媒体

的 metadata 信息。该 box 包含了文档媒体的 metadata 信息，moov 是一个 Container Box，具体内容信息由子 box 诠释。同 File Type Box 一样，该 box 有且只有一个，并且只被包含在文档层。一般情况下，moov 会紧随 ftyp 出现，moov 中会包含 1 个 mvhd 和 2 个 trak（一个音频和一个视频），其中 mvhd 为 Header Box，一般作为 moov 的第 1 个子 box 出现（对于其他 Container Box 来讲，Header Box 都应作为首个子 box 出现）；trak 包含了一个 track 的相关信息，是一个 Container Box。

4. mdat

MP4 文件的媒体数据包含在 mdat 类型的 box（Media Data Box）中，该类型的 box 也是 Container Box，可以有多个，也可以没有（当媒体数据全部引用其他文件时），媒体数据的结构由 metadata 进行描述。

4.4.2　faststart 参数介绍

MP4 文件由许多数据块组成，存储了章节和音视频信息等，其中有一个 moov 块是最主要的，记录了该 MP4 文件的基础信息，如帧率、码率、分辨率等，该部分的作用类似于目录。

当前很多工具能提供 MP4 格式的转换输出，但有时输出的格式放到网络上后会发现需要完整下载后才能播放，而不能像网上的很多视频那样一开始就能播放（边下载边播放），造成这个问题的原因是一些描述 MP4 文件信息的 moov atom 元数据默认放置在视频文件的尾部，而所有的播放器（包括独立的、网络化的播放器，如浏览器）都需要这些信息来正确地构建以便播放（例如视频分辨率、帧率、码率等），因此需要把这些信息想办法移动到 MP4 文件的头部，这样读取这些信息后客户端播放器就可以搭建播放环境，后续只需播放数据。

当在线播放 MP4 视频时，首先要找到 moov 块，但是这些块的顺序却可以不一致，例如这里说的 moov 就在第 2 处，比 mdat 靠前。如果 moov 靠后，浏览器播放在线 MP4 视频时一开始请求不到这一块，就会往后请求下一个块，多请求几次。浏览器用 HTTP Range Request 先请求几百字节，这是第 1 次请求。得到 206 Partical Content HTTP 代码，可能没有找到 moov。接着浏览器找后面几百字节，以此类推，直到找到 moov 块，从而准备好播放视频元信息。

通常情况下，在由 FFmpeg 生成的 MP4 文件中 moov 关键块信息会存储在文件的尾部，当作为本地文件播放时，问题不大，但当作为流媒体在线播放时，需要注意以下几点：

（1）视频要等加载完才能播放，而不是边加载边播放，这是因为视频的元数据信息不在第一帧。

（2）元数据是指保存视频属性的一组参数，例如视频的宽度、高度、时长、总字节关键帧等信息。

（3）因为网页上的视频播放器在播放视频时以流的形式加载（没有办法直接加载视频结尾的数据，只能从前向后加载），所以播放器必须读取元数据信息才可以进行播放）。

1. FFmpeg 命令行中的 -movflags faststart

通过上文可知,需要将 MP4 的 moov 关键块信息移动到文件头部,以方便在线流媒体播放,FFmpeg 提供了此功能,转换过程如图 4-30 所示,命令如下:

```
ffmpeg -i hello4.mp4 -movflags faststart -c copy -y outputfast4.mp4
#note: -movflags faststart: 快速启动模式,将 moov 关键信息挪到文件头部
#note: -c copy 代表直接复制音视频流
```

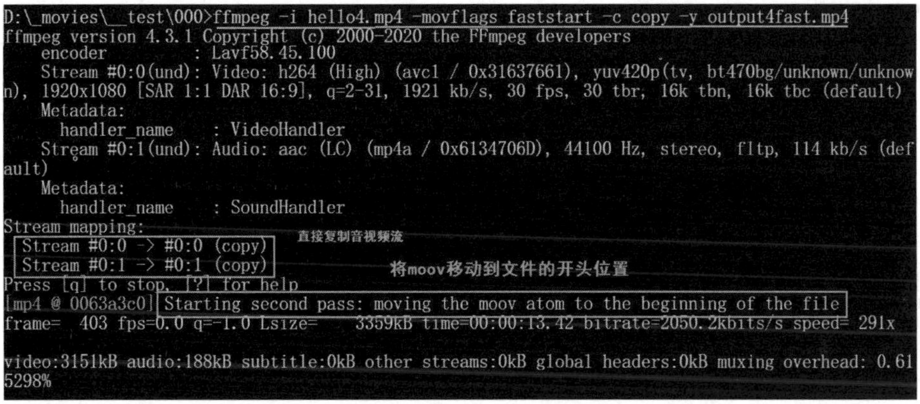

图 4-30 FFmpeg 的 faststart 参数

观察输入文件 hello4.mp4 和输出文件 outputfast4.mp4,可以看出后者的文件头部多了 moov 块信息,包含关键元数据信息,如图 4-31 所示。

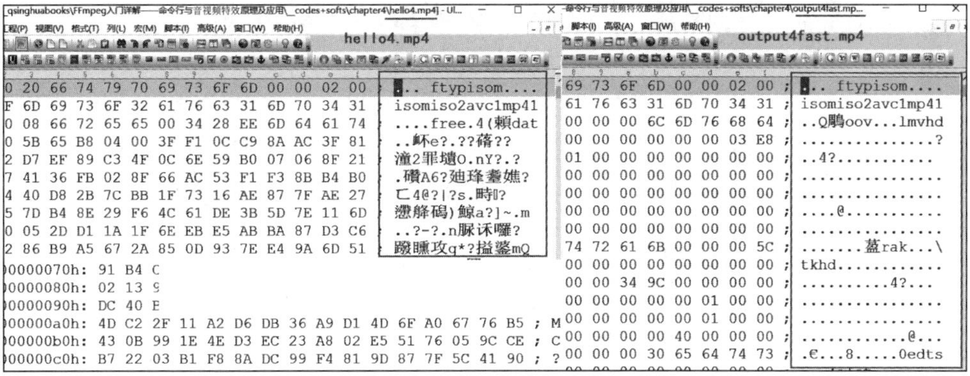

图 4-31 faststart 转换后的 moov 信息在文件头部

2. qt-faststart

qt-faststart 是一个由 Mike Melanson 编写的开源程序,是一个命令行工具。可以在很多地方找到它的源码,也可以在 FFmpeg 的源码中获得,它通常放在 FFmpeg 源码的 tools 目录下,如图 4-32 所示。

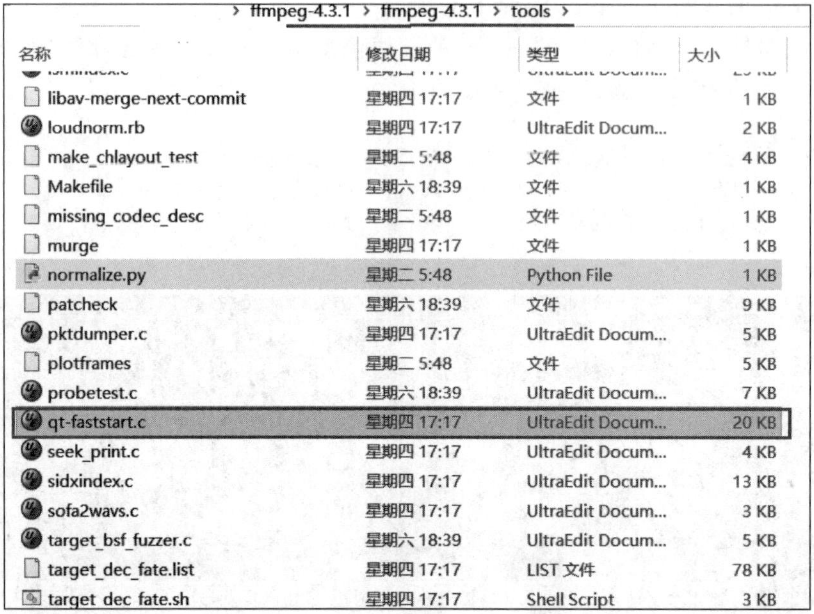

图 4-32　qt-faststart 的文件路径

1）编译及使用

如果要使用它，则需要先编译，该程序能利用大多数编译工具完成编译操作。例如在 Linux 系统下的编译命令如下：

```
gcc -o qt-faststart tools/qt-faststart.c
#注意切换到 FFmpeg 源码根目录下，然后会生成可执行文件 qt-faststart.exe
```

在 Windows 系统下的编译命令如下（使用 msys2＋mingw 编译工具）：

```
gcc -o qt-faststart.exe tools/qt-faststart.c
#注意切换到 FFmpeg 源码根目录下，然后会生成可执行文件 qt-faststart.exe
```

编译成功后，把编译输出结果的路径添加到 PATH 环境变量中，这样就可以直接使用 qt-faststart 工具了。它的用法十分简单，如图 4-33 所示，其调用格式如下：

```
qt-faststart <inMp4FilePath> <outMp4FilePath>
```

（1）＜inMp4FilePath＞：表示调整前的输入 MP4 文件路径。

（2）＜outMp4FilePath＞：表示调整后的输出 MP4 文件路径。

MP4 文件路径可以是绝对或者相对路径。MP4 文件也可以替换为 MOV 文件，因为这个工具其实最开始是为 QuickTime 格式视频文件编写的。需要注意的是，MP4/MOV 文件中的 moov atom 数据必须是非压缩的才能利用这个工具。

第4章 FFmpeg命令行实现音视频转封装

图 4-33 qt-faststart 的编译命令及参数用法

2) 主代码流程

qt-faststart.c 代码结构非常清晰，这里重点讲解一下 main 函数（详见注释信息），主要功能是将 moov 模块挪到文件的头部，核心代码如下：

```
//chapter4/qt-faststart.c
/*
 * qt-faststart.c,v0.2
 * by Mike Melanson(melanson@pcisys.net)
 * This file is placed in the public domain. Use the program however you
 * see fit.
 * 该工具用于重新安排内部结构
 * This utility rearranges a Quicktime file such that the moov atom
 * is in front of the data, thus facilitating network streaming.
 * 可以使用 make 编译该工具: make tools/qt-faststart
 * To compile this program, start from the base directory from which you
 * are building FFmpeg and type:
 * make tools/qt-faststart
 * The qt-faststart program will be built in the tools/ directory. If you
 * do not build the program in this manner, correct results are not
 * guaranteed, particularly on 64-bit platforms.
 * Invoke the program with: 具体用法如下
 * qt-faststart <infile.mov> <outfile.mov>
 *
 * Notes: Quicktime files can come in many configurations of top-level
 * atoms. This utility stipulates that the very last atom in the file needs
 * to be a moov atom. When given such a file, this utility will rearrange
 * the top-level atoms by shifting the moov atom from the back of the file
 * to the front, and patch the chunk offsets along the way. This utility
 * presently only operates on uncompressed moov atoms.
 */
int main(int argc, char *argv[])
{
```

```c
FILE * infile = NULL;                                   //输入文件
FILE * outfile = NULL;                                  //输出文件
unsigned char atom_Bytes[ATOM_PREAMBLE_SIZE];           //atom 缓冲区
uint32_t atom_type = 0;                                 //类型
uint64_t atom_size = 0;                                 //大小
uint64_t atom_offset = 0;                               //偏移量
int64_t last_offset;
unsigned char * moov_atom = NULL;                       //moov
unsigned char * ftyp_atom = NULL;                       //ftyp
uint64_t moov_atom_size;
uint64_t ftyp_atom_size = 0;
int64_t start_offset = 0;
unsigned char * copy_buffer = NULL;
int Bytes_to_copy;
uint64_t free_size = 0;
uint64_t moov_size = 0;

if(argc != 3) {                        //判断输入参数的数量,如果错误,则给出用法
    printf("Usage: qt - faststart < infile.mov > < outfile.mov >\n"
           "Note: alternatively you can use - movflags + faststart in ffmpeg\n");
    return 0;
}

if(!strcmp(argv[1],argv[2])) {   //输入文件、输出文件,名称不能相同
    fprintf(stderr,"input and output files need to be different\n");
    return 1;
}

infile = fopen(argv[1],"rb");      //打开输入文件
if(!infile) {
    perror(argv[1]);
    goto error_out;
}

/* traverse through the atoms in the file to make sure that 'moov' is
 * at the end */
while(!feof(infile)) {             //判断是否到了文件尾
    if(fread(atom_Bytes,ATOM_PREAMBLE_SIZE,1,infile) != 1) {
        break;
    }
    atom_size = BE_32(&atom_Bytes[0]);    //big - endian
    atom_type = BE_32(&atom_Bytes[4]);

    /* keep ftyp atom */
    if(atom_type == FTYP_ATOM) {          //类型 FTYP_ATOM
        if(atom_size > MAX_FTYP_ATOM_SIZE) {
```

```c
            fprintf(stderr,"ftyp atom size %"PRIu64" too big\n",
                    atom_size);
            goto error_out;
        }
        ftyp_atom_size = atom_size;
        free(ftyp_atom);
        ftyp_atom = malloc(ftyp_atom_size);
        if(!ftyp_atom) {
            fprintf(stderr,"could not allocate %"PRIu64" Bytes for ftyp atom\n",
                    atom_size);
            goto error_out;
        }
        if(fseeko(infile,-ATOM_PREAMBLE_SIZE,SEEK_CUR) ||
            fread(ftyp_atom,atom_size,1,infile) != 1 ||
            (start_offset = ftello(infile)) < 0) {
            perror(argv[1]);
            goto error_out;
        }
    } else {
        int ret;
        /* 64-bit special case */
        if(atom_size == 1) {
            if(fread(atom_Bytes,ATOM_PREAMBLE_SIZE,1,infile) != 1) {
                break;
            }
            atom_size = BE_64(&atom_Bytes[0]);
            ret = fseeko(infile,atom_size-ATOM_PREAMBLE_SIZE * 2,SEEK_CUR);
        } else {
            ret = fseeko(infile,atom_size-ATOM_PREAMBLE_SIZE,SEEK_CUR);
        }
        if(ret) {
            perror(argv[1]);
            goto error_out;
        }
    }
    printf("%c%c%c%c %10"PRIu64" %"PRIu64"\n",
        (atom_type >> 24) & 255,
        (atom_type >> 16) & 255,
        (atom_type >> 8) & 255,
        (atom_type >> 0) & 255,
        atom_offset,
        atom_size);
    if((atom_type != FREE_ATOM) &&          //判断类型
        (atom_type != JUNK_ATOM) &&
        (atom_type != MDAT_ATOM) &&
        (atom_type != MOOV_ATOM) &&
```

```c
                (atom_type != PNOT_ATOM) &&
                (atom_type != SKIP_ATOM) &&
                (atom_type != WIDE_ATOM) &&
                (atom_type != PICT_ATOM) &&
                (atom_type != UUID_ATOM) &&
                (atom_type != FTYP_ATOM)) {
                fprintf(stderr,"encountered non-QT top-level atom(is this a QuickTime file?)\n");
                break;
            }
            atom_offset += atom_size;

            /* The atom header is 8(or 16 Bytes), if the atom size(which
             * includes these 8 or 16 Bytes) is less than that, we won't be
             * able to continue scanning sensibly after this atom, so break. */
            if(atom_size < 8)
                break;

            if(atom_type == MOOV_ATOM)
                moov_size = atom_size;

            if(moov_size && atom_type == FREE_ATOM) {
                free_size += atom_size;
                atom_type = MOOV_ATOM;
                atom_size = moov_size;
            }
        }

        if(atom_type != MOOV_ATOM) {
            printf("last atom in file was not a moov atom\n");
            free(ftyp_atom);
            fclose(infile);
            return 0;
        }

        if(atom_size < 16) {
            fprintf(stderr,"bad moov atom size\n");
            goto error_out;
        }

        /* moov atom was, in fact, the last atom in the chunk; load the whole
         * moov atom */
        if(fseeko(infile, -(atom_size + free_size), SEEK_END)) {
            perror(argv[1]);
            goto error_out;
        }
```

```c
last_offset = ftello(infile);
if(last_offset < 0) {
    perror(argv[1]);
    goto error_out;
}
moov_atom_size = atom_size;
moov_atom = malloc(moov_atom_size);
if(!moov_atom) {
    fprintf(stderr,"could not allocate % "PRIu64" Bytes for moov atom\n",atom_size);
    goto error_out;
}
if(fread(moov_atom,atom_size,1,infile) != 1) {
    perror(argv[1]);
    goto error_out;
}

/* this utility does not support compressed atoms yet, so disqualify
 * files with compressed QT atoms */
if(BE_32(&moov_atom[12]) == CMOV_ATOM) {
    fprintf(stderr,"this utility does not support compressed moov atoms yet\n");
    goto error_out;
}

/* close; will be re-opened later */
fclose(infile);
infile = NULL;

if(update_moov_atom(&moov_atom,&moov_atom_size) < 0) {
    goto error_out;
}

/* re-open the input file and open the output file */
infile = fopen(argv[1],"rb"); //重新打开输入文件
if(!infile) {
    perror(argv[1]);
    goto error_out;
}

if(start_offset > 0) { /* seek after ftyp atom */
    if(fseeko(infile,start_offset,SEEK_SET)) {
        perror(argv[1]);
        goto error_out;
    }

    last_offset -= start_offset;
}
```

```c
    outfile = fopen(argv[2],"wb"); //打开输出文件
    if(!outfile) {
        perror(argv[2]);
        goto error_out;
    }

    /* dump the same ftyp atom: 直接复制 ftyp */
    if(ftyp_atom_size > 0) {
        printf(" writing ftyp atom...\n");
        if(fwrite(ftyp_atom,ftyp_atom_size,1,outfile) != 1) {
            perror(argv[2]);
            goto error_out;
        }
    }

    /* dump the new moov atom: 输出新的 moov */
    printf(" writing moov atom...\n");
    if(fwrite(moov_atom,moov_atom_size,1,outfile) != 1) {
        perror(argv[2]);
        goto error_out;
    }

    /* copy the remainder of the infile,from offset 0 -> last_offset - 1 */
    Bytes_to_copy = MIN(COPY_BUFFER_SIZE,last_offset); //复制其余的信息
    copy_buffer = malloc(Bytes_to_copy);
    if(!copy_buffer) {
        fprintf(stderr,"could not allocate %d Bytes for copy_buffer\n",Bytes_to_copy);
        goto error_out;
    }
    printf(" copying rest of file...\n");
    while(last_offset) {//持续循环,依次复制
        Bytes_to_copy = MIN(Bytes_to_copy,last_offset);

        if(fread(copy_buffer,Bytes_to_copy,1,infile) != 1) {
            perror(argv[1]);
            goto error_out;
        }
        if(fwrite(copy_buffer,Bytes_to_copy,1,outfile) != 1) {
            perror(argv[2]);
            goto error_out;
        }
        last_offset -= Bytes_to_copy;
    }

    fclose(infile);
```

```
        fclose(outfile);
        free(moov_atom);
        free(ftyp_atom);
        free(copy_buffer);

        return 0;

error_out:
        if(infile)
            fclose(infile);
        if(outfile)
            fclose(outfile);
        free(moov_atom);
        free(ftyp_atom);
        free(copy_buffer);
        return 1;
}
```

3) fseeko

fseeko 的头文件是 #include < stdio. h >，属于 lic 库，函数定义如下：

```
int fseek(FILE * stream,long offset,int fromwhere);
int fseeko(FILE * stream,off_t offset,int fromwhere);
int fseeko64(FILE * stream,off64_t offset,int fromwhere);
```

参数说明如下。

(1) stream：文件指针。

(2) fromwhere：偏移起始位置。

(3) offset：偏移量。

该函数用于设置文件指针 stream 的位置。如果执行成功，stream 将指向以 fromwhere (偏移起始位置：文件头 0(SEEK_SET)、当前位置 1(SEEK_CUR)、文件尾 2(SEEK_END))为基准，偏移 offset(指针偏移量)字节的位置。如果执行失败(例如 offset 超过文件自身大小)，则不改变 stream 指向的位置。这 3 个函数唯一的不同是 offset 的数据类型不同，相应地所能够处理的偏移量的范围也就有大有小。如果执行成功，则返回 0，如果执行失败，则返回 −1，并设置 errno 的值，可以用 perror()函数输出错误。fseeko 和 fseeko64 两个函数是为了解决 fseek 函数中对文件大小(2GB)限制的历史遗留问题。

第 5 章 FFmpeg 命令行实现音视频转码

音视频转码主要是指容器中音视频数据编码方式转换,例如 H.264 编码转换成 MPEG-4 编码、MP3 转换为 AAC;音视频码率的转换,例如 4Mb 的视频码率降为 2Mb;视频分辨率的转换,例如 1080P 视频转换为 720P、音频重采样等。音视频转码的一般步骤是先解码再编码,可以采取软编软解或硬编硬解的方式。视频解码一般是解压为 YUV 格式,音频解码一般是解码为 PCM 格式。常用的开源编码算法库包括 libx264、libx265 和 libmp3lame 等。

5.1 音视频编解码及转码简介

音视频压缩与编解码知识非常复杂,理论抽象,基础概念多,包括有损和无损压缩、帧内和帧间编码、对称和不对称编码等。技术参数也很多,包括帧率、码率、分辨率、关键帧、位深、压缩比等。视频编码最主要的工作就是压缩,分为帧内压缩和帧间压缩,然后又分为其他几个步骤,主要包括预测、变换、量化、熵编码、滤波处理等。

5.1.1 视频编解码简介

视频技术泛指将一系列静态影像以电信号的方式加以捕捉、记录、处理、存储、传送与重现的各种技术。当连续的图像变化每秒超过 24 帧画面以上时,根据视觉暂留原理,人眼无法辨别单幅的静态画面,看上去是平滑连续的视觉效果,这样连续的画面叫作视频。视频数据往往在时域和空域层面都有极强的相关性,这表示有大量的时域冗余信息和空域冗余信息,压缩技术就是去掉数据中的冗余信息。视频编码就是通过特定的压缩技术,将某个视频格式的文件转换成另外一种视频格式。去除时域冗余信息主要包括运动估计和运动补偿;去除空域冗余信息主要包括变换编码、量化编码和熵编码。运动补偿是通过先前的局部图像来预测、补偿当前的局部图像,可有效地减少帧序列冗余信息。运动表示是指不同区域的图像使用不同的运动向量来描述运动信息,运动向量通过熵编码进行压缩,熵编码在编码过程中不会丢失信息。运动估计是指从视频序列中抽取运动信息,通用的压缩标准使用基于块的运动估计和运动补偿。变换编码是指将空域信号变换到另一正交向量空间,使相关性下降,数据冗余度减小。

未经编码的数字视频的数据量很大,存储和传输都比较困难。以一个分辨率为1920×1080,帧率为30的视频为例,共有1920×1080=2 073 600像素,每像素是24b(假设采取RGB24)。也就是每张图片2 073 600×24=49 766 400b。8b(位)=1B(字节),所以,49 766 400b=6 220 800B≈6.22MB。这才是一幅1920×1080图片的原始大小(6.22MB),再乘以帧率30。也就是说,1s视频的大小是186.6MB,1min大约是11GB,一部90min的电影约为1000GB。由此可见未经编码的视频数据是非常庞大的,所以必须经过编码压缩之后,视频数据才方便存储,方便在网络上传输。

5.1.2 音频编解码简介

数字音频涉及的基础概念非常多,包括采样、量化、编码、采样率、采样数、声道数、音频帧、比特率、PCM等。从模拟信号到数字信号的过程包括采样、量化、编码3个阶段。原始的音频数据中存在大量的冗余信息,有必要进行压缩处理。音频信号能压缩的基本依据包括声音信号中存在大量的冗余度,以及人的听觉具有强音能抑制同时存在的弱音现象。音频压缩编码,其原理是压缩掉冗余的信号,冗余信号是指不能被人耳感知到的信号,包括人耳听觉范围之外的音频信号及被掩蔽掉的音频信号。模拟音频信号转换为数字信号需要经过采样和量化。量化的过程被称为编码,根据不同的量化策略,产生了许多不同的编码方式,常见的编码方式有PCM和ADPCM。这些数据代表着无损的原始数字音频信号,添加一些文件头信息后就可以存储为WAV文件了,它是一种由微软和IBM联合开发的用于音频数字存储的标准,可以很容易地被解析和播放。在进一步了解音频处理和压缩之前需要明确几个概念,包括音调、响度、采样率、采样精度、声道数、音频帧长等。

5.1.3 音视频转码简介

音视频转码(Audio/Video Transcoding)是指将已经压缩编码的音视频码流转换成另一种格式的码流,以适应不同的网络带宽、不同的终端处理能力和不同的用户需求。音视频转码本质上是一个先解码,再编码的过程,因此转换前后的码流可能遵循相同的视频编码标准,也可能不遵循相同的视频编码标准。不同编码格式之间的数据转码指通过转码方法改变视频数据的编码格式。通常这种数据转码会改变视频数据的现有码流和分辨率。例如可以将基于MPEG-2格式的视频数据转换为DV、MPEG-4或其他编码格式,同时根据其转码目的,指定转码产生视频数据的码流和分辨率。

音视频转码的几个主要概念如下:

(1) 容器格式的转换,例如MP4转换为MOV。

(2) 容器中音视频数据编码方式转换,例如H.264编码转换成MPEG-4编码,MP3编码转换成AAC编码。

(3) 音视频码率的转换,例如4Mb的视频码率降为2Mb。

(4) 视频分辨率的转换,例如1080P视频转换为720P、音频重采样等。

使用FFmpeg进行音视频转码的主要流程如图5-1所示。

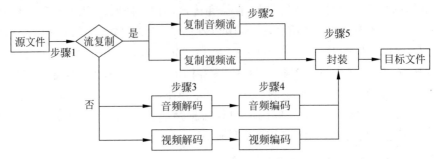

图 5-1　FFmpeg 的音视频转码流程

其中，流复制是指源文件中的音视频编码方式也被目标文件支持，那么此情况下音视频数据复制就可以直接复制到目标文件中，例如可将MP4文件中H.264、AAC格式的音视频码流直接复制到FLV文件中。容器格式的转换有两种情况，第1种情况是源容器格式的音视频编码方式在目标容器中也被支持，这样只需进行流复制；第2种情况是源容器格式的音视频编码格式在目标容器不被支持，那么就需要先解码再编码。例如将一个FLV格式封装的H.264＋AAC编码的音视频文件转码为TS格式封装的MPEG-2(Video)＋MP2(Audio)编码的音视频文件，或者也可以解码后直接进行播放（注意音视频同步问题），具体流程如图5-2所示。

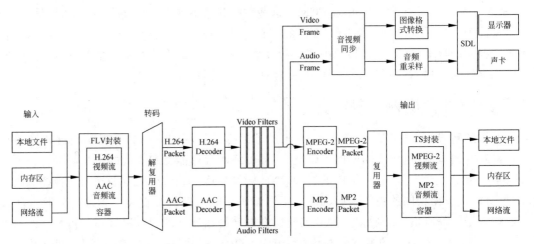

图 5-2　FFmpeg 将 FLV(H.264＋AAC)转码为 MPEG-TS

5.2　提取音视频的 YUV/PCM

音视频的基本信息包括帧率、码率、分辨率、声道数、采样格式、采样位数等，通过FFmpeg可以很方便地提取这些信息，也可以提取压缩视频流的YUV像素数据和压缩音频流的PCM数据。

5.2.1 利用 FFmpeg 提取视频的 YUV 像素数据

1. 提取 YUV420P

从输入的视频文件中提取前 2s 的视频数据，解码格式为 YUV420P，分辨率和源视频保持一致，转换过程如图 5-3 所示，命令如下：

```
ffmpeg -i test4.mp4 -t 2 -pix_fmt yuv420p -s 320x240 yuv420P_test4.yuv
#注意-pix_fmt用于指定像素格式
```

参数说明如下。

(1) -i：表示要输入的流媒体文件。
(2) -t：表示截取流媒体文件的长度，单位是秒。
(3) -pix_fmt：指定流媒体要转换的格式，这里是 YUV420P，具体格式可以通过命令 ffmpeg -pix_fmts 来查看。
(4) -s：指定分辨率大小（也可以写为-video_size），例如可以写为 320x240。

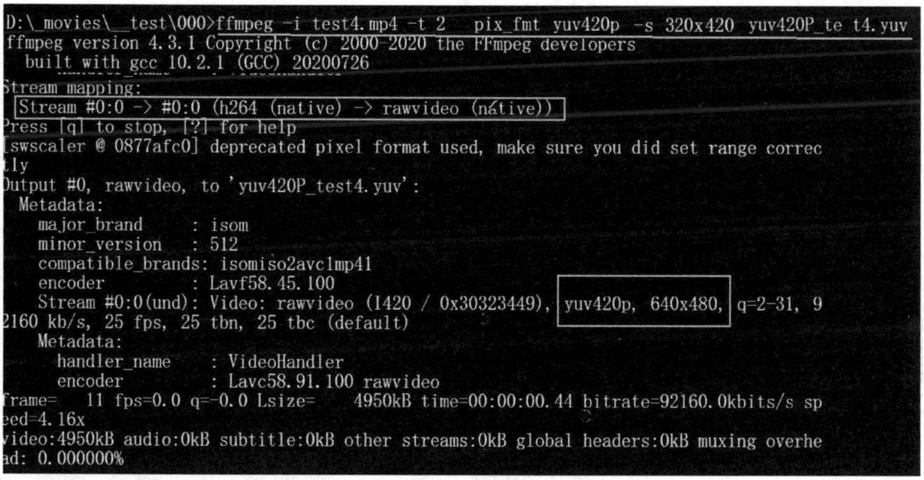

图 5-3　FFmpeg 提取 YUV420P

使用 YUVPlayer 软件打开这个 YUV 文件 (yuv420P_test4.yuv) 进行播放，可能会出现花屏，如图 5-4 所示，主要因为分辨率不匹配，单击 YUVPlayer 的 Size 下拉菜单项，选择对应的大小（笔者源视频的宽和高为 640×480，也可以单击 Custom 来输入自定义的宽和高），这样便可以正常播放画面了，如图 5-5 所示。

2. 指定视频的宽和高

也可以转换成指定大小（例如写为 320x240）的 YUV 格式的裸视频，命令如下：

```
ffmpeg -i test4.mp4 -t 2 -pix_fmt yuv420p -s 320x240 yuv420p_test4_320x240.yuv
```

图 5-4　YUVPlayer 播放 YUV420P 文件出现花屏

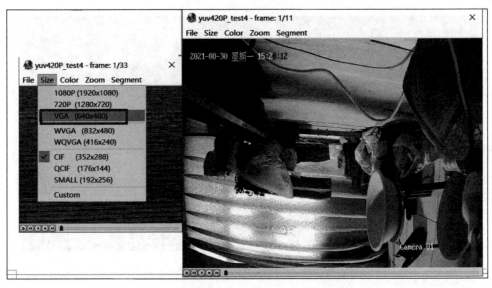

图 5-5　YUVPlayer 修改 Size 后画面正常

可以通过 YUVPlayer 播放，如图 5-6 所示。
3. ffplay 播放 YUV420P
也可以通过 ffplay 来播放 YUV 文件，但需要指定像素格式及宽和高，播放效果如图 5-7 所示，命令如下：

```
ffplay –i yuv420p_test4_320x240.yuv –pixel_format yuv420p –video_size 320x240
#或者：
ffplay –i yuv420p_test4_320x240.yuv –pixel_format yuv420p –s 320x240
```

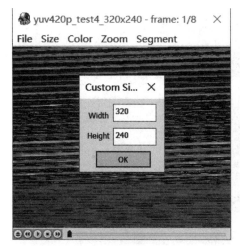

图 5-6 YUVPlayer 指定自定义的 Size

图 5-7 ffplay 播放 YUV420P

参数说明如下。

(1) -pixel_format：表示要输入的像素格式，例如 YUV420P。

(2) -s 或者-video_size：表示像素的宽和高，例如写作 320x240。

4. 提取 YUV422P

从输入的视频文件中提取前 2s 的视频数据，解码格式为 YUV422P，分辨率和源视频保持一致，转换过程如图 5-8 所示，命令如下：

```
ffmpeg –i test4.mp4 –t 2 –pix_fmt yuv422p yuv422p_test4.yuv
＃注意-pix_fmt 用于指定像素格式
```

使用 YUVPlayer 软件打开这个 YUV 文件(yuv422p_test4.yuv)进行播放，可能会出现花屏，如图 5-9 所示，主要因为分辨率(应该为 640×480)及像素格式(应该为 YUV422P)不匹配。

单击 YUVPlayer 的 Size 下拉菜单项，选择对应的大小(笔者源视频的宽和高为 640×480，也可以单击 Custom 来输入自定义的宽和高)，这样便可以播放画面了，但颜色有点失

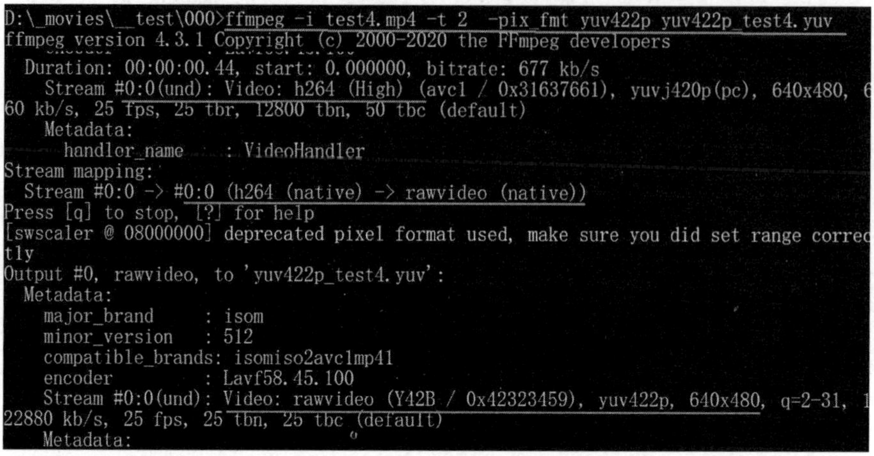

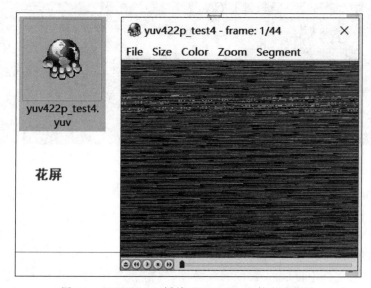

图 5-8　FFmpeg 提取 YUV422P

图 5-9　YUVPlayer 播放 YUV422P 文件出现花屏

真,如图 5-10 所示。

单击 YUVPlayer 的 Color 下拉菜单项,选择对应的像素格式 YUV422,然后就可以播放画面了,颜色也正常了,如图 5-11 所示。

5. 提取 YUV444P

从输入的视频文件中提取前 2s 的视频数据,解码格式为 YUV444P,分辨率和源视频保持一致,转换过程如图 5-12 所示,命令如下:

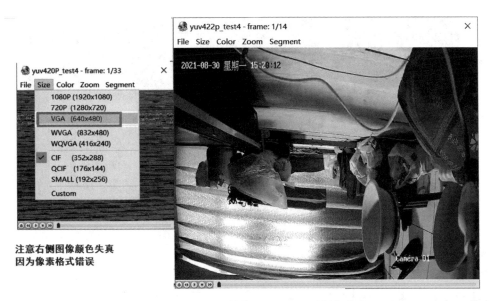

图 5-10 彩图

图 5-10 YUVPlayer 播放 YUV422P 时颜色失真

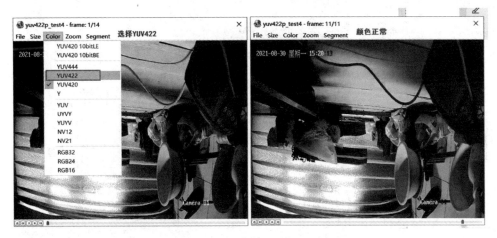

图 5-11 YUVPlayer 播放 YUV422P 的正常效果

```
ffmpeg -i test4.mp4 -t 2 -pix_fmt yuv444p yuv444p_test4.yuv
#注意-pix_fmt用于指定像素格式
```

使用 YUVPlayer 软件打开这个 YUV 文件(yuv444p_test4.yuv)进行播放,可能会出现花屏,主要因为分辨率(应该为 640×480)及像素格式(应该为 YUV444P)匹配不上。单击 YUVPlayer 的 Size 下拉菜单项,选择对应的大小(笔者源视频的宽和高为 640×480,也可以单击 Custom 来输入自定义的宽和高),然后单击 Color 下拉菜单项,选择对应的像素格式 YUV444,这样就可以播放画面了,如图 5-13 所示。

```
D:\_movies\__test\000>ffmpeg -i test4.mp4 -t 2  -pix_fmt yuv444p yuv444p_test4.yuv
ffmpeg version 4.3.1 Copyright (c) 2000-2020 the FFmpeg developers
Stream mapping:
  Stream #0:0 -> #0:0 (h264 (native) -> rawvideo (native))
Press [q] to stop, [?] for help
[swscaler @ 08e0af80] deprecated pixel format used, make sure you did set range correc
tly
Output #0, rawvideo, to 'yuv444p_test4.yuv':
  Metadata:
    major_brand     : isom
    minor_version   : 512
    compatible_brands: isomiso2avc1mp41
    encoder         : Lavf58.45.100
    Stream #0:0(und): Video: rawvideo (444P / 0x50343434), yuv444p, 640x480, q=2-31, 1
84320 kb/s, 25 fps, 25 tbn, 25 tbc (default)
    Metadata:
      handler_name    : VideoHandler
      encoder         : Lavc58.91.100 rawvideo
frame=   11 fps=0.0 q=-0.0 Lsize=    9900kB time=00:00:00.44 bitrate=184320.0kbits/s s
peed=5.05x
```

图 5-12　FFmpeg 提取 YUV444P

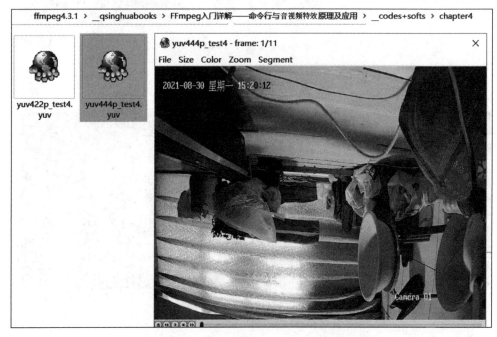

图 5-13　YUVPlayer 播放 YUV444P 的正常效果

5.2.2　YUV444/YUV422/YUV420

YUV 本质上是一种颜色数字化表示方式。视频通信系统之所以要采用 YUV，而不是 RGB，主要因为 RGB 信号不利于压缩。在 YUV 这种方式里加入了亮度这一概念。视频工程师发现，眼睛对于亮和暗的分辨要比对颜色的分辨更精细一些，也就是说，人眼对色度的敏感程度要低于对亮度的敏感程度，所以在视频存储中，没有必要存储全部颜色信号，可以把更多带宽留给黑白信号(亮度),将稍少的带宽留给彩色信号(色度),这就是 YUV 的基本原理,Y 是亮度,U 和 V 则是色度。YUV 的成像过程如图 5-14 所示。

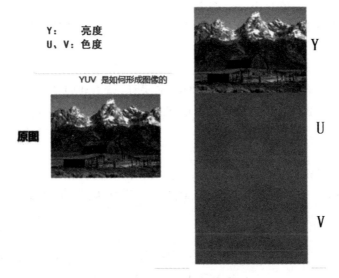

图 5-14　YUV 是如何形成图像的

根据亮度和色度分量的采样比率,YUV 图像通常有以下几种格式,如图 5-15 所示。

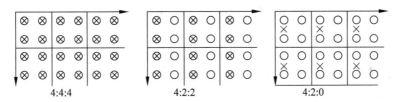

图 5-15　YUV 的几种采样格式

YUV 是视频、图片、相机等应用中经常使用的一类图像格式,是所有 YUV 像素格式共有的颜色空间的名称。与 RGB 格式不同,YUV 格式用一个称为 Y(相当于灰度)的"亮度"分量和两个"色度"分量表示,分别称为 U(蓝色投影)和 V(红色投影)。

Y 表示亮度分量,如果只显示 Y,图像看起来会是一张黑白照。U(Cb)表示色度分量,图像蓝色部分去掉亮度,反映了 RGB 输入信号蓝色部分与 RGB 信号亮度值之间的差异。V(Cr)表示色度分量,图像红色部分去掉亮度,反映了 RGB 输入信号红色部分与 RGB 信号亮度值之间的差异。

从前述定义可以知道,在 YUV 空间中像素颜色按"亮度"分量和两个"色度"分量进行了表示。这种编码表示也更加适应于人眼,据研究表明,人眼对亮度信息比色彩信息更加敏感,而 YUV 下采样就是根据人眼的特点,将人眼相对不敏感的色彩信息进行压缩采样,得到相对小的文件进行播放和传输。

1. YUV444

色度信号分辨率最高的格式是 YUV4:4:4，每 4 点 Y 采样，就有相对应的 4 点 U 和 4 点 V。换句话说，每个 Y 值对应一个 U 和一个 V 值。在这种格式中，色度信号的分辨率和亮度信号的分辨率是相同的。这种格式主要应用在视频处理设备内部，避免画面质量在处理过程中降低。

2. YUV422

色度信号分辨率格式 YUV4:2:2，每 4 点 Y 采样，就有相对应的 2 点 U 和 2 点 V。可以看到在水平方向上的色度表示进行了 2 倍下采样，因此 YUV422 色度信号分辨率是亮度信号分辨率的一半。

3. YUV420

色度信号分辨率格式 YUV4:2:0，每 4 点 Y 采样，就有相对应的 1 点 U 和 1 点 V。YUV420 色度信号分辨率是亮度信号分辨率的 1/4，即在水平方向压缩的基础上，再在垂直方向上进行了压缩。

4. YUYV

YUV4:4:4 采样，每个 Y 对应一组 UV 分量；YUV4:2:2 采样，每两个 Y 共用一组 UV 分量；YUV4:2:0 采样，每 4 个 Y 共用一组 UV 分量。下面用图的形式给出常见的 YUV 码流的存储方式，并在存储方式后面附有取样每像素的 YUV 数据的方法，其中，Cb、Cr 的含义等同于 U、V。

YUYV 为 YUV422 采样的存储格式中的一种，相邻的两个 Y 共用其相邻的两个 Cb、Cr，如图 5-16 所示。

start+0:	Y'_{00}	Cb_{00}	Y'_{01}	Cr_{00}	Y'_{02}	Cb_{01}	Y'_{03}	Cr_{01}
start+8:	Y'_{10}	Cb_{10}	Y'_{11}	Cr_{10}	Y'_{12}	Cb_{11}	Y'_{13}	Cr_{11}
start+16:	Y'_{20}	Cb_{20}	Y'_{21}	Cr_{20}	Y'_{22}	Cb_{21}	Y'_{23}	Cr_{21}
start+24:	Y'_{30}	Cb_{30}	Y'_{31}	Cr_{30}	Y'_{32}	Cb_{31}	Y'_{33}	Cr_{31}

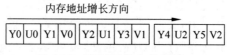

图 5-16　YUYV 的内存布局

5. UYVY

UYVY 格式也是 YUV422 采样的存储格式中的一种，只不过与 YUYV 不同的是 UV 的排列顺序不一样，还原其每像素的 YUV 值的方法与上面一样，如图 5-17 所示。

6. YUV422P

YUV422P 也属于 YUV422 的一种，它是一种 Plane 模式，即平面模式，并不是将 YUV 数据交错存储，而是先存放所有的 Y 分量，然后存储所有的 U(Cb) 分量，最后存储所有的 V(Cr) 分量，如图 5-18 所示。

start+0:	Cb_{00}	Y'_{00}	Cr_{00}	Y'_{01}	Cb_{01}	Y'_{02}	Cr_{01}	Y'_{03}
start+8:	Cb_{10}	Y'_{10}	Cr_{10}	Y'_{11}	Cb_{11}	Y'_{12}	Cr_{11}	Y'_{13}
start+16:	Cb_{20}	Y'_{20}	Cr_{20}	Y'_{21}	Cb_{21}	Y'_{22}	Cr_{21}	Y'_{23}
start+24:	Cb_{30}	Y'_{30}	Cr_{30}	Y'_{31}	Cb_{31}	Y'_{32}	Cr_{31}	Y'_{33}

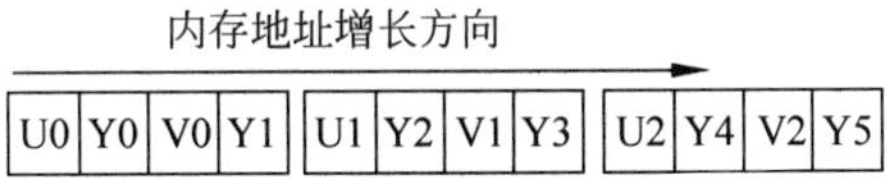

内存地址增长方向 →

| U0 | Y0 | V0 | Y1 | U1 | Y2 | V1 | Y3 | U2 | Y4 | V2 | Y5 |

图 5-17 UYVY 的内存布局

start+0:	Y'_{00}	Y'_{01}	Y'_{02}	Y'_{03}
start+4:	Y'_{10}	Y'_{11}	Y'_{12}	Y'_{13}
start+8:	Y'_{20}	Y'_{21}	Y'_{22}	Y'_{23}
start+12:	Y'_{30}	Y'_{31}	Y'_{32}	Y'_{33}
start+16:	Cb_{00}	Cb_{01}		
start+18:	Cb_{10}	Cb_{11}		
start+20:	Cb_{20}	Cb_{21}		
start+22:	Cb_{30}	Cb_{31}		
start+24:	Cr_{00}	Cr_{01}		
start+26:	Cr_{10}	Cr_{11}		
start+28:	Cr_{20}	Cr_{21}		
start+30:	Cr_{30}	Cr_{31}		

图 5-18 YUV422P 的内存布局

其每像素的 YUV 值的提取方法也是遵循 YUV422 格式的最基本提取方法,即两个 Y 共用一个 UV。例如,对于像素 Y'00、Y'01 而言,其 Cb、Cr 的值均为 Cb00、Cr00。

7. YV12/YU12

YU12(I420)和 YV12 属于 YUV420 格式,也是一种"三平面"(three-plane)模式,将 Y、U、V 分量分别打包,依次存储。其每像素的 YUV 数据提取遵循 YUV420 格式的提取方式,即 4 个 Y 分量共用一组 UV,如图 5-19 所示,Y'00、Y'01、Y'10、Y'11 共用 Cr00、Cb00,其他像素以此类推。

YU12,也称为 I420 或 YUV420P,先存储所有的 Y,然后存储所有的 U,最后存储所有的 V。YV12 先存储所有的 Y,然后存储所有的 V,最后存储所有的 U。伪代码如下:

```
//chapter5/5.1.txt
# YU12(I420):
yyyyyyy yyyyyyy yyyyyyy yyyyyyy yyyyyyy yyyyyyy yyyyyyy      (w * h)
uuuuuuu uuuuuuu                                              (w * h/4)
vvvvvvv vvvvvvv                                              (w * h/4)

# YV12:
yyyyyyy yyyyyyy yyyyyyy yyyyyyy yyyyyyy yyyyyyy yyyyyyy      (w * h)
vvvvvvv vvvvvvv                                              (w * h/4)
uuuuuuu uuuuuuu                                              (w * h/4)
```

start+0:	Y'_{00}	Y'_{01}	Y'_{02}	Y'_{03}
start+4:	Y'_{10}	Y'_{11}	Y'_{12}	Y'_{13}
start+8:	Y'_{20}	Y'_{21}	Y'_{22}	Y'_{23}
start+12:	Y'_{30}	Y'_{31}	Y'_{32}	Y'_{33}
start+16:	Cr_{00}	Cr_{01}		
start+18:	Cr_{10}	Cr_{11}		
start+20:	Cb_{00}	Cb_{01}		
start+22:	Cb_{10}	Cb_{11}		

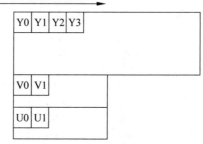

图 5-19 YU12/YV12 的内存布局

8. NV12/NV21

NV12 和 NV21 属于 YUV420 格式，是一种"两平面"(two-plane)模式，即 Y 和 UV 分为两个平面，但是 UV(CbCr)为交错存储，而不是分为 3 个平面，如图 5-20 所示。其提取方式与上一种类似，即 Y'00、Y'01、Y'10、Y'11 共用 Cr00、Cb00。

start+0:	Y'_{00}	Y'_{01}	Y'_{02}	Y'_{03}
start+4:	Y'_{10}	Y'_{11}	Y'_{12}	Y'_{13}
start+8:	Y'_{20}	Y'_{21}	Y'_{22}	Y'_{23}
start+12:	Y'_{30}	Y'_{31}	Y'_{32}	Y'_{33}
start+16:	Cb_{00}	Cr_{00}	Cb_{01}	Cr_{01}
start+20:	Cb_{10}	Cr_{10}	Cb_{11}	Cr_{11}

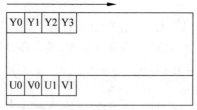

图 5-20 NV12/NV21 的内存布局

NV12 先存储 Y，然后 UV 交替，U 在前，V 在后。NV21 先存储 Y，然后 VU 交替，V 在前，U 在后。伪代码如下：

```
//chapter5/5.1.txt
#NV12: 先存储 Y,然后 UV 交替,U 在前,V 在后
YYYYYYYY YYYYYYYY YYYYYYYY YYYYYYYY YYYYYYYY YYYYYYYY YYYYYYYY YYYYYYYY
UVUVUVUV UVUVUVUV UVUVUVUV UVUVUVUV

#NV21: 先存储 Y,然后 VU 交替,V 在前,U 在后
YYYYYYYY YYYYYYYY YYYYYYYY YYYYYYYY YYYYYYYY YYYYYYYY YYYYYYYY YYYYYYYY
VUVUVUVU VUVUVUVU VUVUVUVU VUVUVUVU
```

9. YUV420SP 及 YUV420P

在 YUV420 中,一像素对应一个 Y,一个 2×2 的小方块对应一个 U 和 V。对于所有的 YUV420 图像,它们的 Y 值排列是完全相同的,只有 Y 的图像是灰度图像。

YUV420SP 与 YUV420P 数据格式的区别在于 UV 排列上的完全不同。YUV420P 是先把 U 存放完后,再存放 V,分为 3 个平面,Y、U、V 各占一个平面,而 YUV420SP 是按 UV、UV 的顺序交替存放的,分为两个平面,Y 占一个平面,UV 交织在一起占一个平面。根据此理论,就可以准确地计算出一个 YUV420 在内存中存放的大小,其中 Y = width × height(Y 亮度点总数),U = Y ÷ 4(U 色度点总数),V = Y ÷ 4(V 色度点总数),所以 YUV420 数据在内存中的大小是 width × height × 3 ÷ 2 字节,例如一个分辨率为 8×4 的 YUV 图像,它们的格式如图 5-21 所示。

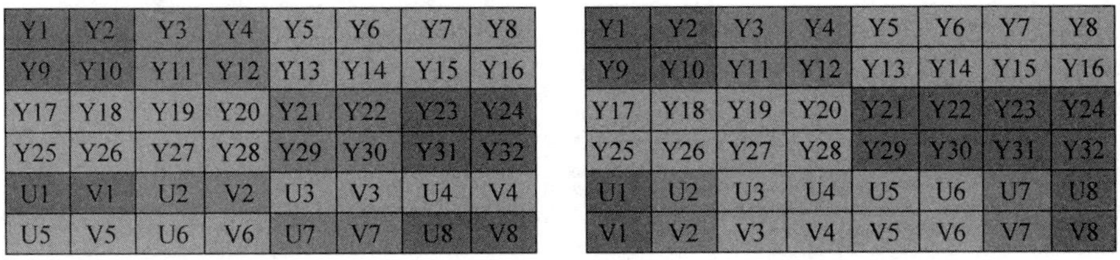

Y1	Y2	Y3	Y4	Y5	Y6	Y7	Y8
Y9	Y10	Y11	Y12	Y13	Y14	Y15	Y16
Y17	Y18	Y19	Y20	Y21	Y22	Y23	Y24
Y25	Y26	Y27	Y28	Y29	Y30	Y31	Y32
U1	V1	U2	V2	U3	V3	U4	V4
U5	V5	U6	V6	U7	V7	U8	V8

YUV420SP 格式

Y1	Y2	Y3	Y4	Y5	Y6	Y7	Y8
Y9	Y10	Y11	Y12	Y13	Y14	Y15	Y16
Y17	Y18	Y19	Y20	Y21	Y22	Y23	Y24
Y25	Y26	Y27	Y28	Y29	Y30	Y31	Y32
U1	U2	U3	U4	U5	U6	U7	U8
V1	V2	V3	V4	V5	V6	V7	V8

YUV420P 数据格式

图 5-21 YUV420SP 与 YUV420P 在内存中的分布情况

10. YUV 文件大小计算

以格式为 YUV420P、宽和高为 720×480 的图像为例,总大小为 720×480×3÷2 字节,分为 3 部分:

(1) Y 分量:720×480 字节。

(2) U(Cb)分量:720×480÷4 字节。

(3) V(Cr)分量:720×480÷4 字节。

这 3 部分内部均是行优先存储,它们之间按 Y、U、V 的顺序进行存储,如下所示。

(1) 0~720×480 字节是 Y 分量值。

(2) 720×480~720×480×5÷4 字节是 U 分量。

(3) 720×480×5÷4~720×480×3÷2 字节是 V 分量。

11. YV12 和 I420 的区别

一般来讲，如果采集到的视频数据是 RGB24 格式，RGB24 一帧的大小 size＝width×height×3 Bytes；RGB32 一帧的大小 size＝width×height×4 Bytes；YUV420 格式的数据量是 size＝width×height×1.5 Bytes。

当采集到 RGB24 数据后，需要对这个格式的数据进行第 1 次压缩，即将图像的颜色空间由 RGB 转换成 YUV。例如 libx264 在进行编码时需要输入的是标准 YUV420 格式，但是这里需要注意的是，虽然 YV12 也是 YUV420，但是 YV12 和 I420 却是不同的，在存储空间上有些区别，其区别如下：

(1) YV12：亮度(行×列)＋U(行×列÷4)＋V(行×列÷4)。

(2) I420：亮度(行×列)＋V(行×列÷4)＋U(行×列÷4)。

由此可以看出，YV12 和 I420 基本上是一样的，只是 UV 的顺序不同。经过第 1 次数据压缩后由 RGB24 转换成了 YUV420。这样，数据量就减少了一半，然后经过编码器的专业压缩，视频数据量就会减少很多。

注意：RGB24 格式的一像素占 24 位，即 3 字节；RGB32 格式的一像素占 32 位，即 4 字节。

5.2.3 利用 FFmpeg 提取视频的 RGB 像素数据

FFmpeg 除了可以提取 YUV 格式的像素数据，还可以提取 RGB 格式的像素数据。

1. 使用 FFmpeg 提取 RGB24 格式的像素数据

从输入的视频文件中提取前 2s 的视频数据，解码格式为 RGB24，分辨率和源视频保持一致，转换过程如图 5-22 所示，命令如下：

```
ffmpeg -i test4.mp4 -t 2 -pix_fmt rgb24 rgb24_test4.rgb
#注意-pix_fmt 用于指定像素格式
```

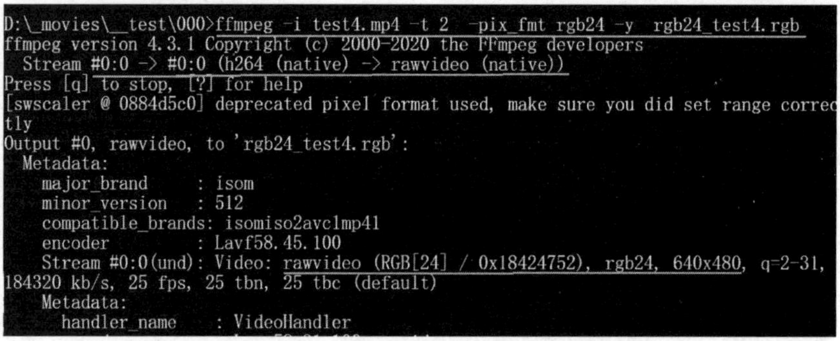

```
D:\_movies\__test\000>ffmpeg -i test4.mp4 -t 2  -pix_fmt rgb24 -y  rgb24_test4.rgb
ffmpeg version 4.3.1 Copyright (c) 2000-2020 the FFmpeg developers
  Stream #0:0 -> #0:0 (h264 (native) -> rawvideo (native))
Press [q] to stop, [?] for help
[swscaler @ 0884d5c0] deprecated pixel format used, make sure you did set range correctly
Output #0, rawvideo, to 'rgb24_test4.rgb':
  Metadata:
    major_brand     : isom
    minor_version   : 512
    compatible_brands: isomiso2avc1mp41
    encoder         : Lavf58.45.100
    Stream #0:0(und): Video: rawvideo (RGB[24] / 0x18424752), rgb24, 640x480, q=2-31, 184320 kb/s, 25 fps, 25 tbn, 25 tbc (default)
    Metadata:
      handler_name    : VideoHandler
```

图 5-22　FFmpeg 提取 RGB24 格式的像素数据

2. 使用 YUVPlayer 播放 RGB24 文件

使用 YUVPlayer 软件打开这个 RGB24 文件(rgb24_test4.rgb)进行播放，可能会出现花屏，如图 5-23 所示，主要因为分辨率、颜色格式不匹配。

第5章 FFmpeg命令行实现音视频转码 147

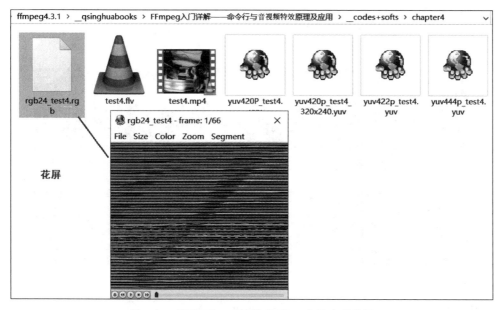

图 5-23　YUVPlayer 播放 RGB24 文件出现花屏

单击 YUVPlayer 的 Size 下拉菜单项，选择对应的大小（笔者源视频的宽和高为 640×480，也可以单击 Custom 来输入自定义的宽和高），然后单击 Color 下拉菜单，选择 RGB24，这样就可以正常播放画面了，如图 5-24 所示。

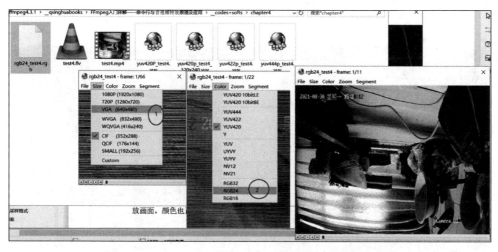

图 5-24　YUVPlayer 播放 RGB24 并选择正确的颜色格式

3. 使用 ffplay 播放 RGB24 文件

也可以通过 ffplay 播放 RGB24 文件，但需要指定像素格式及宽和高，播放效果如图 5-25 所示，命令如下：

```
ffplay -i rgb24_test4.rgb -pixel_format rgb24 -video_size 640x480
#注意：当 ffplay 播放 RGB、YUV 文件时，需要指定像素格式及视频的宽和高
```

图 5-25　ffplay 播放 RGB24 文件（需要指定宽和高及颜色格式）

4. 使用 ffmpeg 提取 RGB32 格式的像素数据

从输入的视频文件中提取前 2s 的视频数据，解码格式为 RGB32，分辨率和源视频保持一致，转换过程如图 5-26 所示，命令如下：

```
ffmpeg -i test4.mp4 -t 2 -pix_fmt rgb32 -y rgb32_test4.rgb
#注意 -pix_fmt 用于指定像素格式
```

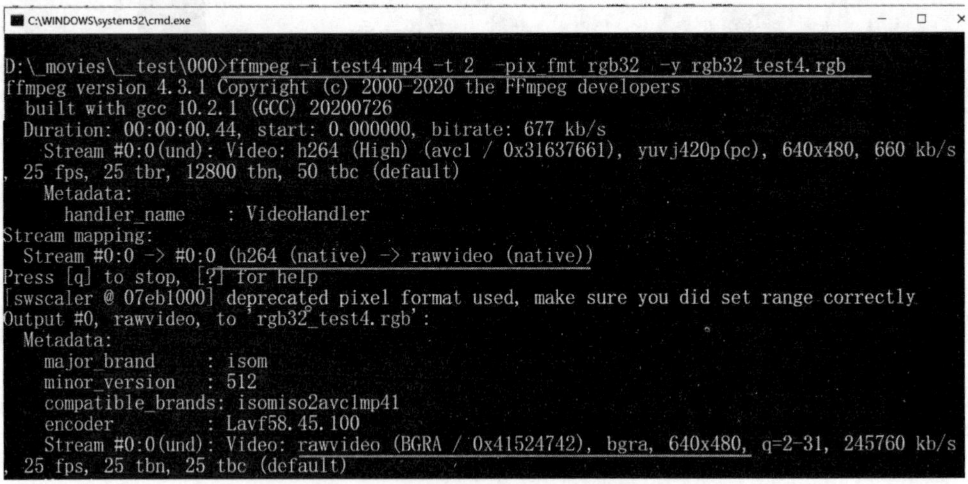

图 5-26　FFmpeg 提取 RGB32 格式的像素数据

注意：RGB32 格式的一像素占 32 位，即 4 字节。FFmpeg 转出来的 RGB32 的顺序为 BGRA，所以用 YUVPlayer 的 RGB32 播放时，颜色会失真，而用 ffplay 播放时指定为

RGB32,由于它的默认顺序是 BGRA,所以颜色正常。

5. 使用 YUVPlayer 播放 RGB32 文件

使用 YUVPlayer 软件打开这个 RGB32 文件(rgb32_test4.rgb)进行播放,可能会出现花屏,如图 5-27 所示,主要因为分辨率、颜色格式不匹配。

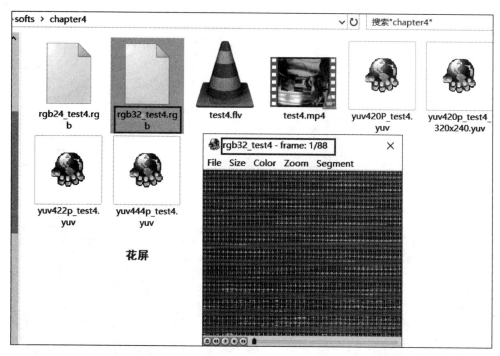

图 5-27　YUVPlayer 播放 RGB32 出现花屏

单击 YUVPlayer 的 Size 下拉菜单项,选择对应的大小(笔者源视频的宽和高为 640×480,也可以单击 Custom 来输入自定义的宽和高),然后单击 Color 下拉菜单,选择 RGB32,这样就可以正常播放画面了,但是颜色失真(因为 FFmpeg 转换的 RGB32 的顺序为 BGRA),如图 5-28 所示(蓝色的盆子显示成了黄色)。

6. 使用 ffplay 播放 RGB32 文件

也可以通过 ffplay 来播放 RGB32 文件,但需要指定像素格式及宽和高,播放效果如图 5-29 所示(颜色正常),命令如下:

```
ffplay -i rgb32_test4.rgb -pixel_format rgb32 -video_size 640x480
#注意:ffplay 播放 RGB、YUV 文件时,需要指定像素格式及视频的宽和高
#ffplay 播放时指定为 RGB32,由于它的默认顺序是 BGRA,所以颜色正常
```

7. 使用 FFmpeg 提取 RGB16 格式的像素数据

从输入的视频文件中提取前 2s 的视频数据,解码格式为 RGB16。RGB16 又分为 RGB555 和 RGB565,这里默认为小端字节序。

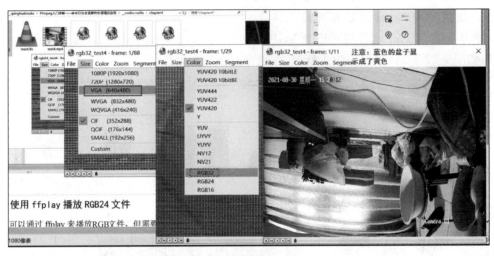

图 5-28 YUVPlayer 播放 RGB32(颜色失真)

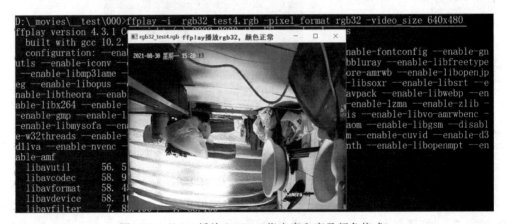

图 5-29 ffplay 播放 RGB32(指定宽和高及颜色格式)

先测试 RGB565,分辨率和源视频保持一致,转换过程如图 5-30 所示,命令如下:

```
ffmpeg -i test4.mp4 -t 2 -pix_fmt rgb_565le rgb565le_test4.rgb
# 注意 -pix_fmt 用于指定像素格式: rgb_565le
```

再测试 RGB555,分辨率和源视频保持一致,转换过程如图 5-31 所示,命令如下:

```
ffmpeg -i test4.mp4 -t 2 -pix_fmt rgb_555le rgb555le_test4.rgb
# 注意 -pix_fmt 用于指定像素格式: rgb_555le
```

注意:读者可以自己测试对应的大端字节序。

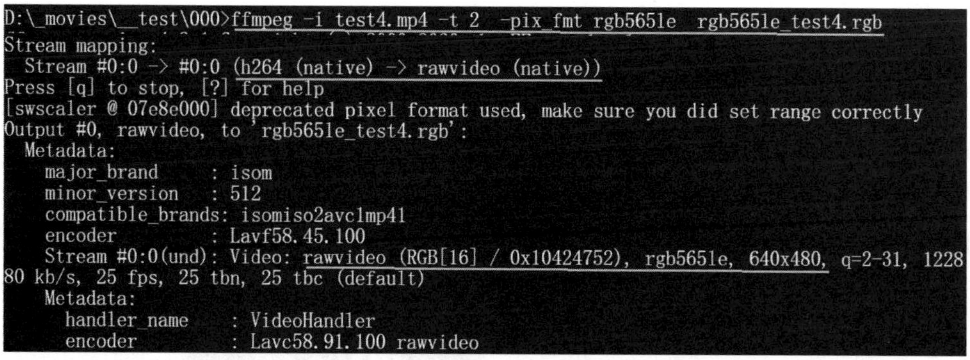

```
D:\_movies\__test\000>ffmpeg -i test4.mp4 -t 2  -pix_fmt rgb565le  rgb565le_test4.rgb
Stream mapping:
  Stream #0:0 -> #0:0 (h264 (native) -> rawvideo (native))
Press [q] to stop, [?] for help
[swscaler @ 07e8e000] deprecated pixel format used, make sure you did set range correctly
Output #0, rawvideo, to 'rgb565le_test4.rgb':
  Metadata:
    major_brand     : isom
    minor_version   : 512
    compatible_brands: isomiso2avc1mp41
    encoder         : Lavf58.45.100
    Stream #0:0(und): Video: rawvideo (RGB[16] / 0x10424752), rgb565le, 640x480, q=2-31, 1228
80 kb/s, 25 fps, 25 tbn, 25 tbc (default)
    Metadata:
      handler_name    : VideoHandler
      encoder         : Lavc58.91.100 rawvideo
```

图 5-30 FFmpeg 提取 RGB16(RGB565le)

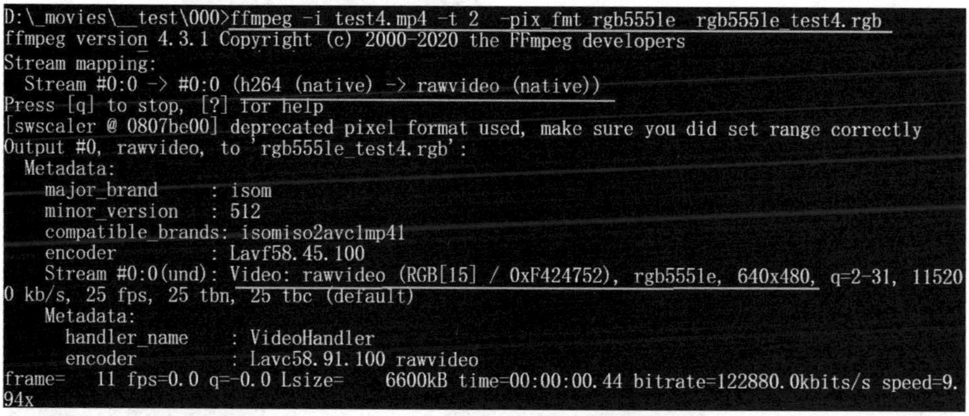

```
D:\_movies\__test\000>ffmpeg -i test4.mp4 -t 2  -pix_fmt rgb555le  rgb555le_test4.rgb
ffmpeg version 4.3.1 Copyright (c) 2000-2020 the FFmpeg developers
Stream mapping:
  Stream #0:0 -> #0:0 (h264 (native) -> rawvideo (native))
Press [q] to stop, [?] for help
[swscaler @ 0807bc00] deprecated pixel format used, make sure you did set range correctly
Output #0, rawvideo, to 'rgb555le_test4.rgb':
  Metadata:
    major_brand     : isom
    minor_version   : 512
    compatible_brands: isomiso2avc1mp41
    encoder         : Lavf58.45.100
    Stream #0:0(und): Video: rawvideo (RGB[15] / 0xF424752), rgb555le, 640x480, q=2-31, 11520
0 kb/s, 25 fps, 25 tbn, 25 tbc (default)
    Metadata:
      handler_name    : VideoHandler
      encoder         : Lavc58.91.100 rawvideo
frame=   11 fps=0.0 q=-0.0 Lsize=    6600kB time=00:00:00.44 bitrate=122880.0kbits/s speed=9.
94x
```

图 5-31 FFmpeg 提取 RGB16(RGB555le)

8. 使用 YUVPlayer 播放 RGB16 文件

使用 YUVPlayer 软件打开这个 RGB565le 文件(rgb565le_test4.rgb)进行播放,可能会出现花屏,如图 5-32 所示,主要因为分辨率、颜色格式不匹配。

单击 YUVPlayer 的 Size 下拉菜单项,选择对应的大小(笔者源视频的宽和高为 640×480,也可以单击 Custom 来输入自定义的宽和高),然后单击 Color 下拉菜单,选择 RGB16,这样就可以正常播放画面了,颜色也正常(因为 YUVPlayer 的 RGB16 采取 RGB565 格式),如图 5-33 所示。

使用 YUVPlayer 软件打开这个 RGB555le 文件(rgb555le_test4.rgb)进行播放,可能会出现花屏,然后修改 Size(640×480)和 Color(RGB16),可能会出现花屏,并且颜色失真,如图 5-34 所示。

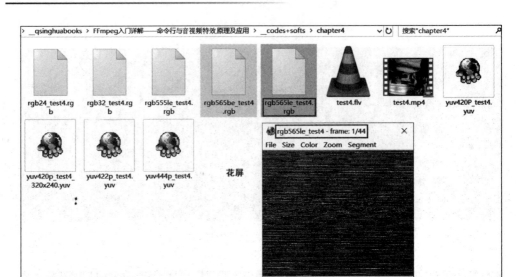

图 5-32　YUVPlayer 播放 RGB16(RGB565le)出现花屏

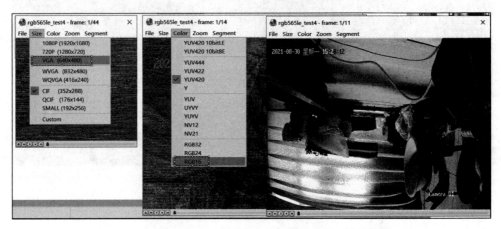

图 5-33　YUVPlayer 播放 RGB16(RGB565le)画面正常

9. 使用 ffplay 播放 RGB16 文件

也可以通过 ffplay 来播放 RGB16 文件(包括 RGB565 和 RGB555),但需要指定像素格式及宽和高,播放效果如图 5-35 和图 5-36 所示,命令如下:

```
//chapter5/5.1.txt
#注意:当 ffplay 播放 RGB、YUV 文件时,需要指定像素格式及视频的宽和高:RGB565le
ffplay -i rgb565le_test4.rgb -pixel_format rgb565le -video_size 640x480

#注意:当 ffplay 播放 RGB、YUV 文件时,需要指定像素格式及视频的宽和高:RGB555le
ffplay -i rgb555le_test4.rgb -pixel_format rgb555le -video_size 640x480
```

第5章　FFmpeg命令行实现音视频转码

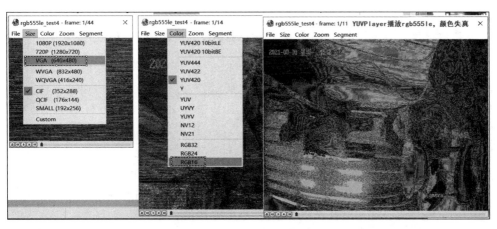

图 5-34　YUVPlayer 播放 RGB16（RGB555le）出现花屏

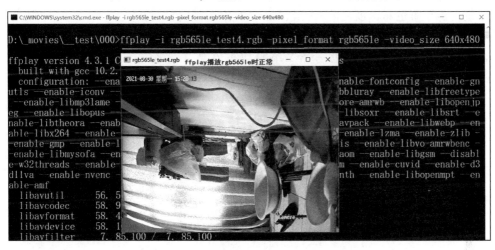

图 5-35　ffplay 播放 RGB16（RGB565le）

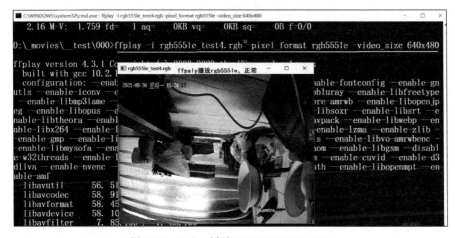

图 5-36　ffplay 播放 RGB16（RGB555le）

5.2.4 RGB16/RGB24/RGB32

图 5-37　RGB 三基色

RGB 指的是 R(Red)红色、G(Green)绿色、B(Blue)蓝色这 3 种颜色,如图 5-37 所示,所有的颜色都可以用这 3 种颜色配出来。通常所说的 RGB 是指 RGB24,其中 R、G、B 各有 256 级亮度,用数字表示为 0,1,2,…,255,最多 $256 \times 256 \times 256 = 16\,777\,216$,简称为 1600 万色、千万色、24 位色(2 的 24 次方)。

色彩深度是指每像素可以显示的颜色数,一般是用"位"(bit)为单位来描述。位数越多,可用的颜色就越多,图像的色彩表现就越准确,并且图像的文件大小也会随着位深的增加而增大,因为在高位深度的图像中,每像素存储了更多的颜色信息。

在进一步了解色彩深度之前,先来讨论一下什么是"位"(bit)。众所周知,计算机是以二进制的方式处理和存储信息的,因此任何信息输入计算机后都会变成 0 和 1 不同位数的组合,色彩也是如此。1 位代表一个二级制数据 0 或 1,8 个连续的位组成一个"字节"(Byte),如图 5-38 所示。

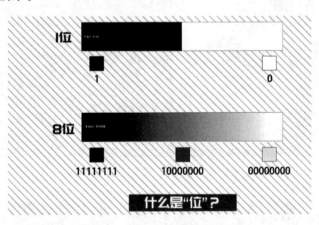

图 5-38　位(bit)与字节(Byte)

1 位的色彩深度,在计算机中只能显示 0 或 1,所以能够展现的色彩信息只有两种颜色,包括白色和黑色。将色彩深度提升到 2 位时,将出现 00、01、10、11,共 $4(2^2)$ 种组合方式,从而产生了相对简单的黑白灰关系。当色彩深度达到 3 位时,将带来 $8(2^3)$ 种不同的组合方式,包括 000、001、010、011、100、101、110 和 111,黑白灰的过渡将变得更加细致。由此可见,每一次位数的增加,组合方式都会带来指数级的上涨,如图 5-39 所示。

256 是一个非常熟悉的数值,在 PS 图像后期处理软件中频繁出现,也是 8 位色彩深度所能展现的最大色彩数量。说到这里,很多读者在心里肯定思考"难道照片只能显示出 256 种颜色?"。答案绝非如此,当打开 PS 图像菜单下的模式选择时就会明白,当前图片所展现的色彩深度绝非单纯的"8 位",而是"8 位/每通道"。

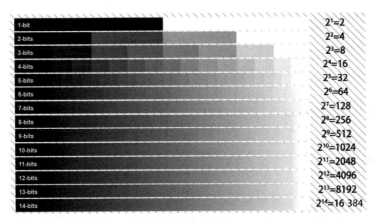

图 5-39 色彩深度

需要注意的是,上面的图像一直都是黑白图像,而彩色图像通常由不同强度的红(R)、绿(G)、蓝(B)3 种原色进行调和,以呈现不同的颜色。这些颜色在后期程序中用单独的"通道"进行处理,因此,"8 位/每通道"的 RGB 图像,意味着每像素共有 24 位的色彩深度(8 位为红色、8 位为绿色、8 位为蓝色),实际上能够显示 16 777 216 个色彩值(256×256×256),也就是相机拍摄 JPG 格式图像所能够呈现的色彩深度。

RGB-num:num 数字就是 num 位(num/8 字节)为一个存储单元,以此来存储一个 RGB 像素,RGB16/RGB24/RGB32 三者的排列顺序不同。

(1) RGB16,16 位为一个存储单元,以此来存储一个 RGB 像素;因为人眼对绿色比较敏感,所以有时会用 6 位绿色,有时会用 5 位,所以分为 RGB565 和 RGB555(注意大小端字节序)。RGB565 就是 R 占比 5 位、G 占比 6 位、B 占比 5 位,伪代码如下:

```
高字节              低字节
RRRRRGGGGGGBBBBB
```

RGB555 就是 R 占比 5 位、G 占比 5 位、B 占比 5 位,伪代码如下:

```
高字节         低字节
空 RRRRRGGGGGBBBBB
```

(2) RGB24 将 RGB 分为 3 份,每一份占 8 位,即 R 占 8 位、G 占 8 位、B 占 8 位,伪代码如下:

```
高字节              低字节
BBBBBBBBGGGGGGGGRRRRRRRR
```

(3) RGB32 与 RGB24 的排列方式一样,都是从高到低,从 B 到 R 排列,唯一不同是在低字节保留了 8 位(这 8 位也可以用来存储透明度),伪代码如下:

高字节													低字节							
B	B	B	B	B	B	B	G	G	G	G	G	G	G	R	R	R	R	R	空	空

下面介绍几个与图像相关的概念：

（1）分辨率是指图像的精密度，例如手机分辨率（屏幕分辨率）是指手机所能显示的像素有多少；屏幕是由像数组成的，像素越多，画面就越精细。显示分辨率是指屏幕图像的精密度，是指显示器所能显示的像素有多少。图像分辨率是指单位英寸中所包含的像素数，其定义更趋近于分辨率本身的定义。像素是指在一张照片中采集了多少个点，可将像素视为图像中不可分割的单位或元素，像素的色彩由 RGB 通道决定。

（2）图像深度又称为色深（Color Depth），每像素保存在一个存储单元内，表示图像颜色的位数，例如 16、24、32 就是图像的深度。它确定了一张图像中最多能使用的颜色数，即彩色图像的每像素最大的颜色数。

（3）像素深度是指存储每像素所用的位数，这些位数不仅包含表示颜色的位数，还可能包含表示图像属性的位数，因此像素深度大于或等于图像深度。

（4）位深是指数字图像中像素的各通道的占用位数，即位深度的描述对象是通道而不是像素。

综上所述，图像深度是针对像素的 RGB 色彩占用位数描述的，不含像素的其他扩展属性位。像素深度是整像素占用的位数。位深度是指像素构成通道的占用位数，因此，RGB555 的每像素用 16 位表示，占 2 字节，如果 RGB 分量都使用 5 位（最高位不用），则图像深度为 15 位、像素深度为 16 位、位深为 5 位。RGB24 的每像素用 24 位表示，占 3 字节，如果 RGB 分量都使用 8 位，则图像深度和像素深度都为 24 位、位深为 8 位。ARGB32 是带 alpha 通道的 RGB24，占 4 字节，RGB 分量都使用 8 位，则图像深度为 24 位、像素深度为 32 位、位深为 8 位。ARGB_4444 是指每像素用 16 位表示，占 2 字节，由 4 个 4 位组成，如果 ARGB 分量都是 4 位，则图像深度为 12 位、像素深度为 16 位、位深为 4 位。

5.2.5 利用 FFmpeg 提取音频的 PCM

利用 FFmpeg 还可以提取音频的 PCM 数据。

1. 使用 FFmpeg 提取 PCM 格式的音频数据

直接来看几个从音频文件中提取 PCM 的案例，代码如下：

```
//chapter5/5.1.txt
ffmpeg -i hello.mp3 -ar 48000 -ac 2 -f s16le 48000_2_s16le.pcm
ffmpeg -i hello.mp3 -ar 44100 -ac 2 -sample_fmt s16 44100_2_s16.wav
ffmpeg -i hello.mp3 -ar 44100 -ac 2 -codec:a pcm_s16le 44100_out2_s16le.wav
```

参数说明如下。

（1）-ar：表示采样率，包括 48 000、44 100、22 050 等。

（2）-ac：表示声道数。
（3）-f：表示输出格式。

这里指定了 3 种输出格式，包括 s16le、s16 和 pcm_s16le。这些格式可以通过命令行来查看，如图 5-40 和 5-41 所示，代码如下：

```
ffmpeg - encoders | findstr pcm
ffmpeg - sample_fmts
```

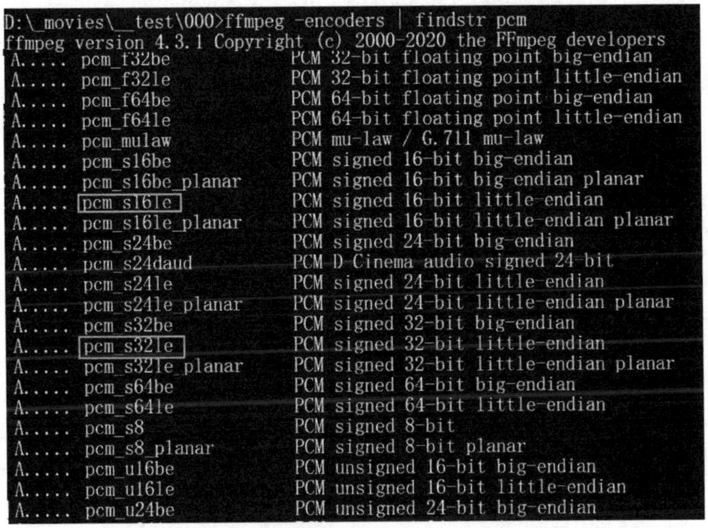

图 5-40　FFmpeg 支持的 PCM 编码格式

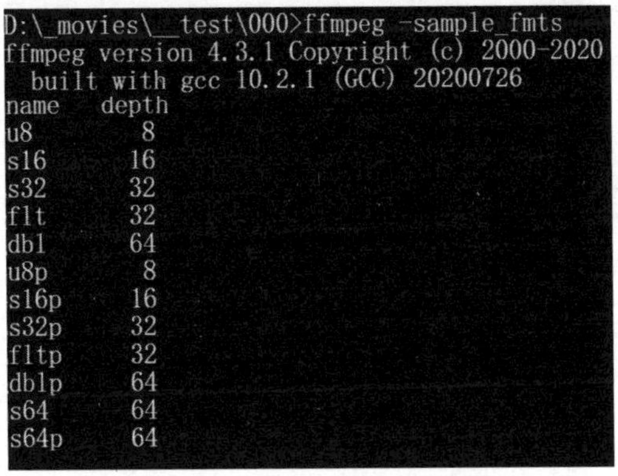

图 5-41　FFmpeg 支持的采样格式

2. FFmpeg 支持的 PCM 格式

这些 PCM 格式对于音频重采样非常重要，输出信息如下：

```
//chapter5/ffmpeg-431-encoders-pcm.txt
 A..... adpcm_adx            SEGA CRI ADX ADPCM
 A..... g722                 G.722 ADPCM (codec adpcm_g722)
 A..... g726                 G.726 ADPCM (codec adpcm_g726)
 A..... g726le               G.726 little endian ADPCM("right-justified")(codec adpcm_g726le)
 A..... adpcm_ima_qt         ADPCM IMA QuickTime
 A..... adpcm_ima_ssi        ADPCM IMA Simon & Schuster Interactive
 A..... adpcm_ima_wav        ADPCM IMA WAV
 A..... adpcm_ms             ADPCM Microsoft
 A..... adpcm_swf            ADPCM Shockwave Flash
 A..... adpcm_yamaha         ADPCM Yamaha
 A..... pcm_alaw             PCM A-law / G.711 A-law
 A..... pcm_dvd              PCM signed 16|20|24-bit big-endian for DVD media
 A..... pcm_f32be            PCM 32-bit floating point big-endian
 A..... pcm_f32le            PCM 32-bit floating point little-endian
 A..... pcm_f64be            PCM 64-bit floating point big-endian
 A..... pcm_f64le            PCM 64-bit floating point little-endian
 A..... pcm_mulaw            PCM mu-law / G.711 mu-law
 A..... pcm_s16be            PCM signed 16-bit big-endian
 A..... pcm_s16be_planar     PCM signed 16-bit big-endian planar
 A..... pcm_s16le            PCM signed 16-bit little-endian
 A..... pcm_s16le_planar     PCM signed 16-bit little-endian planar
 A..... pcm_s24be            PCM signed 24-bit big-endian
 A..... pcm_s24daud          PCM D-Cinema audio signed 24-bit
 A..... pcm_s24le            PCM signed 24-bit little-endian
 A..... pcm_s24le_planar     PCM signed 24-bit little-endian planar
 A..... pcm_s32be            PCM signed 32-bit big-endian
 A..... pcm_s32le            PCM signed 32-bit little-endian
 A..... pcm_s32le_planar     PCM signed 32-bit little-endian planar
 A..... pcm_s64be            PCM signed 64-bit big-endian
 A..... pcm_s64le            PCM signed 64-bit little-endian
 A..... pcm_s8               PCM signed 8-bit
 A..... pcm_s8_planar        PCM signed 8-bit planar
 A..... pcm_u16be            PCM unsigned 16-bit big-endian
 A..... pcm_u16le            PCM unsigned 16-bit little-endian
 A..... pcm_u24be            PCM unsigned 24-bit big-endian
 A..... pcm_u24le            PCM unsigned 24-bit little-endian
 A..... pcm_u32be            PCM unsigned 32-bit big-endian
 A..... pcm_u32le            PCM unsigned 32-bit little-endian
 A..... pcm_u8               PCM unsigned 8-bit
 A..... pcm_vidc             PCM Archimedes VIDC
 A..... roq_dpcm             id RoQ DPCM
```

3. 使用 ffplay 播放 PCM 数据

使用 ffplay 播放 PCM 数据，可以播放出声音，还可以看到音频波形图，如图 5-42 所示，命令如下：

```
ffplay -ar 48000 -ac 2 -f s16le 48000_2_s16le.pcm
```

参数说明如下:
(1) -ar：表示采样率，包括 48 000、44 100、22 050 等。
(2) -ac：表示声道数。
(3) -f：表示采样格式。

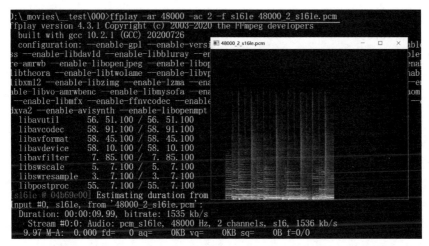

图 5-42　ffplay 播放 PCM 数据（需要指定采样率、声道数、采样格式）

4. 使用 ffplay 播放 WAV 文件

使用 ffplay 播放 WAV 文件，可以播放出声音，还可以看到音频波形图，如图 5-43 所示，命令如下：

```
ffplay -i 44100_2_s16.wav
```

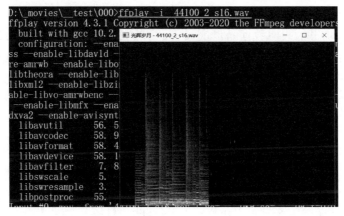

图 5-43　ffplay 播放 WAV 文件

注意：WAV 文件有头文件信息，包括音频的采样率、采样格式、声道数等，所以常见的播放器（如 ffplay、VLC 等）可以直接播放出来。

5.2.6　PCM 数据与 WAV 格式

想要了解音频首先要了解它的构造，知道它怎么从声音变成文件，又怎么从文件变成声音。文件格式根据需求和技术的进步有了不同的版本，不同的文件格式有其不同的文件构造。首先从最原始的音频格式 PCM 入手，然后介绍 WAV。

1. PCM 格式简介

PCM(Pulse-Code Modulation)，即脉冲编码调制，是音频的原始数据，是采样器（如话筒）电信号转化的数字信号，这就是常说的采样到量化的过程，所以其实 PCM 不仅可以用在音频录制方面，还可以用在其他电信号转数字信号的所有场景。由这样一段原始数据组成的音频文件叫作 PCM 文件，通常以.PCM 结尾。一个 PCM 文件的大小取决于以下几个元素。

（1）采样率：指每秒电信号采集数据的频率，常见的音频采样率有 8000Hz、16 000Hz、44 000Hz、48 000Hz、96 000Hz 等。

（2）采样位深：表示每个电信号用多少位来存储，例如 8 位的采样位深能够划分的等级位共 256 份，人耳可识别的声音频率为 20～20 000Hz，那么每个位的误差就达到了 80Hz，这对音频的还原度大幅降低，但是它的大小也相应减小了，更有利于音频传输。早期的电话就使用了比较低的采样率来达到更稳定的通话质量。对于采样位深其实并没有 8 位、16 位、32 位这么简单，对于计算机来讲 16 位既可以用 short 表示，也可以用 16 位 int 表示；32 位既可以用 32 位 int 表示，也可以用 32 位 float 表示；除此之外还有有符号和无符号之分，所以在编解码时需要注意这些具体的格式。

（3）采样通道：常见的有单通道和双通道，双通道能区分左右耳的声音，单通道不区分左右耳的声音，两只耳朵所听到的都是一样的声音。通常在追求立体感时会使用双通道，所以双通道采集的声音也叫立体声。除此之外还有要求更高的 2.1、5.1、6.1、7.1 等通道类型，这些规格对录制音频筒有一定要求。

（4）数据存储方式：表明数据是以交叉方式存放还是以分通道的方式存放，交叉排列只针对多通道的音频文件，单通道的音频文件不存在交叉排列。采样通道和数据存储方式决定了数据具体如何存储。如果是单声道的文件，则采样数据按时间的先后顺序依次存入。如果是双声道的文件，则通常按照 LRLRLR 的方式存储，存储时还和机器的大小端有关。例如 PCM 的存储方式为小端模式，存储数据排列如图 5-44 所示。

描述 PCM 音频数据的参数时有以下描述方式：

```
//chapter5/pcm-info-help.txt
44100Hz 16b stereo：每秒有 44100 次采样，采样数据用 16 位(2 字节)记录，双声道(立体声)
22050Hz 8b   mono：每秒有 22050 次采样，采样数据用 8 位(1 字节)记录，单声道
48000Hz 32b 51ch：每秒有 48000 次采样，采样数据用 32 位(4 字节浮点型)记录，5.1 声道
```

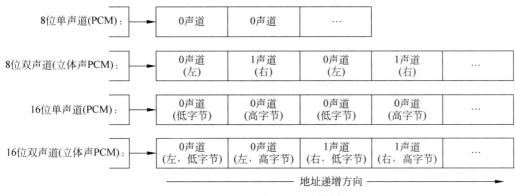

图 5-44 PCM 声道数据的存储顺序

(1) 44 100Hz 指的是采样率,意思是每秒采样 44 100 次。采样率越大,存储数字音频所占的空间就越大。

(2) 16b 指的是采样精度,意思是原始模拟信号被采样后,每个采样点在计算机中用 16 位(两字节)来表示。采样精度越高越能精细地表示模拟信号的差异。

(3) stereo 指的是双声道,即采样时用到话筒的数量,话筒越多就越能还原真实的采样环境(当然话筒的放置位置也是有规定的)。

2. WAV 格式简介

WAV 是微软公司开发的一种声音文件格式,也叫波形声音文件,是最早的数字音频格式之一,被 Windows 平台及其应用程序广泛支持,但压缩率比较低。WAV 编码是在 PCM 数据格式的前面加上 44 字节的头部,分别用来描述 PCM 的采样率、声道数、数据格式等信息。特点是音质非常好、大量软件都支持。一般应用在多媒体开发的中间文件中,用于保存音乐和音效素材等。该格式的文件能记录各种单声道或立体声的声音信息,并能保证声音不失真,但 WAV 文件有一个致命的缺点,就是它所占用的磁盘空间相对来讲很大(每分钟的音乐大约需要 12MB 磁盘空间)。它符合资源互换文件格式(RIFF)规范,用于保存 Windows 平台的音频信息资源,被 Windows 平台及其应用程序所广泛支持。一般来讲,由 WAV 文件还原而成的声音的音质取决于声卡采样样本的尺寸,采样频率越高,音质就越好,但开销就越大,WAV 文件也就越大。

1) WAV 简介

WAV 文件是 Windows 标准的文件格式,WAV 文件为多媒体中使用的声音文件格式之一,它是以 RIFF 格式为标准的。RIFF 是英文 Resource Interchange File Format 的缩写,每个 WAV 文件的前 4 字节便是 RIFF。WAV 文件由文件头和数据体两部分组成,其中文件头又分为 RIFF/WAV 文件标识段和声音数据格式说明段两部分。常见的声音文件主要有两种,分别对应于单声道(11.025kHz 采样率、8b 的采样值)和双声道(44.1kHz 采样率、16b 的采样值)。采样率是指声音信号在"模→数"转换过程中单位时间内采样的次数。采样值是指每一采样周期内声音模拟信号的积分值。对于单声道声音文件,采样数据为 8b

的短整数(00H～FFH),而对于双声道立体声声音文件,每次采样数据为一个16b的整数(int),高8位和低8位分别代表左右两个声道。WAV文件数据块包含以PCM(脉冲编码调制)格式表示的样本。WAV文件是由样本组织而成的。在多声道WAV文件中,样本是交替出现的。

RIFF是一种按照标记区块存储数据的通用文件存储格式,多用于存储音频、视频等多媒体数据。Microsoft在Windows下的WAV、AVI等格式都是基于RIFF实现的。一个标准的RIFF规范文件的最小存储单位为"块"(Chunk),每个Chunk包含以下三部分信息,如表5-1所示。

表5-1 RIFF格式说明

名称	大小/B	类型	字节序	内容
FOURCC	4	字符	大端	用于标识Chunk ID或Chunk类型,通常为Chunk ID
Data Field Size	4	整数	小端	特别注意,该长度不包含其本身,以及FOURCC
Data Field	—	—	—	数据域,如果Chunk ID为"RIFF"或"LIST",则开始的4字节为类型码

只有ID为RIFF或者LIST的块允许拥有子块(SubChunk)。RIFF文件的第1个块的ID必须是RIFF,也就是说ID为LIST的块只能是子块,它们和各个子块形成了复杂的RIFF文件结构。RIFF数据域的起始位置的4字节为类型码(Form Type),用于说明数据域的格式,例如WAV文件的类型码为WAVE。LIST块的数据域的起始位置也有一个4字节类型码,用于说明LIST数据域的数据内容。例如,类型码为INFO时,其数据域可能包括ICOP、ICRD块,用于记录文件版权和创建时间信息。

2) WAV头结构

WAV头共44字节,标准结构体的代码如下:

```
//chapter5/wav-header.txt
/* RIFF WAVE file struct. : : RIFF WAV 头结构体
 * For details see WAVE file format documentation
 * (for example at <a href = "http://www.wotsit.org)." target = "_blank"> http://www.wotsit.
 org).</a> */
typedef struct WAV_HEADER_S
{
    char            riffType[4];        //4Byte,资源交换文件标志:RIFF
    unsigned int    riffSize;           //4Byte,从下个地址到文件结尾的总字节数
    char            waveType[4];        //4Byte,WAV文件标志:WAVE
    char            formatType[4];      //4Byte,波形文件标志:FMT(最后一位空格符)
    unsigned int    formatSize;         //4Byte,音频属性
```

```
    //(compressionCode,numChannels,sampleRate,BytesPerSecond,blockAlign,bitsPerSample)所占字
    //节数
    unsigned short      compressionCode;    //2Byte,格式种类(1-线性
                                            //pcm-WAVE_FORMAT_PCM,WAVEFORMAT_ADPCM)
    unsigned short      numChannels;        //2Byte,通道数
    unsigned int        sampleRate;         //4Byte,采样率
    unsigned int        BytesPerSecond;     //4Byte,传输速率
    unsigned short      blockAlign;         //2Byte,数据块的对齐,即DATA数据块长度
    unsigned short      bitsPerSample;      //2Byte,采样精度-PCM位宽
    char                dataType[4];        //4Byte,数据标志:data
    unsigned int        dataSize;           //4Byte,从下个地址到文件结尾的总字节数,即除了WAV
                                            //Header以外的PCM Data Length
}WAV_HEADER;
```

WAV 头字段格式说明如表 5-2 所示。

表 5-2 WAV 头字段格式说明

偏移地址	大小/B	类型	字节序	内容
00H~03H	4	字符	大端	"RIFF"块(0x52494646),标记为 RIFF 文件格式
04H~07H	4	长整数	小端	块数据域大小(Chunk Size),即从下一个地址开始到文件末尾的总字节数,或者文件总字节数减8。从 0x08 开始一直到文件末尾都是 ID 为"RIFF"块的内容,其中包含两个子块,即"fmt"和"data"
08H~0BH	4	字符	大端	类型码(Form Type),WAV 文件格式标记,即"WAVE"四个字母
0CH~0FH	4	字符	大端	"fmt"子块(0x666D7420),注意末尾的空格
10H~13H	4	整数	小端	子块数据域大小(SubChunk Size)
14H~15H	2	整数	小端	编码格式(Audio Format),1 代表 PCM 无损格式,表示数据为线性 PCM 编码
16H~17H	2	整数	小端	通道数,单声道为1,双声道为2
18H~1BH	4	长整数	小端	采样频率
1CH~1FH	4	长整数	小端	传输速率(Byte Rate),每秒数据字节数,SampleRate * Channels * BitsPerSample/8
20H~21H	2	整数	小端	每个采样所需的字节数 BlockAlign,BitsPerSample * Channels/8
22H~23H	2	整数	小端	单个采样位深(Bits Per Sample),可选 8、16 或 32
24H~27H	4	字符	大端	"data"子块(0x64617461)
28H~2BH	4	长整数	小端	子块数据域大小(SubChunk Size)
0x2C~EOS	—	—	—	PCM 具体数据

注意:H 结尾表示的是十六进制的数据,如 10H 表示十进制的 16,20H 表示十进制的 32 等。

定义 WAV_HEADER 类型的结构体变量 wavHeader（头部含有 44 字节的标志信息），各个字段的含义如下：

```
//chapter5/wav-header.txt
    //ckid: 4 字节 RIFF 标志,大写
    wavHeader[0] = 'R';
    wavHeader[1] = 'I';
    wavHeader[2] = 'F';
    wavHeader[3] = 'F';


    //cksize: 4 字节文件长度,这个长度不包括"RIFF"标志(4 字节)和文件长度本身所占字节(4 字
    //节),即该长度等于整个文件长度 - 8
    wavHeader[4] = (Byte)(totalDataLen & 0xff);  //totalDataLen: 数据长度
    wavHeader[5] = (Byte)((totalDataLen >> 8) & 0xff);
    wavHeader[6] = (Byte)((totalDataLen >> 16) & 0xff);
    wavHeader[7] = (Byte)((totalDataLen >> 24) & 0xff);


    //FOURCC Type: 4 字节 "WAVE"类型块标识,大写
    wavHeader[8] = 'W';
    wavHeader[9] = 'A';
    wavHeader[10] = 'V';
    wavHeader[11] = 'E';


    //ckid: 4 字节,表示"fmt"Chunk 的开始,此块中包括文件内部格式信息,小写,最后一个字符是
    //空格
    wavHeader[12] = 'f';
    wavHeader[13] = 'm';
    wavHeader[14] = 't';
    wavHeader[15] = ' ';


    //cksize: 4 字节,文件内部格式信息数据的大小,过滤字节(一般为 00000010H)
    wavHeader[16] = 0x10;
    wavHeader[17] = 0;
    wavHeader[18] = 0;
    wavHeader[19] = 0;


    //FormatTag: 2 字节,音频数据的编码方式,1:表示是 PCM 编码
    wavHeader[20] = 1;
    wavHeader[21] = 0;
```

```
//Channels: 2 字节,声道数,单声道为 1,双声道为 2
wavHeader[22] = (Byte) channels;            //channels:声道数
wavHeader[23] = 0;


//SamplesPerSec: 4 字节,采样率,如 44 100
wavHeader[24] = (Byte)(sampleRate & 0xff);  //sampleRate : 采样率
wavHeader[25] = (Byte)((sampleRate >> 8) & 0xff);
wavHeader[26] = (Byte)((sampleRate >> 16) & 0xff);
wavHeader[27] = (Byte)((sampleRate >> 24) & 0xff);


//BytesPerSec: 4 字节,音频数据传送速率,单位是字节
//其值为采样率×每次采样大小.播放软件利用此值可以估计缓冲区的大小
//BytePerSecond = sampleRate * (bitsPerSample / 8) * channels
wavHeader[28] = (Byte)(BytePerSecond & 0xff);
wavHeader[29] = (Byte)((BytePerSecond >> 8) & 0xff);
wavHeader[30] = (Byte)((BytePerSecond >> 16) & 0xff);
wavHeader[31] = (Byte)((BytePerSecond >> 24) & 0xff);

//BlockAlign: 2 字节,每次采样的大小 = 采样精度*声道数/8(单位是字节);这也是字节对齐
//的最小单位,譬如 16 位立体声,在这里的值是 4 字节.
//播放软件需要一次处理多个该值大小的字节数据,以便将其值用于缓冲区的调整
wavHeader[32] = (Byte)(bitsPerSample * channels / 8);
wavHeader[33] = 0;


//BitsPerSample: 2 字节,每个声道的采样精度;譬如 16 位,在这里的值就是 16.如果有多个声
//道,则每个声道的采样精度大小都一样
wavHeader[34] = (Byte) bitsPerSample;
wavHeader[35] = 0;


//ckid: 4 字节,数据标志符(data),表示 "data"Chunk 的开始.此块中包含音频数据,小写
wavHeader[36] = 'd';
wavHeader[37] = 'a';
wavHeader[38] = 't';
wavHeader[39] = 'a';


//cksize: 音频数据的长度,4 字节,audioDataLen = totalDataLen - 36 = fileLenIncludeHeader - 44
wavHeader[40] = (Byte)(audioDataLen & 0xff);
```

```
wavHeader[41] = (Byte)((audioDataLen >> 8) & 0xff);
wavHeader[42] = (Byte)((audioDataLen >> 16) & 0xff);
wavHeader[43] = (Byte)((audioDataLen >> 24) & 0xff);
```

3）WAV扩展

WAV扩展是指有一些WAV的头部并不只有44字节，例如通过FFmpge编码而来的WAV文件的头部信息通常大于44字节。这是因为根据WAV规范，其头部还支持携带附加信息，所以只按照44字节的长度去解析WAV头部信息不一定正确，还需要考虑附加信息。可以根据"fmt"子块长度来判断一个WAV文件头部是否包含附加信息。如果fmt SubChunk Size等于0x10（十进制的16），则表示头部不包含附加信息，即WAV头部信息的长度为44；如果等于0x12（十进制的18），则包含附加信息，此时头部信息的长度大于44。当WAV头部包含附加信息时，fmt SubChunk Size的长度为18，并且紧随着另一个子块，这个子块包含了一些自定义的附加信息，接着才是"data"子块。

如果一个无损WAV文件头部包含了附加信息，则PCM音频所在的位置就不确定了，但由于附加信息也是一个子块（SubChunk），根据RIFF规范，该子块也必然记录着其长度信息，所以有办法动态地计算出其位置，下面是计算步骤：

（1）判断fmt块的长度是否为18。

（2）如果fmt块的长度为18，则从0x26位置开始为附加信息块，0x30～0x33位置记录着该子块长度。

（3）根据步骤（2）获取的子块长度，假定为N（十六进制），则PCM音频信息的开始位置为0x34＋N＋8。

4）WAV头文件案例解析

新建头文件，文件名为wav.h，定义两个结构体WAV_HEADER和WAV_INFO，代码如下：

```
//chapter5/wav.h
#ifndef __WAV_H__
#define __WAV_H__

#define DeBug(fmt...) do \
        { \
            printf("[ %s: : %d] ",__func__,__LINE__); \
            printf(fmt); \
        }while(0)

/* RIFF WAVE file struct.
 * For details see WAVE file format documentation
 * (for example at <a href = "http://www.wotsit.org)." target = "_blank">http://www.wotsit.org).</a> */
```

```c
typedef struct WAV_HEADER_S
{
    char                riffType[4];        //4Byte,资源交换文件标志:RIFF
    unsigned int        riffSize;           //4Byte,从下个地址到文件结尾的总字节数
    char                waveType[4];        //4Byte,wave 文件标志:WAVE
    char                formatType[4];      //4Byte,波形文件标志:FMT
    unsigned int        formatSize;         //4Byte,音频属性(compressionCode,numChannels,
//sampleRate,BytesPerSecond,blockAlign,bitsPerSample)所占字节数
    unsigned short      compressionCode;    //2Byte,编码格式(1-线性 pcm - WAVE_FORMAT_PCM,
                                            //WAVEFORMAT_ADPCM)
    unsigned short      numChannels;        //2Byte,通道数
    unsigned int        sampleRate;         //4Byte,采样率
    unsigned int        BytesPerSecond;     //4Byte,传输速率
    unsigned short      blockAlign;         //2Byte,数据块的对齐
    unsigned short      bitsPerSample;      //2Byte,采样精度
    char                dataType[4];        //4Byte,数据标志:data
    unsigned int        dataSize;           //4Byte,从下个地址到文件结尾的总字节数,即除了
                                            //WAV Header 以外的 PCM Data Length
}WAV_HEADER;

typedef struct WAV_INFO_S
{
    WAV_HEADER          header;
    FILE                * fp;
    unsigned int        channelMask;
}WAV_INFO;

#endif
```

新建源文件,文件名为 wav.c,功能可参考注释信息,代码如下:

```c
//chapter5/wav.c
#include <stdio.h>
#include <stdlib.h>
#include <string.h>
#include "wav.h"

/* 解析 WAV 头
 */
int IS_LITTLE_ENDIAN(void)          //判断是否为小端字节序
{
    int __dummy = 1;
    return( * ((unsigned char * )(&(__dummy) ) ) );
}
```

```c
//读取头
unsigned int readHeader(void * dst,signed int size,signed int nmemb,FILE * fp)
{
    unsigned int n,s0,s1,err;
    unsigned char tmp, * ptr;

//从文件中读取指定的字节数
    if((err = fread(dst,size,nmemb,fp)) != nmemb)
    {
        return err;
    }
    if(!IS_LITTLE_ENDIAN() && size > 1)
    {
        //DeBug("big-endian \n");
        ptr = (unsigned char * )dst;
        for(n = 0; n < nmemb; n++)
        {
            for(s0 = 0,s1 = size - 1; s0 < s1; s0++,s1 -- )
            {
                tmp = ptr[s0];
                ptr[s0] = ptr[s1];
                ptr[s1] = tmp;
            }
            ptr += size;
        }
    }
    else
    {
        //DeBug("little-endian \n");
    }

    return err;
}

//显示出 WAV 关键字段信息
void dumpWavInfo(WAV_INFO wavInfo)
{
    DeBug("compressionCode: %d \n",wavInfo.header.compressionCode);
    DeBug("numChannels: %d \n",wavInfo.header.numChannels);
    DeBug("sampleRate: %d \n",wavInfo.header.sampleRate);
    DeBug("BytesPerSecond: %d \n",wavInfo.header.BytesPerSecond);
    DeBug("blockAlign: %d \n",wavInfo.header.blockAlign);
    DeBug("bitsPerSample: %d \n",wavInfo.header.bitsPerSample);

}
```

```c
//打开WAV文件,输入文件路径,然后开始解析
int wavInputOpen(WAV_INFO *pWav,const char *filename)
{
    signed int offset;
    WAV_INFO *wav = pWav;

    if(wav == NULL)
    {
        DeBug("Unable to allocate WAV struct.\n");
        goto error;
    }
    wav->fp = fopen(filename,"rb");    //以二进制方式打开WAV文件
    if(wav->fp == NULL)
    {
        DeBug("Unable to open WAV file. %s\n",filename);
        goto error;
    }

    /* RIFF 标志符判断 */
    if(fread(&(wav->header.riffType),1,4,wav->fp) != 4)
    {
        DeBug("couldn't read RIFF_ID\n");
        goto error; /* bad error "couldn't read RIFF_ID" */
    }
    if(strncmp("RIFF",wav->header.riffType,4))
    {
        DeBug("RIFF descriptor not found.\n");
        goto error;
    }
    DeBug("Find RIFF \n");

    /* Read RIFF size. Ignored. */
    readHeader(&(wav->header.riffSize),4,1,wav->fp);
    DeBug("wav->header.riffSize: %d \n",wav->header.riffSize);

    /* WAVE 标志符判断 */
    if(fread(&wav->header.waveType,1,4,wav->fp) != 4)
    {
        DeBug("couldn't read format\n");
        goto error; /* bad error "couldn't read format" */
    }
    if(strncmp("WAVE",wav->header.waveType,4))
    {
        DeBug("WAVE chunk ID not found.\n");
        goto error;
    }
```

```c
        DeBug("Find WAVE \n");

        /* fmt 标志符判断 */
        if(fread(&(wav->header.formatType),1,4,wav->fp) != 4)
        {
                DeBug("couldn't read format_ID\n");
                goto error; /* bad error "couldn't read format_ID" */
        }
        if(strncmp("fmt",wav->header.formatType,3))
        {
                DeBug("fmt chunk format not found.\n") ;
         goto error;
        }
        DeBug("Find fmt \n");

readHeader(&wav->header.formatSize,4,1,wav->fp); //Ignored
DeBug("wav->header.formatSize: %d \n",wav->header.formatSize);

        /* read info: 读取 WAV 头字段 */
        readHeader(&(wav->header.compressionCode),2,1,wav->fp);
        readHeader(&(wav->header.numChannels),2,1,wav->fp);
        readHeader(&(wav->header.sampleRate),4,1,wav->fp);
        readHeader(&(wav->header.BytesPerSecond),4,1,wav->fp);
        readHeader(&(wav->header.blockAlign),2,1,wav->fp);
        readHeader(&(wav->header.bitsPerSample),2,1,wav->fp);

offset = wav->header.formatSize - 16;

        /* Wav format extensible: WAV 扩展信息 */
        if(wav->header.compressionCode == 0xFFFE)
        {
                static const unsigned char guidPCM[16] = {
                        0x01,0x00,0x00,0x00,0x00,0x00,0x10,0x00,
                        0x80,0x00,0x00,0xaa,0x00,0x38,0x9b,0x71
                };
                unsigned short extraFormatBytes,validBitsPerSample;
                unsigned char guid[16];
                signed int i;

                /* read extra Bytes */
                readHeader(&(extraFormatBytes),2,1,wav->fp);
                offset -= 2;

                if(extraFormatBytes >= 22)
                {
                        readHeader(&(validBitsPerSample),2,1,wav->fp);
```

```c
                    readHeader(&(wav->channelMask),4,1,wav->fp);
                    readHeader(&(guid),16,1,wav->fp);

                    /* check for PCM GUID */
                    for(i = 0; i < 16; i++) if(guid[i] != guidPCM[i]) break;
                    if(i == 16) wav->header.compressionCode = 0x01;

                    offset -= 22;
            }
    }
    DeBug("wav->header.compressionCode: %d \n",wav->header.compressionCode);

    /* Skip rest of fmt header if any. */
    for(; offset > 0; offset--)
    {
            fread(&wav->header.formatSize,1,1,wav->fp);
    }


    #if 1
    do
    {
            /* Read data chunk ID : 读取数据块 */
            if(fread(wav->header.dataType,1,4,wav->fp) != 4)
            {
                DeBug("Unable to read data chunk ID.\n");
                free(wav);
                goto error;
            }
            /* Read chunk length. : 块长度 */
     readHeader(&offset,4,1,wav->fp);

            /* Check for data chunk signature. : 检测数据块的标识: data */
            if(strncmp("data",wav->header.dataType,4) == 0)
            {
                DeBug("Find data \n");
                wav->header.dataSize = offset;
                break;
            }

            /* Jump over non data chunk. */
            for(; offset > 0; offset--)
            {
                fread(&(wav->header.dataSize),1,1,wav->fp);
            }
    } while(!feof(wav->fp));
    DeBug("wav->header.dataSize: %d \n",wav->header.dataSize);
```

```c
        #endif

        /* return success */
        return 0;

    /* Error path */
    error:
        if(wav)
        {
            if(wav->fp)
            {
                fclose(wav->fp);
                wav->fp = NULL;
            }
            //free(wav);
        }
        return -1;
    }

    #if 0
    int main(int argc,char **argv)
    {
        WAV_INFO wavInfo;
        char fileName[128];
        if(argc < 2 || strlen(&argv[1][0]) >= sizeof(fileName))
        {
            DeBug("argument error !!! \n");
            return -1 ;
        }
        DeBug("size : %d \n",sizeof(WAV_HEADER));
        strcpy(fileName,argv[1]);
        wavInputOpen(&wavInfo,fileName);
        return 0;
    }
    #endif
```

5.3 音频编解码简介及命令行案例

音频信号数字化是指将连续的模拟信号转换成离散的数字信号，完成采样、量化和编码3个步骤。它又称为脉冲编码调制，通常由 A/D 转换器实现。音频编码有3类常用方法，包括波形编码、参数编码和混合编码。波形编码会尽量保持输入的波形不变，即重建的语音信号基本上与原始语音信号波形相同，压缩比较低。参数编码会要求重建的信号听起来与输入语音一样,但其波形可以不同,它是以语音信号所产生的数学模型为基础的一种编码方法,压缩比较高。混合编码是综合了波形编码的高质量潜力和参数编码的高压缩效率的混合编码方法,这类方法也是目前低码率编码的发展方向。常见的音频编解码格式包括MP3、AAC、AC-3 等。

5.3.1　PCM 编码为 AAC

使用 FFmpeg 可以将 PCM 格式的音频编码为 AAC 格式,命令如下:

```
ffmpeg -ar 48000 -ac 2 -f s16le -i 48000_2_s16le.pcm -acodec aac
out-48000-s16le-c2.aac
```

在该案例中,需要指定输入的 PCM 文件的采样率(-ar 48000)、声道数(-ac 2)、采样格式(-f s16le),否则当 FFmpeg 无法识别出来时会导致编码失败,-acodec aac 指定了使用 AAC 进行编码(FFmpeg 内置了 AAC 编码器)。FFmpeg 转换过程的主要输出信息如下:

```
//chapter5/ffmpeg-pcm-1-out.txt
ffmpeg -ar 48000 -ac 2 -f s16le -i 48000_2_s16le.pcm -acodec aac
out-48000-s16le-c2.aac
Input #0,s16le,from '48000_2_s16le.pcm':
  Duration: 00:00:09.99,bitrate: 1535 kb/s
    Stream #0:0: Audio: pcm_s16le,48000 Hz,stereo,s16,1536 kb/s
Stream mapping:
  Stream #0:0 -> #0:0(pcm_s16le(native) -> aac(native))
Press [q] to stop,[?] for help
Output #0,adts,to 'out-48000-s16le-c2.aac':
  Metadata:
    encoder         : Lavf58.45.100
    Stream #0:0: Audio: aac(LC),48000 Hz,stereo,fltp,128 kb/s
    Metadata:
      encoder       : Lavc58.91.100 aac
```

使用 MediaInfo 查看生成的 out-48000-s16le-c2.aac 的流信息,如图 5-45 所示。

在该案例中,也可以指定新的采样率(-ar 4800)及声道数(-ac 1)等,命令如下:

```
ffmpeg -ar 48000 -ac 2 -f s16le -i 48000_2_s16le.pcm -acodec aac -r 44100 -ac 1 out-
44100-s16le-c1.aac
#注意: -ar 需要放在-i 之前,用于指定输入文件的采样率; -r 需要放在-i 之后,用于指定输出
#文件的采样率。-ac 用于指定声道数,-f 用于指定采样格式
```

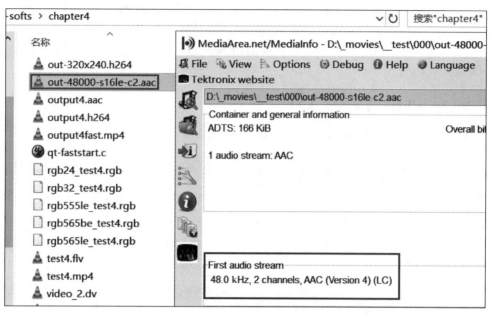

图 5-45　MediaInfo 查看 aac 文件的流信息

5.3.2　AAC 转码为 MP3

使用 FFmpeg 可以将 AAC 格式的音频转码为 MP3 格式，转码过程如图 5-46 所示，命令如下：

```
ffmpeg -i test4.aac -acodec libmp3lame test4.mp3
```

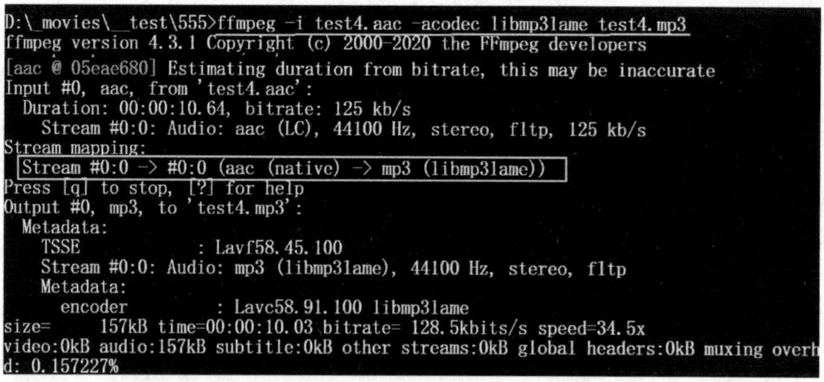

图 5-46　FFmpeg 将 AAC 格式转码为 MP3 格式

在该案例中，FFmpeg 使用了第三方的编码器 libmp3lame，这个不是 FFmpeg 自带的，所以编译时需要配置好（--enable-libmp3lame）。分析输入文件 test4.aac 和输出文件 test4.

mp3，如图 5-47 所示，可以发现转码前后的帧率(44.1kHz)、声道数(2 Channels)一致，但封装格式不同。

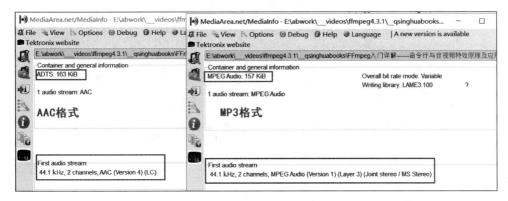

图 5-47　通过 MediaInfo 比较 AAC 格式与 MP3 格式的区别

MP3 全称是 MPEG-1 Audio Layer 3，它在 1992 年合并至 MPEG 规范中。它能够以高音质、低采样率对数字音频文件进行压缩，应用最普遍。MP3 具有不错的压缩比，使用 LAME 编码的中高码率的 MP3 文件，听感上非常接近源 WAV 文件。其特点是音质在 128kb/s 以上表现还不错，压缩比比较高，兼容性好。在高比特率下可欣赏对兼容性有要求的音乐。

高级音频编码(Advanced Audio Coding，AAC)是由 Fraunhofer IIS-A、杜比和 AT&T 共同开发的一种音频格式，它是 MPEG-2 规范的一部分。AAC 所采用的运算法则与 MP3 的运算法则有所不同，AAC 通过结合其他的功能来提高编码效率。AAC 的音频算法在压缩能力上远远超过了以前的一些压缩算法，如 MP3。它还同时支持多达 48 个音轨、15 个低频音轨，支持更多种采样率和比特率，具有多种语言的兼容能力和更高的解码效率。总之，AAC 可以在比 MP3 文件缩小 30% 的前提下提供更好的音质。

5.3.3　AAC 转码为 AC-3

使用 FFmpeg 可以将 AAC 格式的音频转码为 AC-3 格式，转码过程如图 5-48 所示，命令如下：

```
ffmpeg -i test4.aac -acodec ac3 -y test4.ac3
```

在该案例中，FFmpeg 使用了内置的编码器 ac3，通过 MediaInfo 查看输出文件 test4.ac3 的流信息，如图 5-49 所示。

查看 FFmpeg 支持的编码器，命令如下：

```
ffmpeg -encoders | findstr ac3
ffmpeg -encoders | findstr aac
```

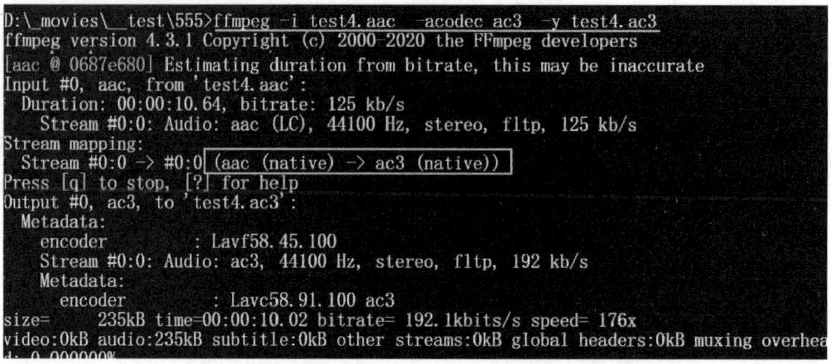

```
D:\_movies\_test\555>ffmpeg -i test4.aac -acodec ac3 -y test4.ac3
ffmpeg version 4.3.1 Copyright (c) 2000-2020 the FFmpeg developers
[aac @ 0687e680] Estimating duration from bitrate, this may be inaccurate
Input #0, aac, from 'test4.aac':
  Duration: 00:00:10.64, bitrate: 125 kb/s
    Stream #0:0: Audio: aac (LC), 44100 Hz, stereo, fltp, 125 kb/s
Stream mapping:
  Stream #0:0 -> #0:0 (aac (native) -> ac3 (native))
Press [q] to stop, [?] for help
Output #0, ac3, to 'test4.ac3':
  Metadata:
    encoder         : Lavf58.45.100
    Stream #0:0: Audio: ac3, 44100 Hz, stereo, fltp, 192 kb/s
    Metadata:
      encoder         : Lavc58.91.100 ac3
size=     235kB time=00:00:10.02 bitrate= 192.1kbits/s speed= 176x
video:0kB audio:235kB subtitle:0kB other streams:0kB global headers:0kB muxing overhea
```

图 5-48　FFmpeg 将 AAC 格式转码为 AC-3 格式

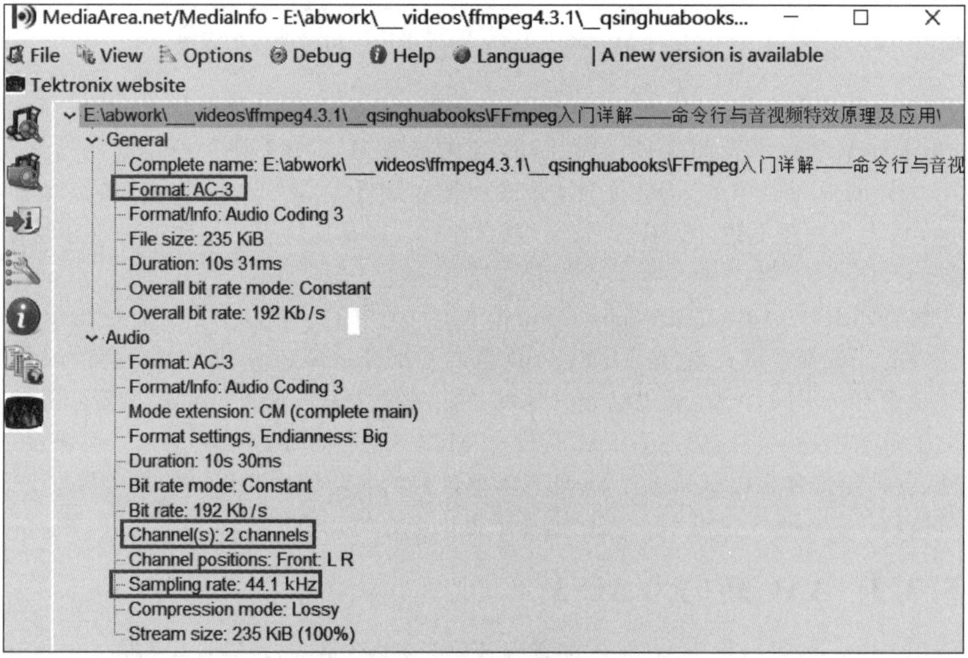

图 5-49　通过 MediaInfo 查看 AC-3 文件的流信息

FFmpeg 的输出信息如下：

```
//chapter5/ffmpeg-pcm-1-out.txt
 A..... ac3              ATSC A/52A(AC-3)
 A..... ac3_fixed        ATSC A/52A(AC-3)(codec ac3)
 A..... ac3_mf           AC3 via MediaFoundation(codec ac3)
 A..... eac3             ATSC A/52 E-AC-3
 ------------------------------------------
 A..... aac              AAC(Advanced Audio Coding)
 A..... aac_mf           AAC via MediaFoundation(codec aac)
```

1994年,日本先锋公司宣布与美国杜比实验室合作研制成功一种崭新的环绕声制式,并命名为"杜比 AC-3"(Dolby Surround Audio Coding-3)。1997年年初,杜比实验室正式将"杜比 AC-3 环绕声"改为"杜比数码环绕声"(Dolby Surround Digital),常称为 Dolby Digital。AC-3 提供的环绕声系统由 5 个全频域声道加一个超低音声道组成,所以被称作 5.1 声道。5 个声道包括前置的左声道、中置声道、右声道、后置的左环绕声道和右环绕声道。这些声道的频率范围均为全频域响应 3～20 000Hz。第 6 个声道为超低音声道,包含了一些额外的低音信息,使一些场景(如爆炸、撞击声等)的效果更好。由于这个声道的频率响应为 3～120Hz,所以称为"5.1 声道"。6 个声道的信息在制作和还原过程中全部数字化,信息损失很少,全频段的细节十分丰富。杜比数字 AC-3 是根据感觉来开发的编码系统多声道环绕声。它将每种声音的频率根据人耳的听觉特性区分为许多窄小频段,在编码过程中再根据音响心理学的原理进行分析,保留有效的音频,删除多余的信号和各种噪音频率,使重现的声音更加纯净,分离度极高。

5.4 视频编解码简介及命令行案例

有两大正式组织研制视频编码标准,包括 ISO/IEC 和 ITU-T。ISO/IEC 制定的编码标准有 MPEG-1、MPEG-2、MPEG-4、MPEG-7、MPEG-21 和 MPEG-H 等。ITU-T 制定的编码标准有 H.261、H.262、H.263、H.264 和 H.265 等。实际上,真正在业界产生较强影响力的标准均是由这两个组织合作制定的,例如 MPEG-2、H.264/AVC 和 H.265/HEVC 等。不同标准组织在不同时期制定的视频编码标准,如图 5-50 所示。

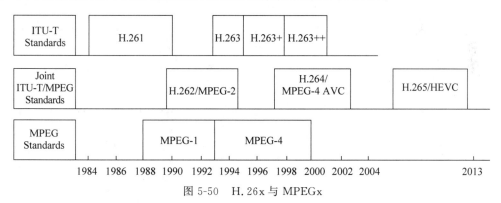

图 5-50 H.26x 与 MPEGx

30 多年以来,世界上主流的视频编码标准,基本上是由 ITU 和 ISO/IEC 制定的。ITU 制定了 H.261、H.262、H.263、H.263＋、H.263＋＋,这些统称为 H.26x 系列,主要应用于实时视频通信领域,如会议电视、可视电话等。ISO/IEC 制定了 MPEG-1、MPEG-2、MPEG-4、MPEG-7、MPEG-21,统称为 MPEG 系列。ITU 和 ISO/IEC 一开始各自为战,后来这两个组织成立了一个联合小组,名叫 JVT,即视频联合工作组(Joint Video Team)。H.264 就是由 JVT 联合制定的,它也属于 MPEG-4 家族的一部分,即 MPEG-4 系列文档

ISO-14496 的第 10 部分,因此又称作 MPEG-4/AVC。同 MPEG-4 重点考虑的灵活性和交互性不同,H.264 着重强调更高的编码压缩率和传输可靠性,在数字电视广播、实时视频通信、网络流媒体等领域具有广泛的应用。

5.4.1　YUV 编码为 H.264

使用 FFmpeg 可以将 YUV 格式的视频编码为 H.264 格式,命令如下:

```
ffmpeg -s 320x240 -pix_fmt yuv420p -i yuv420p_test4_320x240.yuv -c:v libx264 out-320x240.h264
```

在该案例中,需要指定输入的 YUV 文件的格式(-pix_fmt yuv420p)及宽和高(-s 320x240),否则 FFmpeg 无法识别出来,从而可导致编码失败,-c:v libx264 指定了使用 libx264 进行编码。FFmpeg 转换过程的主要输出信息如下:

```
//chapter5/ffmpeg-pcm-1-out.txt
D:\_movies\__test\000>ffmpeg -s 320x240 -pix_fmt yuv420p -i yuv420p_test4_320x240.yuv -c:v libx264 out-320x240.h264
[rawvideo @ 0530e200] Estimating duration from bitrate, this may be inaccurate
Input #0, rawvideo, from 'yuv420p_test4_320x240.yuv':
  Duration: 00:00:00.44, start: 0.000000, bitrate: 23040 kb/s
    Stream #0:0: Video: rawvideo(I420 / 0x30323449), yuv420p, 320x240, 23040 kb/s, 25 tbr, 25 tbn, 25 tbc
Stream mapping://以下是流映射信息,从 yuv420p 转换为 h264 格式,使用 libx264 编码器
  Stream #0:0 -> #0:0(rawvideo(native) -> h264(libx264))
Press [q] to stop, [?] for help
[libx264 @ 06941540] using cpu capabilities: MMX2 SSE2Fast SSSE3 SSE4.2 AVX FMA3 BMI2 AVX2
[libx264 @ 06941540] profile High, level 1.3,4:2:0,8-bit【High Profile】
Output #0, h264, to 'out-320x240.h264':
  Metadata:
    encoder         : Lavf58.45.100
    Stream #0:0: Video: h264(libx264), yuv420p, 320x240, q=-1--1, 25 fps, 25 tbn, 25 tbc
    Metadata:
      encoder         : Lavc58.91.100 libx264 #指定使用 libx264 编码器
...
[libx264 @ 06941540] frame I:1     Avg QP:25.31  size:14405   #I 帧总数
[libx264 @ 06941540] frame P:4     Avg QP:27.93  size: 1010   #P 帧总数
[libx264 @ 06941540] frame B:6     Avg QP:30.77  size:  251   #B 帧总数
...
[libx264 @ 06941540] Weighted P-Frames: Y:0.0% UV:0.0%
...
[libx264 @ 06941540] kb/s:362.73
```

使用 MediaInfo 查看生成的 out-320x240.h264 文件的流信息,如图 5-51 所示。

在该案例中,也可以指定新的宽和高(-s 160x120)及帧率(-r 30)等,命令如下:

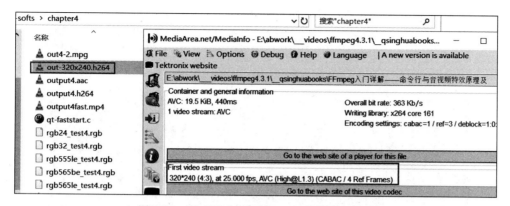

图 5-51　MediaInfo 查看 H.264 文件的流信息

```
ffmpeg -s 320x240 -pix_fmt yuv420p -i yuv420p_test4_320x240.yuv -c:v libx264 -s
160x120 -r 30 out-160x120.h264
#注意：第1个-s需要放在-i之前，用于指定输入文件的宽和高；第2个-s需要放在-i之后，
#用于指定输出文件的宽和高
```

注意：由于 YUV 文件本身不带参数信息，所以需要在命令行中指定具体的 YUV 格式及宽和高。

5.4.2　MP4 格式转码为 FLV 格式

使用 FFmpeg 可以将 MP4 格式的音视频编码为 FLV 格式，命令如下：

```
ffmpeg -i test4.mp4 -y test4-default.flv
```

在该案例中，由于没有指定转码格式，而仅将输出文件指定为 .flv 格式，所以 FFmpeg 使用了默认的转码格式。可以看出，.flv 格式使用的默认视频格式为 flv1，默认音频格式为 mp3。由于需要进行解码，然后编码，所以 FFmpeg 的转换速度比较慢，并且输出了转码进度信息，具体的转码过程如图 5-52 所示。

通过 MediaInfo 可以观察输入文件 test4.mp4 和输出文件 test4-default.flv 的流信息，如图 5-53 所示。

如果不想重新编码而只是对封装格式进行转换，则只需指定-c copy（相当于-acodec copy -vcodec copy -scodec copy），命令如下：

```
ffmpeg -i test4.mp4 -c copy -y test4-copy.flv
```

在该案例中，音视频流没有重新转码，只是进行了复制，速度很快，具体过程如图 5-54 所示。

注意：FLV 封装格式完全兼容 H.264、AAC，所以使用-c copy 可以成功。如果遇到不兼容的音视频编码格式，则会失败。

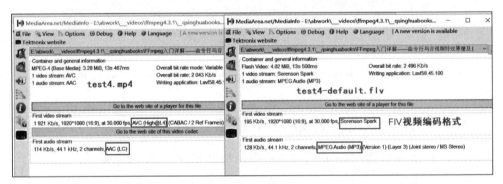

图 5-52　FFmpeg 将 MP4 格式的文件转码为 FLV 格式

图 5-53　通过 MediaInfo 查看 MP4 格式与 FLV 格式的区别

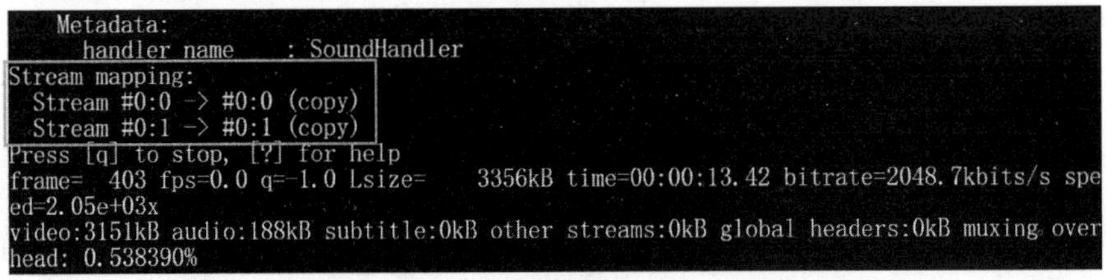

图 5-54　FFmpeg 将 MP4 格式转换为 FLV 格式(-c copy)

也可以将音频编码格式指定为 AC-3，命令如下：

```
ffmpeg -i test4.mp4 -vcodec copy -acodec ac3 -y test4-vcopy-ac3.flv
```

在该案例中，直接复制视频流（H.264 格式），试图将音频流从 AAC 格式转换为 AC-3 格式，但是 FLV 封装格式不兼容 AC-3 音频编码格式，所以会报错，具体过程如图 5-55 所示。

```
D:\_movies\__test\555>ffmpeg -i test4.mp4 -vcodec copy -acodec ac3  -y test4-vcopy-ac3
.flv
  Duration: 00:00:13.47, start: 0.000000, bitrate: 2043 kb/s
    Stream #0:0(und): Video: h264 (High) (avc1 / 0x31637661), yuv420p(tv, bt470bg/unkn
own/unknown), 1920x1080 [SAR 1:1 DAR 16:9], 1921 kb/s, 30 fps, 30 tbr, 16k tbn, 60 tbc
 (default)
    Metadata:
      handler_name    : VideoHandler
    Stream #0:1(und): Audio: aac (LC) (mp4a / 0x6134706D), 44100 Hz, stereo, fltp, 114
 kb/s (default)
    Metadata:
      handler_name    : SoundHandler
Stream mapping:
  Stream #0:0 -> #0:0 (copy)
  Stream #0:1 -> #0:1 (aac (native) -> ac3 (native))          注意：AC3编码格式与FLV不兼容
Press [q] to stop, [?] for help
[flv @ 06e824c0] Audio codec 'ac3' not compatible with FLV
[flv @ 06e824c0] Audio codec ac3 not compatible with flv
Could not write header for output file #0 (incorrect codec parameters ?): Function not
 implemented
Error initializing output stream 0:1 --
Conversion failed! 转换失败
```

图 5-55　FLV 封装格式不兼容 AC-3 编码格式

5.4.3　MP4 格式转码为 AVI 格式

使用 FFmpeg 可以将 MP4 格式的音视频编码为 AVI 格式，命令如下：

```
ffmpeg -i test4.mp4 -y test4-default.avi
```

在该案例中，由于没有指定转码格式，而仅将输出文件指定为.avi 格式，所以 FFmpeg 使用了默认的转码格式。可以看出，.avi 格式使用的默认视频格式为 MPGE-4（MPEG4-Video），默认音频格式为 MP3。由于需要进行解码，然后编码，所以 FFmpeg 的转换速度比较慢（音视频分别进行了转码），并且输出了转码进度信息，具体的转码过程如图 5-56 所示。

```
D:\_movies\__test\555>ffmpeg -i test4.mp4 -y test4-default.avi
ffmpeg version 4.3.1 Copyright (c) 2000-2020 the FFmpeg developers
Stream mapping:
  Stream #0:0 -> #0:0 (h264 (native) -> mpeg4 (native))  视频转码
  Stream #0:1 -> #0:1 (aac (native) -> mp3 (mp3_mf))      音频转码
Press [q] to stop, [?] for help
[mp3_mf @ 0690a1c0] MFT name: 'MP3 Encoder ACM Wrapper MFT'
Output #0, avi, to 'test4-default.avi':
  Metadata:
    major_brand     : isom
    minor_version   : 512
    compatible_brands: isomiso2avc1mp41                          转码进度
    ISFT            : Lavf58.45.100
    Stream #0:0(und): Video: mpeg4 (FMP4 / 0x34504D46), yuv420p, 1920x1080 [SAR 1:1 DA
R 16:9], q=2-31, 200 kb/s, 30 fps, 30 tbn, 30 tbc (default)
frame=   70 fps=0.0 q=31.0 size=     768kB time=00:00:02.53 bitrate=2482.9kbits/s spee
frame=  180 fps=180 q=31.0 size=    1280kB time=00:00:06.19 bitrate=1693.7kbits/s spee
frame=  283 fps=187 q=31.0 size=    2048kB time=00:00:09.61 bitrate=1745.3kbits/s spee
frame=  385 fps=191 q=24.8 size=    2816kB time=00:00:13.00 bitrate=1773.3kbits/s spee
frame=  403 fps=193 q=31.0 Lsize=    3115kB time=00:00:13.50 bitrate=1890.0kbits/s spe
ed=6.45x
video:2872kB audio:211kB subtitle:0kB other streams:0kB global headers:0kB muxing over
head: 1.037484%
```

图 5-56　FFmpeg 将 MP4 格式转换为 AVI 格式

如果不想重新编码而只是对封装格式进行转换,则只需指定-c copy(相当于-acodec copy -vcodec copy -scodec copy),命令如下:

```
ffmpeg -i test4.mp4 -c copy -y test4-copy.avi
```

在该案例中,音视频流没有重新转码,只是进行了复制,速度很快,具体过程如图 5-57 所示。

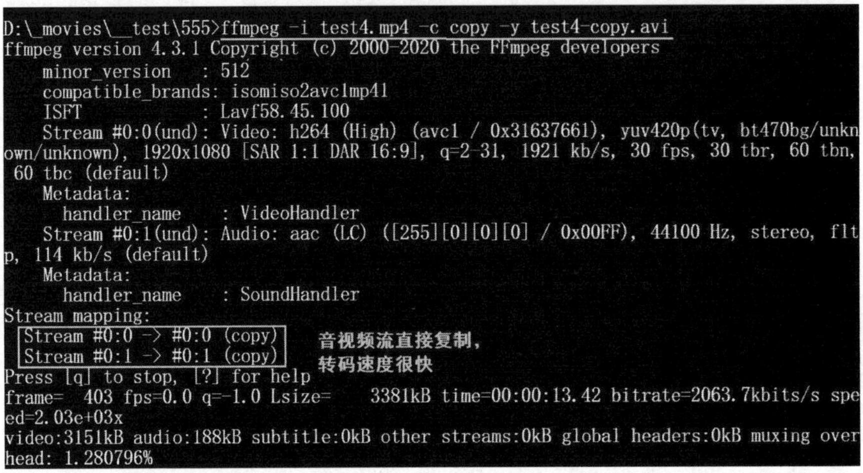

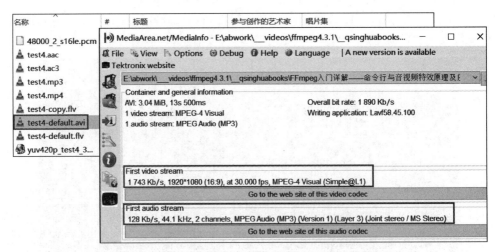

图 5-57　FFmpeg 将 MP4 格式转换为 AVI 格式(-c copy)

通过 MediaInfo 可以观察输出文件 test4-default.avi 的流信息,如图 5-58 所示。

图 5-58　通过 MediaInfo 查看 AVI 文件中的流信息

也可以将音频编码格式指定为 AC-3,命令如下:

```
ffmpeg -i test4.mp4 -vcodec copy -acodec ac3 -y test4-vcopy-ac3.avi
```

在该案例中，直接复制视频流（H.264 格式），试图将音频流从 AAC 格式转换为 AC-3 格式，由于 AVI 封装格式兼容 AC-3 音频编码格式，所以转码成功，具体过程如图 5-59 所示。

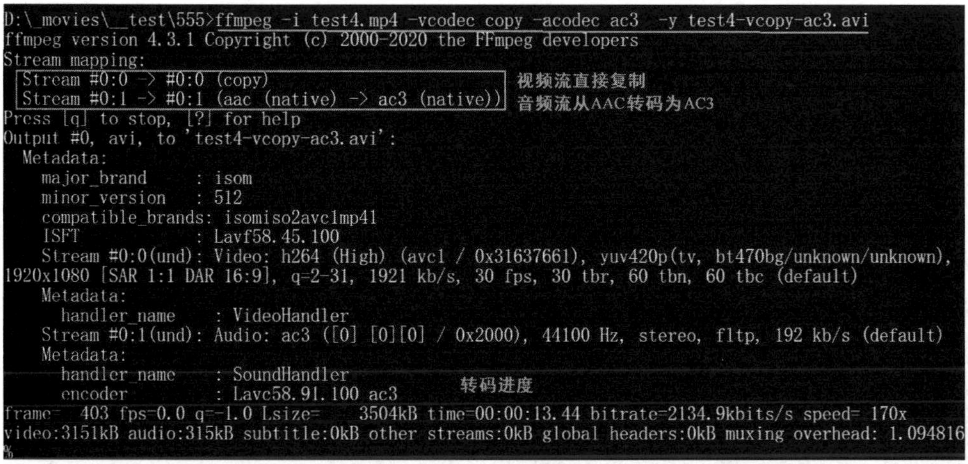

图 5-59　通过 FFmpeg 指定 AC-3 转码方式，封装格式为 AVI

通过 MediaInfo 可以观察输出文件 test4-vcopy-ac3.avi 的流信息，如图 5-60 所示。

图 5-60　通过 MediaInfo 查看 AVI（AVC＋AC-3）文件的流信息

5.4.4　MP4 格式转码为 TS 格式

使用 FFmpeg 可以将 MP4 格式的音视频编码为 TS 格式，命令如下：

```
ffmpeg -i test4.mp4 -y test4-default.ts
```

在该案例中，由于没有指定转码格式，而仅将输出文件指定为.ts 的格式，所以 FFmpeg 使用了默认的转码格式。可以看出，.ts 格式使用的默认视频格式为 mpeg2video（MPEG2-Video），默认音频格式为 MP2。由于需要进行解码，然后编码，所以 FFmpeg 的转换速度比较慢，并且输出了转码进度信息，具体的转码过程如图 5-61 所示。

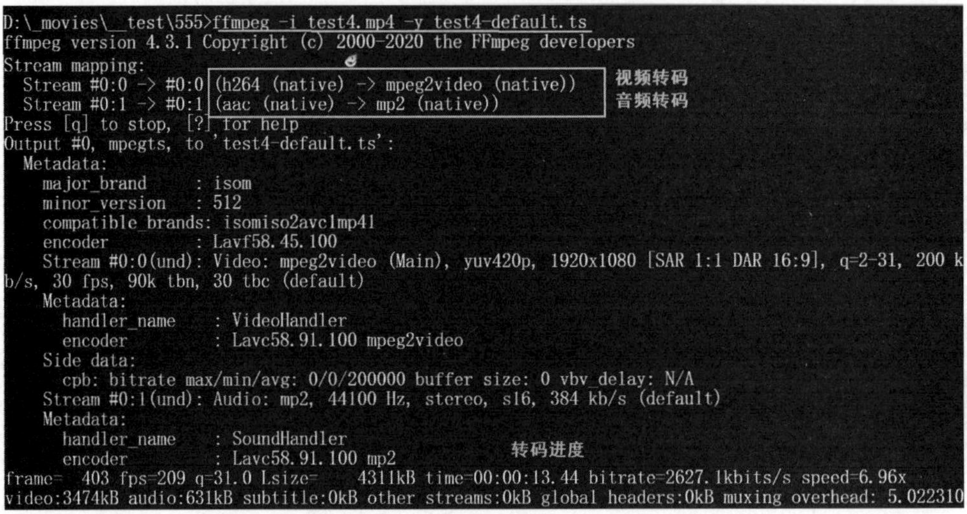

图 5-61 通过 FFmpeg 将 MP4 文件转码为 TS 文件

如果不想重新编码而只是对封装格式进行转换，则只需指定-c copy（相当于-acodec copy -vcodec copy -scodec copy），命令如下：

```
ffmpeg -i test4.mp4 -c copy -y test4-copy.ts
```

在该案例中，音视频流没有重新转码，只是进行了复制，速度很快。也可以将音频编码格式指定为 AC-3，命令如下：

```
ffmpeg -i test4.mp4 -vcodec copy -acodec ac3 -y test4-vcopy-ac3.ts
```

在该案例中，直接复制视频流（H.264 格式），试图将音频流从 AAC 格式转换为 AC-3 格式，由于 TS 封装格式兼容 AC-3 音频编码格式，所以转码成功，具体过程如图 5-62 所示。

通过 MediaInfo 可以观察输出文件 test4-vcopy-ac3.ts 的流信息，如图 5-63 所示。

5.4.5　其他格式之间互转

使用 FFmpeg 几乎可以完成各种格式之间的互转，有的可以直接复制音视频流，有的需要重新编解码。因为音视频格式非常多，笔者无法一一列举，读者可以自行实验，遇到格式不兼容的情况，FFmpeg 会报错，并且会输出完整的出错信息。这些错误信息非常重要，读者可以多分析，从中可以学到很多知识。

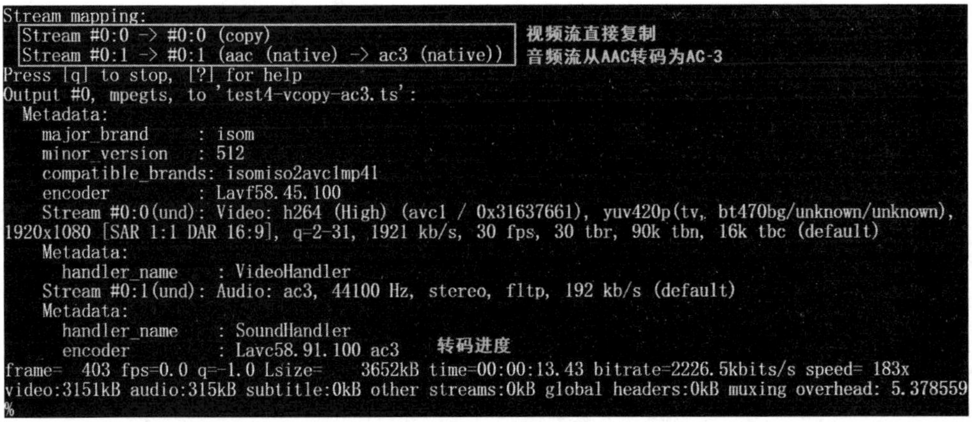

第5章 FFmpeg命令行实现音视频转码

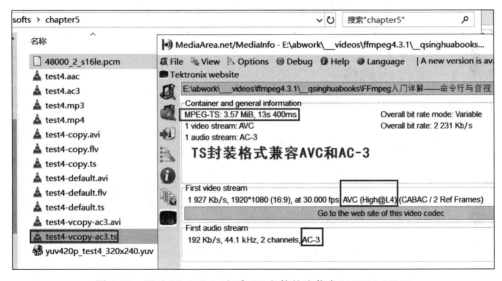

图 5-62 通过 FFmpeg 指定 AC-3 编码格式，封装为 TS 格式

图 5-63 通过 MediaInfo 查看 TS 文件的流信息（AVC＋AC-3）

5.5 控制音频的声道数、采样率及采样格式

音频有三大常用参数，包括声道数、采样率和采样格式，这些参数都可以通过 FFmpeg 实现转码控制。

5.5.1 单声道与立体声互转

使用 FFmpeg 可以将立体声转码为单声道，命令如下：

```
ffmpeg -i test4.mp3 -ac 1 -y test4-ac1.mp3
```

输入文件 test4.mp3 中的声道数是 2，即立体声，使用转码参数 -ac 来指定转码后的声道数（Audio Channel）。输入文件 test4.mp3 与输出文件 test4-ac1.mp3 的流信息如图 5-64 所示，可见声道数确实从 2 变成了 1。

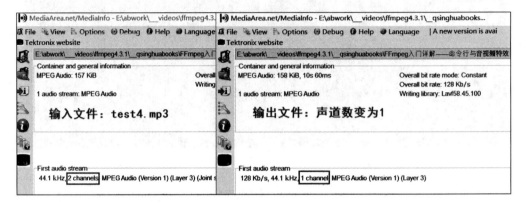

图 5-64　通过 MediaInfo 查看声道数

5.5.2　采样率转换

使用 FFmpeg 可以将采样率从 44.1kHz 转码为 48kHz，命令如下：

```
ffmpeg -i test4.mp3 -ar 48000 -y test4-ar48000.mp3
```

输入文件 test4.mp3 中的采样率是 44.1kHz，使用转码参数 -ar 来指定转码后的采样率（sample rate）。转换后的文件 test4-ar48000.mp3，通过 MediaInfo 观察，采样率确实变成了 48kHz，如图 5-65 所示。

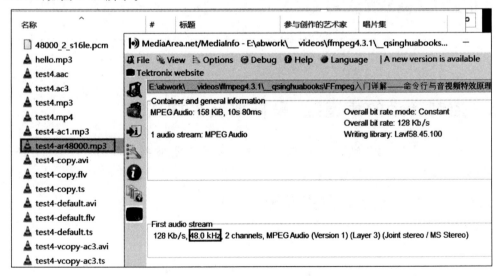

图 5-65　通过 MediaInfo 查看采样率

5.5.3 采样格式转换及音频重采样

通俗地讲,音频重采样就是改变音频的采样率、采样格式(Sample Format)、声道数(channel)等参数,使之按照期望的参数进行输出。当原有的音频参数不满足实际要求时,例如在 FFmpeg 解码音频时,不同的音源有不同的格式和采样率等,所以在解码后的数据中的这些参数也会不一致(最新的 FFmpeg 解码音频后,音频格式为 AV_SAMPLE_FMT_TLTP)。如果接下来需要使用解码后的音频数据进行其他操作,由于这些参数不一致,所以会导致很多额外工作,此时可直接对其进行重采样,获取指定的音频参数,这样就会方便很多。再例如,在将音频进行 SDL 播放时,因为当前的 SDL 2.0 不支持平面(Planar)格式,也不支持浮点型,而最新的 FFmpeg 会将音频解码为浮点型格式(AV_SAMPLE_FMT_FLTP),这时对它进行重采样之后,就可以在 SDL 2.0 上播放这个音频了。音频重采样包括以下几个重要参数。

(1) Sample Rate(采样率):采样设备每秒抽取样本的次数。

(2) Sample Format(采样格式)和量化精度:采用什么格式进行采集数据;每种音频格式有不同的量化精度(位宽),位数越多,表示值就越精确,声音表现就越精准。

(3) Channel Layout(通道布局,也就是声道数):采样的声道数。

在 FFmpeg 里主要有两种采样格式,包括浮点格式(Floating-Point Formats)和平面格式(Planar Sample Format),具体采样参数如下(在 libavutil/samplefmt.h 头文件里面):

```
//chapter5/AVSampleFormat.txt
#注意:P结尾代表Planar,即平面模式
enum AVSampleFormat {
    AV_SAMPLE_FMT_NONE = -1,
    AV_SAMPLE_FMT_U8,           //< 8 位元符号
    AV_SAMPLE_FMT_S16,          //< 16 位有符号
    AV_SAMPLE_FMT_S32,          //< 32 位有符号
    AV_SAMPLE_FMT_FLT,          //< 浮点类型
    AV_SAMPLE_FMT_DBL,          //< 双精度浮点类型

    AV_SAMPLE_FMT_U8P,          //< 8 位无符号,平面模式
    AV_SAMPLE_FMT_S16P,         //< 16 位有符号,平面模式
    AV_SAMPLE_FMT_S32P,         //< 32 位有符号,平面模式
    AV_SAMPLE_FMT_FLTP,         //< 符点类型,平面模式
    AV_SAMPLE_FMT_DBLP,         //< 双精度浮点类型,平面模式
    AV_SAMPLE_FMT_S64,          //< 64 位有符号
    AV_SAMPLE_FMT_S64P,         //< 64 位有符号,平面模式

    AV_SAMPLE_FMT_NB            //< Number of sample formats. DO NOT USE if linking dynamically
};
```

使用 FFmpeg 进行音频重采样,主要针对解码后的 PCM 数据,例如可以将一个输入文

件 48000_2_s16le.pcm(采样率为 48 000、声道数为 2、采样格式为 s16le)转码为采样率为 44 100、声道数为 1、采样格式为 s32le,转码过程如图 5-66 所示,命令如下:

```
//chapter5/ffmpeg-pcm-1-out.txt
ffmpeg -ar 48000 -ac 2 -f s16le -i 48000_2_s16le.pcm -ar 44100 -ac 1 -f s32le
 -y 44100_1_s32le.pcm
# -ac: -i 之前用于指定输入的声道数,-i 之后用于指定输出的声道数
# -ar: -i 之前用于指定输入的采样率,-i 之后用于指定输出的采样率
# -f: -i 之前用于指定输入的采样格式,-i 之后用于指定输出的采样格式
```

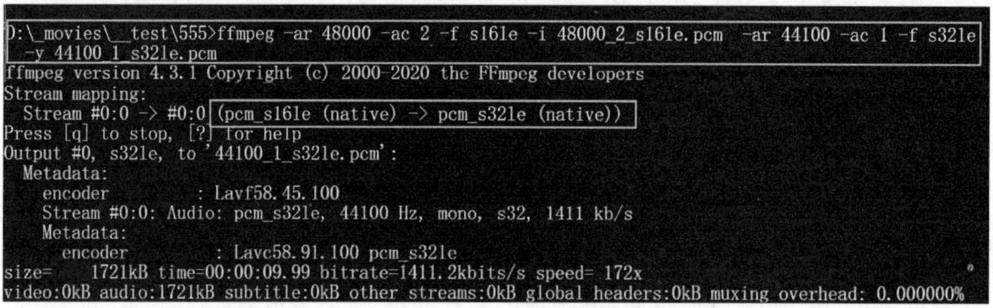

```
D:\_movies\_test\555>ffmpeg -ar 48000 -ac 2 -f s16le -i 48000_2_s16le.pcm -ar 44100 -ac 1 -f s32le
 -y 44100_1_s32le.pcm
ffmpeg version 4.3.1 Copyright (c) 2000-2020 the FFmpeg developers
Stream mapping:
  Stream #0:0 -> #0:0 (pcm_s16le (native) -> pcm_s32le (native))
Press [q] to stop, [?] for help
Output #0, s32le, to '44100_1_s32le.pcm':
  Metadata:
    encoder         : Lavf58.45.100
    Stream #0:0: Audio: pcm_s32le, 44100 Hz, mono, s32, 1411 kb/s
    Metadata:
      encoder       : Lavc58.91.100 pcm_s32le
size=    1721kB time=00:00:09.99 bitrate=1411.2kbits/s speed= 172x
video:0kB audio:1721kB subtitle:0kB other streams:0kB global headers:0kB muxing overhead: 0.000000%
```

图 5-66 通过 FFmpeg 进行 PCM 声音数据的重采样

可以使用 ffplay 来播放 PCM 文件,需要指定相关参数,命令如下:

```
ffplay -ar 44100 -ac 1 -f s32le -i 44100_1_s32le.pcm
```

注意:可以使用 ffmpeg -sample_fmts 列举所有可用的采样格式。

5.6 控制视频的帧率、码率及分辨率

视频有几个常用参数,包括帧率、码率、分辨率、GOP 等,这些参数都可以通过 FFmpeg 实现转码控制。

5.6.1 控制视频的帧率

使用 FFmpeg 的-r 参数可以控制视频的帧率,可以放到-i 前边或后边,但含义不同。

1. -r 放到-i 后边

使用 FFmpeg 的-r 参数可以控制视频的帧率,放到-i 后边,用于控制转码后的视频帧率,命令如下:

```
ffmpeg -i test4.mp4 -r 15 -y test4-r15.mp4
```

在该案例中,输入文件 test4.mp4 本来的帧率是 30,转码后的帧率是 15,转码过程如

图 5-67 所示。由于封装格式是 MP4，所以 FFmpeg 使用 libx264 进行视频转码，使用 AAC 进行音频转码。

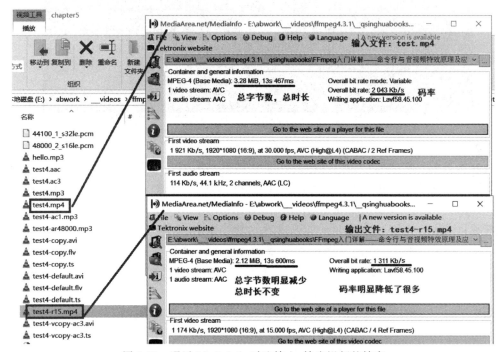

图 5-67　通过 FFmpeg 控制输出视频的帧率

转码前和转码后的文件通过 MediaInfo 观察，可以发现视频的总时长（Duration）一致，帧率不同。由于转码后的帧率（15）是转码前帧率（30）的一半，所以转码后的文件字节数明显比转码前小了很多，转码后的码率也降低了很多，如图 5-68 所示。另外，读者可以仔细观看，转码后的视频流畅度会降低很多。

图 5-68　通过 MediaInfo 对比输入、输出视频的帧率

注意：-r 参数放到-i 后边，用于控制转码后的输出视频的帧率。如果放到-i 前边，则用于控制输入视频的帧率。

2. -r 放到-i 前边

使用 FFmpeg 的-r 参数可以控制视频的帧率,放到-i 前边,用于控制转码前视频的输入帧率(注意,可以与原视频本身的帧率不同),命令如下:

```
ffmpeg -r 15 -i test4.mp4 -y test4-front-r15.mp4
#注意:原视频本身的帧率是 30,这里控制视频的输入帧率为 15
#那么,转码后视频的总时长(Duration)会增加一倍
```

在该案例中,输入文件 test4.mp4 本来的帧率是 30,而转码前的输入帧率使用-i 前边的-r 15 进行控制,转码过程如图 5-69 所示。由于封装格式是 MP4,所以 FFmpeg 使用 libx264 进行视频转码,使用 AAC 进行音频转码。

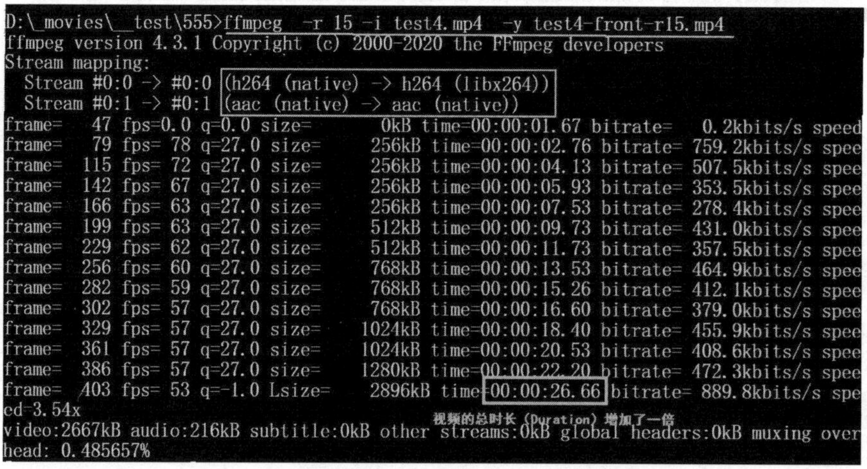

图 5-69 通过 FFmpeg 控制视频的输入帧率

可能读者有一个疑问:"-r 放到-i 前边用于控制视频的输入帧率,那么转码后的视频帧率是多少呢?"。通过 MediaInfo 观察输出文件的流信息,会发现转码后的视频帧率是 15(注意不是原视频帧率的 30),如图 5-70 所示。

注意:-r 参数放到-i 前边,用于控制输入视频的帧率。转码后的视频总时长(Duration)增加了一倍,但音频的总时长保持不变(这点读者一定要注意)。

3. -r 既放到-i 前边,又放到-i 后边

使用 FFmpeg 的-r 参数可以控制视频的帧率,可以放到-i 前边,用于控制转码前视频的输入帧率;同时也可以放到-i 后边,用于控制输出视频的帧率,命令如下:

```
ffmpeg -r 15 -i test4.mp4 -r 20 -y test4-front-r15-back-r20.mp4
```

在该案例中,输入文件 test4.mp4 本来的帧率是 30,而转码前的输入帧率使用-i 前边的-r 15 进行控制,转码后的输出帧率通过-i 后边的-r 20 进行控制,转码过程如图 5-71

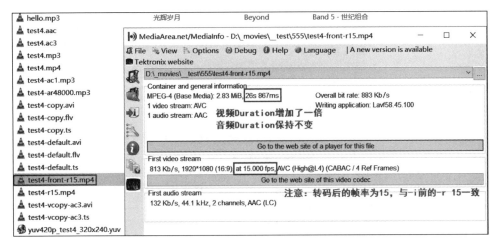

图 5-70 通过 MediaInfo 查看转码后视频的帧率

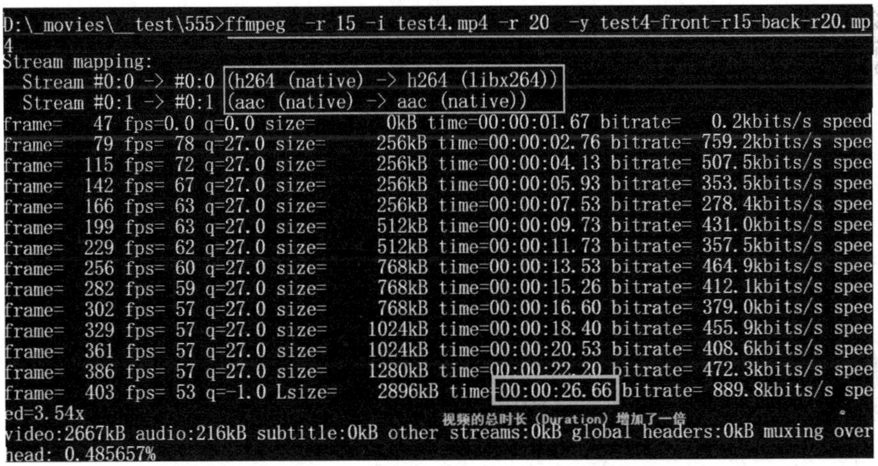

图 5-71 通过 FFmpeg 同时控制输入视频的帧率及转码后视频的帧率

所示。

通过 MediaInfo 观察可知,输出后视频(test4-front-r15-back-r20.mp4)的帧率变成了 20,说明-i 后边的-r 20 起到了作用,如图 5-72 所示。

5.6.2 控制视频的码率及分辨率

使用 FFmpeg 的-s 参数可以控制视频的分辨率,格式为-s Width x Height(注意这里的 x 是小写的英文字母 x),也可以使用-b:v 参数控制视频的码率。这些参数用于控制输出视频的,所以需要放到-i 后边,命令如下:

```
ffmpeg -i test4.mp4 -s 640x360 -b:v 300k -y test4-640x360-300k.mp4
```

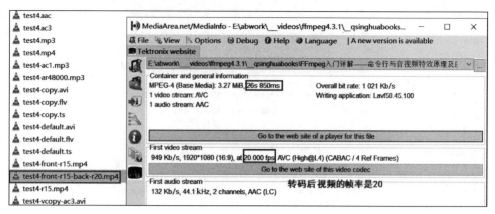

图 5-72　通过 MediaInfo 查看转码后视频的帧率

在该案例中，原视频的分辨率是 1920×1080，码率为 1921Kb/s，转码后的分辨率是 640×360，码率为 255Kb/s（接近 300Kb/s），如图 5-73 所示。

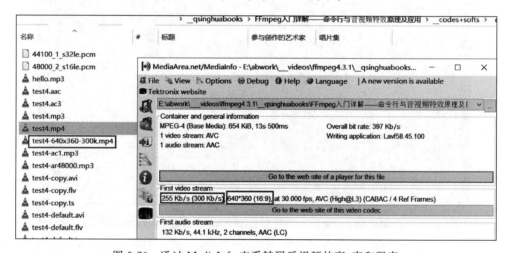

图 5-73　通过 MediaInfo 查看转码后视频的宽、高和码率

码率的计算相对比较简单，bitrate = file size ÷ duration，例如一个文件的大小为 20.8MB，时长为 1min，那么，bitrate = 20.8MB ÷ 60s = 20.8×1024×1024×8b ÷ 60s ≈ 2840Kb/s，而一般音频的码率只有固定几种，例如 128Kb/s，则视频码率就是 video bitrate = 2840Kb/s − 128Kb/s = 2712Kb/s。

5.6.3　控制视频的 GOP

使用 FFmpeg 的 -g 参数可以控制视频的 GOP，放到 -i 后边，用于控制转码后的 GOP，命令如下：

```
ffmpeg -i test4-r15.mp4 -r 15 -g 5 -y test4-r15-g5.mp4
```

在该案例中,输入视频文件 test4-r15.mp4 本来的 GOP 是 250,而转码后的 GOP 是 5。可以通过 MediaInfo 的 View 菜单下的 Text 选项来查看 GOP,如图 5-74 所示。

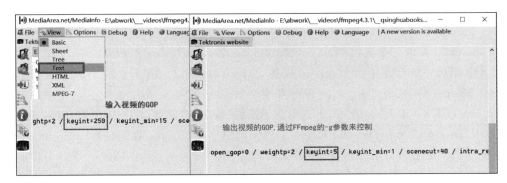

图 5-74 通过 MediaInfo 查看视频的 GOP

5.6.4 视频 GOP 简介

图像组(Group Of Picture,GOP),指两个 I 帧之间的距离。Reference 即参考周期,指两个 P 帧之间的距离。一个 I 帧所占用的字节数大于一个 P 帧,一个 P 帧所占用的字节数大于一个 B 帧,所以在码率不变的前提下,GOP 值越大,P、B 帧的数量会越多,平均每个 I、P、B 帧所占用的字节数就越多,也就更容易获取较好的图像质量;Reference 越大,B 帧的数量越多,同理也更容易获得较好的图像质量。I、P、B 帧的字节大小为 $I > P > B$。GOP 解码顺序和显示顺序如图 5-75 所示。

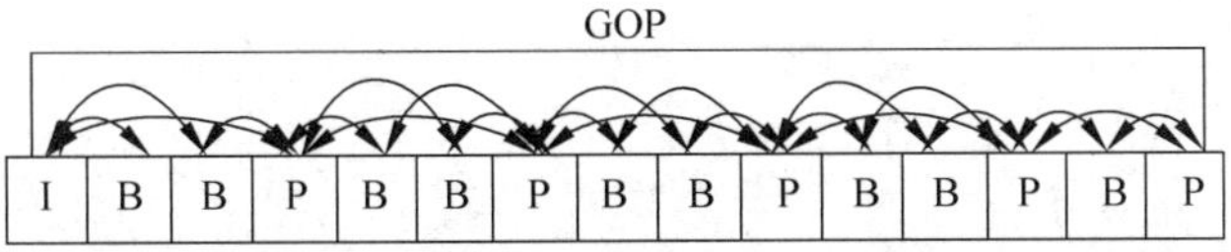

	I	B	B	P	B	B	P	B	B	P	B	B	P
解码顺序:	1	3	4	2	6	7	5	9	10	8	12	13	11	15	14
显示顺序:	1	2	3	4	5	6	7	8	9	10	11	12	13	14	15
DTS:	1	3	4	2	6	7	5	9	10	8	12	13	11	15	14
PTS:	1	2	3	4	5	6	7	8	9	10	11	12	13	14	15

图 5-75 GOP 解码顺序和显示顺序

有时在一些特殊场景下,例如镜头切换等,变化的信息量很大,那么使用 P 帧或者 B 帧反而得不偿失。使用 H.264 编码,这时可以强制插入关键帧(Key Frame),也就是不依赖前后帧的独立的一帧图像。Key Frame 也叫 I-Frame,也就是 Intra-Frame。理论上,任何时候都可以插入 Key Frame。假设一个视频从头到尾都没有这样的剧烈变化的镜头,那么就只有第 1 帧是 Key Frame，但是在进行随机播放（Random Seek）时，就很麻烦，例如想从第 1h 开始播放，那么程序就得先解码 1h 的视频，然后才能计算出要播放的帧。针对这种情况，一般以有规律的时间间隔（interval）来插入 Key Frame，这个有规律的 interval 就叫作 I-Frame interval，或者叫作 I-Frame distance，这个值一般是 10 倍的 fps（libx264 默认将这个 interval 设置为 250，另外，libx264 编码器在检测到大的场景变化时，会在变化开始处插入 Key Frame）。直播场景下，GOP 要适当小一些。ESPN 是每 10s 插入一个 Key Frame，YouTube 每 2s 插入一个关键帧，Apple 每 3～10s 插入一个 Key Frame。

GOP 结构一般会使用两个数字来描述：M=3，N=12。第 1 个数字 3 表示的是两个 Anchor Frame（I 帧或者 P 帧）之间的距离，第 2 个数字 12 表示两个 Key Frame 之间的距离（GOP size 或者 GOP length），对于这个例子来讲，GOP 结构就是 IBBPBBPBBPBBI。

IDR（Instantaneous Decoder Refresh，以及时刷新帧）Frame 首先是 Key Frame，对于普通的 Key Frame（non-IDR Key Frame）来讲，其后的 P-Frame 和 B-Frame 可以引用此 Key Frame 之前的帧，但是 ID 却不行，IDR 后的 P-Frame 和 B-Frame 不能引用此 IDR 之前的帧，所以当解码器遇到 IDR 后，就必须抛弃之前的解码序列，重新开始。这样当遇到解码错误时，错误不会影响太远，将止步于 IDR。

5.7 libx264 的常用编码选项及应用案例

可以使用 libx264 对视频进行编码，但是需要在编译 FFmpeg 时通过 --enable-libx264 将第三方库 libx264 集成进来。例如有一个视频编码格式为 MPEG-4 Video 的文件 test4-default.avi，使用 libx264 对它进行视频转码，转码过程如图 5-76 所示，命令如下：

```
ffmpeg -i test4-default.avi -vcodec libx264 -y test4-libx264-avi.mp4
```

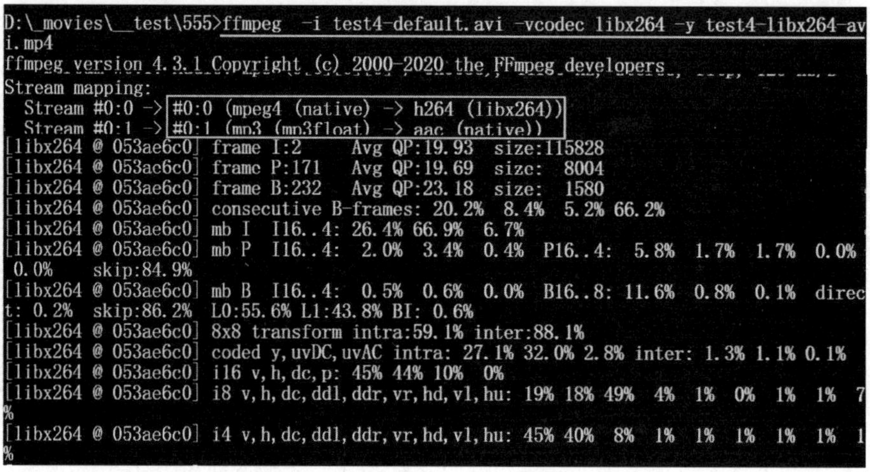

图 5-76　通过 FFmpeg 进行 libx264 编码

5.7.1 FFmpeg 中 libx264 的选项

libx264 有很多选项,例如可以使用-slice-max-size 4 参数来控制最大的条带数(Slice),此处最大的条带数为 4,命令如下:

```
ffmpeg -i test4-default.avi -vcodec libx264 -r 30 -slice-max-size 4 -y test4-libx264-avi-r30-slice4.mp4
```

H.264 编码可以将一张图片分割成若干条带,Slice 承载固定个数的宏块。将一张图片分割成若干 Slice 的目的是限制误码的扩散和传输。在 H.264 编码协议中规定当前帧的当前 Slice 片内宏块不允许参考其他 Slice 的宏块。H.264 的视频序列、帧、条带、宏块及像素的关系如图 5-77 所示。

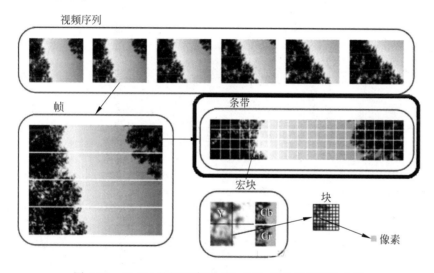

图 5-77 H.264 的视频序列、帧、条带、宏块及像素的关系

FFmpeg 中可用的 libx264 的所有选项可以通过 cmd 窗口进行查看,命令如下:

```
ffmpeg -h encoder=libx264
```

这些是 FFmpeg 命令行中可以使用的选项名,有几个选项非常重要,包括-preset、-tune、-profile、-level 等,具体的输出信息如下:

```
//chapter5/ffmpeg-libx264-help.txt
Encoder libx264 [libx264 H.264 / AVC / MPEG-4 AVC / MPEG-4 part 10]:
    General capabilities: delay threads
```

```
    Threading capabilities: auto
    Supported pixel formats: yuv420p yuvj420p yuv422p yuvj422p yuv444p yuvj444p nv12 nv16
nv21 yuv420p10le yuv422p10le yuv444p10le nv20le gray gray10le
libx264 AVOptions:
  -preset           <string>     E..V...... Set the encoding preset(cf. x264 --fullhelp)
(default "medium") #非常重要
  -tune             <string>     E..V...... Tune the encoding params(cf. x264 --fullhelp)
                                                                               #非常重要
  -profile          <string>     E..V...... Set profile restrictions(cf. x264 --fullhelp)
                                                                               #非常重要
  -fastfirstpass    <boolean>    E..V...... Use fast settings when encoding first pass(default
true)
  -level            <string>     E..V...... Specify level(as defined by Annex A)   #非常重要
  -passlogfile      <string>     E..V...... Filename for 2 pass stats
  -wpredp           <string>     E..V...... Weighted prediction for P-frames
  -a53cc            <boolean>    E..V...... Use A53 Closed Captions(if available)(default
true)
  -x264opts         <string>     E..V...... x264 options
  -crf              <float>      E..V...... Select the quality for constant quality mode(from
-1 to FLT_MAX)(default -1)
  -crf_max          <float>      E..V...... In CRF mode, prevents VBV from lowering quality
beyond this point.(from -1 to FLT_MAX)(default -1)
  -qp               <int>        E..V...... Constant quantization parameter rate control
method(from -1 to INT_MAX)(default -1)
  -aq-mode          <int>        E..V...... AQ method(from -1 to INT_MAX)(default -1)
     none           0            E..V......
     variance       1            E..V...... Variance AQ(complexity mask)
     autovariance   2            E..V...... Auto-variance AQ
     autovariance-biased 3       E..V...... Auto-variance AQ with bias to dark scenes
  -aq-strength      <float>      E..V...... AQ strength. Reduces blocking and blurring in flat
and textured areas.(from -1 to FLT_MAX)(default -1)
  -psy              <boolean>    E..V...... Use psychovisual optimizations.(default auto)
  -psy-rd           <string>     E..V...... Strength of psychovisual optimization, in <psy-rd>:
<psy-trellis> format.
  -rc-lookahead     <int>        E..V...... Number of frames to look ahead for frametype and
ratecontrol(from -1 to INT_MAX)(default -1)
  -weightb          <boolean>    E..V...... Weighted prediction for B-frames.(default auto)
  -weightp          <int>        E..V...... Weighted prediction analysis method.(from -1 to
INT_MAX)(default -1)
     none           0            E..V......
     simple         1            E..V......
     smart          2            E..V......
  -ssim             <boolean>    E..V...... Calculate and print SSIM stats.(default auto)
  -intra-refresh    <boolean>    E..V...... Use Periodic Intra Refresh instead of IDR frames.
(default auto)
```

```
 -bluray-compat      <boolean>      E..V...... Bluray compatibility workarounds.(default auto)
 -b-bias             <int>          E..V...... Influences how often B-frames are used(from INT_
MIN to INT_MAX)(default INT_MIN)
 -b-pyramid          <int>          E..V...... Keep some B-frames as references.(from -1 to INT
_MAX)(default -1)
    none             0              E..V......
    strict           1              E..V...... Strictly hierarchical pyramid
    normal           2              E..V...... Non-strict(not Blu-ray compatible)
 -mixed-refs         <boolean>      E..V...... One reference per partition,as opposed to one
reference per macroblock(default auto)
 -8x8dct             <boolean>      E..V...... High profile 8x8 transform.(default auto)
 -fast-pskip         <boolean>      E..V......(default auto)
 -aud                <boolean>      E..V...... Use access unit delimiters.(default auto)
 -mbtree             <boolean>      E..V...... Use macroblock tree ratecontrol.(default auto)
 -deblock            <string>       E..V...... Loop filter parameters,in <alpha:beta> form.
 -cplxblur           <float>        E..V...... Reduce fluctuations in QP(before curve
compression)(from -1 to FLT_MAX)(default -1)
 -partitions         <string>       E..V...... A comma-separated list of partitions to consider.
Possible values: p8x8,p4x4,b8x8,i8x8,i4x4,none,all
 -direct-pred        <int>          E..V...... Direct MV prediction mode(from -1 to INT_MAX)
(default -1)
    none             0              E..V......
    spatial          1              E..V......
    temporal         2              E..V......
    auto             3              E..V......
 -slice-max-size     <int>          E..V...... Limit the size of each slice in Bytes(from -1 to
INT_MAX)(default -1)
 -stats              <string>       E..V...... Filename for 2 pass stats
 -nal-hrd            <int>          E..V...... Signal HRD information(requires vbv-bufsize;
cbr not allowed in .mp4)(from -1 to INT_MAX)(default -1)
    none             0              E..V......
    vbr              1              E..V......
    cbr              2              E..V......
 -avcintra-class     <int>          E..V...... AVC-Intra class 50/100/200(from -1 to 200)
(default -1)
 -me_method          <int>          E..V...... Set motion estimation method(from -1 to 4)
(default -1)
    dia              0              E..V......
    hex              1              E..V......
    umh              2              E..V......
    esa              3              E..V......
    tesa             4              E..V......
 -motion-est         <int>          E..V...... Set motion estimation method(from -1 to 4)
(default -1)
    dia              0              E..V......
    hex              1              E..V......
```

umh	2	E..V......	
esa	3	E..V......	
tesa	4	E..V......	
-forced-idr	<boolean>	E.V......	If forcing keyframes, force them as IDR frames. (default false)
-coder	<int>	E.V......	Coder type(from -1 to 1)(default default)
default	-1	E.V......	
cavlc	0	E..V......	
cabac	1	E..V......	
vlc	0	E..V......	
ac	1	E..V......	
-b_strategy	<int>	E.V......	Strategy to choose between I/P/B-frames(from -1 to 2)(default -1)
-chromaoffset	<int>	E.V......	QP difference between chroma and luma(from INT_MIN to INT_MAX)(default -1)
-sc_threshold	<int>	E.V......	Scene change threshold(from INT_MIN to INT_MAX)(default -1)
-noise_reduction	<int>	E.V......	Noise reduction(from INT_MIN to INT_MAX)(default -1)
-x264-params	<dictionary>	E.V......	Override the x264 configuration using a : -separated list of key=value parameters

5.7.2　x264.exe 中的选项名与选项值

libx264 中的这些选项值需要通过 x264.exe 来查看,部分截图如 5-78 所示,命令行如下:

```
x264.exe -- help
x264.exe -- fullhelp
```

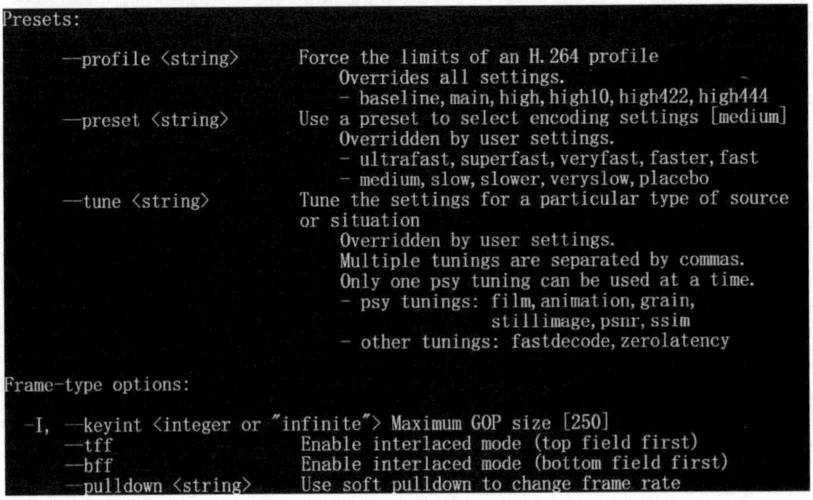

```
Presets:
      --profile <string>        Force the limits of an H.264 profile
                                Overrides all settings.
                                - baseline,main,high,high10,high422,high444
      --preset <string>         Use a preset to select encoding settings [medium]
                                Overridden by user settings.
                                - ultrafast,superfast,veryfast,faster,fast
                                - medium,slow,slower,veryslow,placebo
      --tune <string>           Tune the settings for a particular type of source
                                or situation
                                Overridden by user settings.
                                Multiple tunings are separated by commas.
                                Only one psy tuning can be used at a time.
                                - psy tunings: film,animation,grain,
                                               stillimage,psnr,ssim
                                - other tunings: fastdecode,zerolatency

Frame-type options:
      -I, --keyint <integer or "infinite"> Maximum GOP size [250]
          --tff                  Enable interlaced mode (top field first)
          --bff                  Enable interlaced mode (bottom field first)
          --pulldown <string>    Use soft pulldown to change frame rate
```

图 5-78　x264 中的参数选项部分截图

注意，输入 x264.exe --fullhelp 可以查看所有的详细参数值，例如 -profile 的选项值可以是 baseline、main、high、high10、high422 及 high444 等，所以 FFmpeg 在转码时可以使用的命令如下：

```
//chapter5/x264-encode.txt
ffmpeg -i test4-default.avi -vcodec libx264 -r 30 -profile:v high -y test4-libx264-avi-r30-slice4.mp4
#也可以用 baseline、main 等
```

输入 x264.exe --fullhelp 后，部分输出信息如下：

```
//chapter5/x264-encode.txt
Presets:
        --profile <string>  Force the limits of an H.264 profile
                              Overrides all settings.
                              - baseline:
                                --no-8x8dct --bframes 0 --no-cabac
                                --cqm flat --weightp 0
                                No interlaced.
                                No lossless.
                              - main:
                                --no-8x8dct --cqm flat
                                No lossless.
                              - high:
                                No lossless.
                              - high10:
                                No lossless.
                                Support for bit depth 8-10.
                              - high422:
                                No lossless.
                                Support for bit depth 8-10.
                                Support for 4:2:0/4:2:2 chroma subsampling.
                              - high444:
                                Support for bit depth 8-10.
                                Support for 4:2:0/4:2:2/4:4:4 chroma subsampling.
        --preset <string>  Use a preset to select encoding settings [medium]
                              Overridden by user settings.
                              - ultrafast:
                                --no-8x8dct --aq-mode 0 --b-adapt 0
                                --bframes 0 --no-cabac --no-deblock
                                --no-mbtree --me dia --no-mixed-refs
                                --partitions none --rc-lookahead 0 --ref 1
```

```
                        -- scenecut 0 -- subme 0 -- trellis 0
                        -- no-weightb -- weightp 0
                    - superfast:
                        -- no-mbtree -- me dia -- no-mixed-refs
                        -- partitions i8x8,i4x4 -- rc-lookahead 0
                        -- ref 1 -- subme 1 -- trellis 0 -- weightp 1
                    - veryfast:
                        -- no-mixed-refs -- rc-lookahead 10
                        -- ref 1 -- subme 2 -- trellis 0 -- weightp 1
                    - faster:
                        -- no-mixed-refs -- rc-lookahead 20
                        -- ref 2 -- subme 4 -- weightp 1
                    - fast:
                        -- rc-lookahead 30 -- ref 2 -- subme 6
                        -- weightp 1
                    - medium:
                        Default settings apply.
                    - slow:
                        -- direct auto -- rc-lookahead 50 -- ref 5
                        -- subme 8 -- trellis 2
                    - slower:
                        -- b-adapt 2 -- direct auto -- me umh
                        -- partitions all -- rc-lookahead 60
                        -- ref 8 -- subme 9 -- trellis 2
                    - veryslow:
                        -- b-adapt 2 -- bframes 8 -- direct auto
                        -- me umh -- merange 24 -- partitions all
                        -- ref 16 -- subme 10 -- trellis 2
                        -- rc-lookahead 60
                    - placebo:
                        -- bframes 16 -- b-adapt 2 -- direct auto
                        -- slow-firstpass -- no-fast-pskip
                        -- me tesa -- merange 24 -- partitions all
                        -- rc-lookahead 60 -- ref 16 -- subme 11
                        -- trellis 2
--tune <string>     Tune the settings for a particular type of source
                    or situation
                    Overridden by user settings.
                    Multiple tunings are separated by commas.
                    Only one psy tuning can be used at a time.
                      - film(psy tuning):
                        -- deblock -1:-1 -- psy-rd <unset>:0.15
                      - animation(psy tuning):
                        -- bframes {+2} -- deblock 1:1
                        -- psy-rd 0.4:<unset> -- aq-strength 0.6
```

```
                        --ref {Double if > 1 else 1}
                    - grain(psy tuning):
                        --aq-strength 0.5 --no-dct-decimate
                        --deadzone-inter 6 --deadzone-intra 6
                        --deblock -2:-2 --ipratio 1.1
                        --pbratio 1.1 --psy-rd <unset>:0.25
                        --qcomp 0.8
                    - stillimage(psy tuning):
                        --aq-strength 1.2 --deblock -3:-3
                        --psy-rd 2.0:0.7
                    - psnr(psy tuning):
                        --aq-mode 0 --no-psy
                    - ssim(psy tuning):
                        --aq-mode 2 --no-psy
                    - fastdecode:
                        --no-cabac --no-deblock --no-weightb
                        --weightp 0
                    - zerolatency:
                        --bframes 0 --force-cfr --no-mbtree
                        --sync-lookahead 0 --sliced-threads
                        --rc-lookahead 0
--slow-firstpass    Don't force these faster settings with --pass 1:
                        --no-8x8dct --me dia --partitions none
                        --ref 1 --subme {2 if >2 else unchanged}
                        --trellis 0 --fast-pskip
```

5.8 libx265 的常用编码选项及应用案例

可以使用 libx265 对视频进行编码,但是需要在编译 FFmpeg 时通过--enable-libx265 参数将第三方库 libx265 集成进来。例如对于一个视频编码格式为 H.264 的文件(test4.mp4)使用 libx265 进行转码,过程如图 5-79 所示,命令如下:

```
ffmpeg -i test4.mp4 -vcodec libx265 -acodec copy -y test4-libx265.mp4
```

在该案例中,使用的视频转码格式是 HEVC(H.264),转码器是开源的 libx265,非常耗费 CPU,使用率接近 100%,如图 5-80 所示。转码速度比较慢,但转码后的视频文件变小了很多(大约为源 H.264 文件的一半),这是因为 H.265 的压缩效率比 H.264 高很多。

注意:由于 libx265 是纯软编,所以 CPU 耗费得非常多(几乎为 100%),但几乎没有用到 GPU(该案例中大约为 1%)。

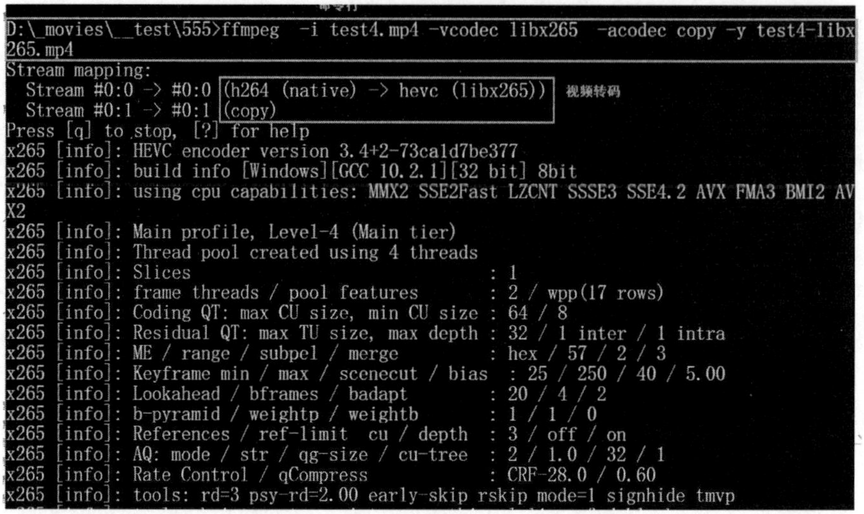

图 5-79 使用 FFmpeg 进行 libx265 编码

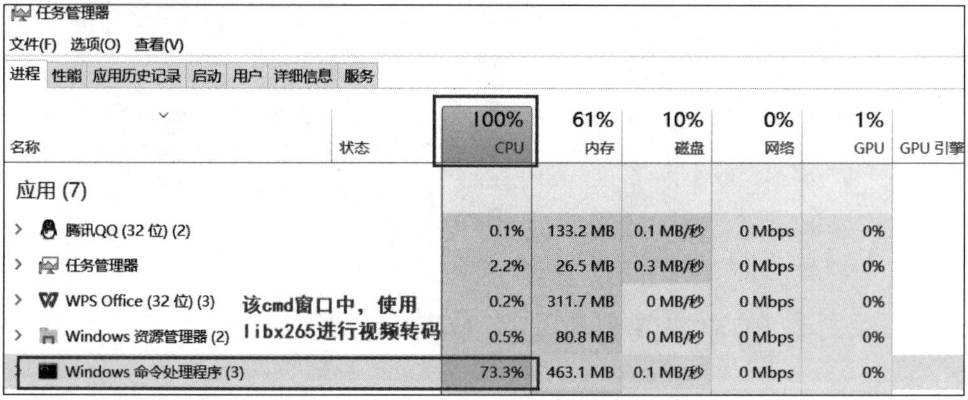

图 5-80 libx265 编码的 CPU 占用率

FFmpeg 中可用的 libx265 的所有选项可以通过 cmd 窗口进行查看,命令如下:

ffmpeg -h encoder = libx265

这些是 FFmpeg 命令行中可以使用的选项名,输出信息如下:

```
//chapter5/x265-help.txt
Encoder libx265 [libx265 H.265 / HEVC]:
    General capabilities: delay threads
    Threading capabilities: auto
    Supported pixel formats: yuv420p yuvj420p yuv422p yuvj422p yuv444p yuvj444p gbrp gray
##这些是支持的输入像素格式
libx265 AVOptions:  ##这些是支持的参数选项名
```

```
    -crf              <float>          E..V...... set the x265 crf(from -1 to FLT_MAX)(de
fault -1)
    -qp               <int>            E..V...... set the x265 qp(from -1 to INT_MAX)(def
ault -1)
    -forced-idr       <boolean>        E..V...... if forcing keyframes,force them as IDR f
rames(default false)
    -preset           <string>         E..V...... set the x265 preset
    -tune             <string>         E..V...... set the x265 tune parameter
    -profile          <string>         E..V...... set the x265 profile
    -x265-params      <dictionary>     E..V...... set the x265 configuration using a : -sepa
rated list of key=value parameters
```

5.9 FFmpeg 的 GPU 硬件加速原理及应用案例

FFmpeg 的软编功能非常强大，并且兼容性很好，但是太耗费 CPU，使用硬件加速可以充分利用 GPU，从而将 CPU 释放出来。可以查看 FFmpeg 支持的硬件加速，命令如下：

```
ffmpeg -hwaccels
```

笔者安装的 FFmpeg 的输出信息如图 5-81 所示。

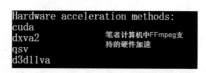

图 5-81　FFmpeg 支持的硬件加速方式

其中，FFmpeg 的编译选项如下：

```
//chapter5/ffmpeg-hwaccel-config.txt
ffmpeg version 4.3.1 Copyright(c) 2000-2020 the FFmpeg developers
    built with gcc 10.2.1(GCC) 20200726
    configuration: --enable-gpl --enable-version3 --enable-sdl2 --enable-
fontconfig --en
able-gnutls --enable-iconv --enable-libass --enable-libdav1d --enable-libbluray
--enab
le-libfreetype --enable-libmp3lame --enable-libopencore-amrnb --enable-
libopencore-amr
wb --enable-libopenjpeg --enable-libopus --enable-libshine --enable-libsnappy --
enable
-libsoxr --enable-libsrt --enable-libtheora --enable-libtwolame --enable-libvpx
--enab
```

```
le-libwavpack --enable-libwebp --enable-libx264 --enable-libx265 --enable-libxml2 --en
able-libzimg --enable-lzma --enable-zlib --enable-gmp --enable-libvidstab --enable-lib
vmaf --enable-libvorbis --enable-libvo-amrwbenc --enable-libmysofa --enable-libspeex -
-enable-libxvid --enable-libaom --enable-libgsm --disable-w32threads --enable-libmfx -
-enable-ffnvcodec --enable-CUDA-llvm --enable-cuvid --enable-d3d11va --enable-nvenc --
enable-nvdec --enable-dxva2 --enable-avisynth --enable-libopenmpt --enable-amf
    libavutil 56. 51.100 / 56. 51.100
```

注意：FFmpeg 中默认的编译选项不支持硬件加速，编译前需要手工开启这些选项。

通过 FFmpeg 可以使用完全硬件加速方式，即解码和编码都使用硬件加速，例如解码 H.264 格式的视频可以使用 cuvid，编码 H.264 格式的视频可以使用 nvenc，这里需要在-i 前添加 -hwaccel cuvid 参数，这种情况就可以完全通过显卡 GPU 完成转码，过程如图 5-82 所示，命令如下：

```
//chapter5/ffmpeg-hwaccel-config.txt
ffmpeg -hwaccel cuvid -c:v h264_cuvid -i test4.mp4 -c:v h264_nvenc -preset medium -crf 28 -c:a copy -y test4-cuvid-nvenc.mp4
```

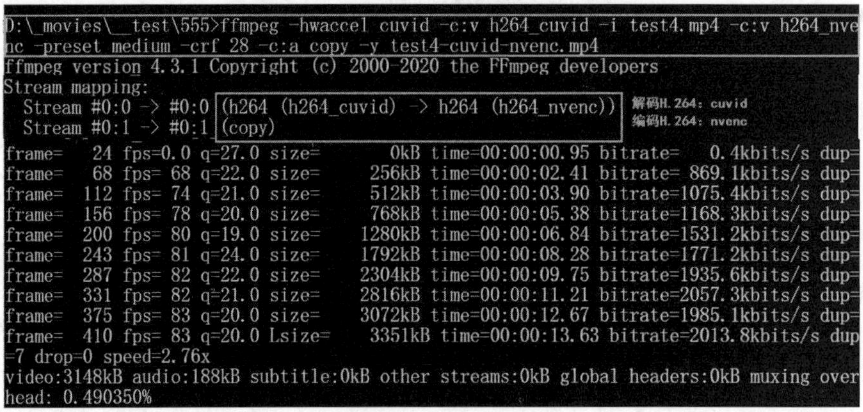

图 5-82 FFmpeg 以完全硬件加速方式实现 H.264 的解码与编码

在该案例中，视频转码分为解码 H.264(cuvid)和重新编码 H.264(nvenc)，几乎没用到 CPU，而 GPU 的占用率几乎是 100%，如图 5-83 所示。由此可见，FFmpeg 使用硬件加速后充分利用了 GPU。

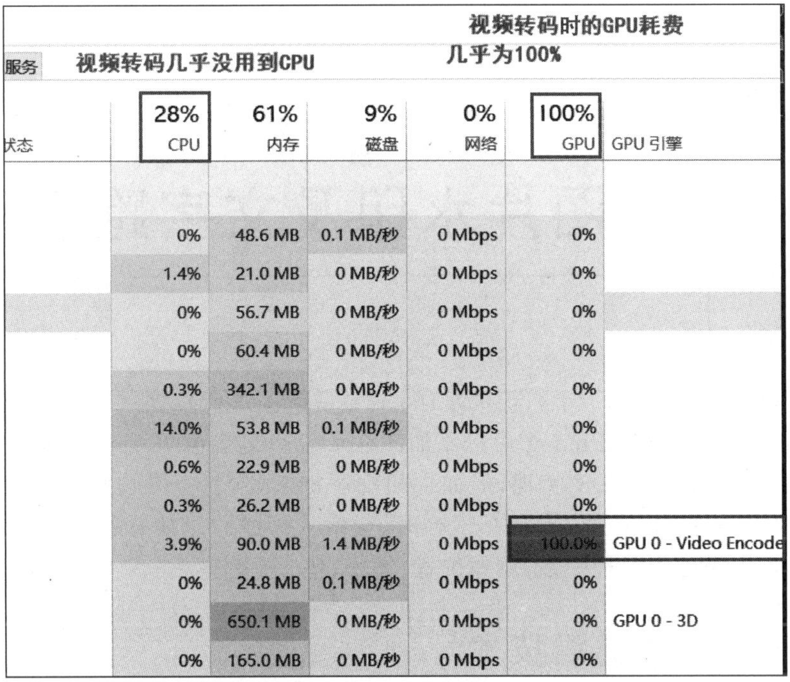

服务	状态	视频转码几乎没用到CPU				视频转码时的GPU耗费 几乎为100%	
		28% CPU	61% 内存	9% 磁盘	0% 网络	100% GPU	GPU 引擎
		0%	48.6 MB	0.1 MB/秒	0 Mbps	0%	
		1.4%	21.0 MB	0 MB/秒	0 Mbps	0%	
		0%	56.7 MB	0 MB/秒	0 Mbps	0%	
		0%	60.4 MB	0 MB/秒	0 Mbps	0%	
		0.3%	342.1 MB	0 MB/秒	0 Mbps	0%	
		14.0%	53.8 MB	0.1 MB/秒	0 Mbps	0%	
		0.6%	22.9 MB	0 MB/秒	0 Mbps	0%	
		0.3%	26.2 MB	0 MB/秒	0 Mbps	0%	
		3.9%	90.0 MB	1.4 MB/秒	0 Mbps	100.0%	GPU 0 - Video Encode
		0%	24.8 MB	0.1 MB/秒	0 Mbps	0%	
		0%	650.1 MB	0 MB/秒	0 Mbps	0%	GPU 0 - 3D
		0%	165.0 MB	0 MB/秒	0 Mbps	0%	

图 5-83　FFmpeg 硬件加速的 GPU 占用率

第 6 章 FFmpeg 命令行实现图片水印及文字跑马灯

分享视频或图片时可以打上自己的水印,主要是为了宣传及推广自己的摄影作品和保护自己的知识产权。利用 FFmpeg 可以添加图片水印和文字水印,还可以同时添加多个水印,这些可以通过 overlay 滤镜实现,但如果胡乱添加水印,就会影响画面的整体观感。尤其在水印本身的设计、处理和位置摆布不当时,会给人画蛇添足的感受,所以使用 FFmpeg 添加水印时,需要考虑好各种因素,例如位置、大小、色彩、字体等。

6.1 FFmpeg 的滤镜技术

FFmpeg 滤镜技术提供了很多音视频特效处理功能,例如视频缩放、截取、翻转、叠加等。FFmpeg 有很多已经实现好的滤镜,这些滤镜的实现位于 libavfilter 目录下,用户可以调用这些滤镜实现很多特效。可以通过 ffmpeg -filters 命令查看 FFmpeg 支持的滤镜。FFmpeg 常用的 filter 如下。

(1) scale:视频/图像的缩放。
(2) overlay:视频/图片的叠加。
(3) crop:视频/图像的裁剪。
(4) trim:截取视频的片段。
(5) rotate:以任意角度旋转视频。
(6) movie:加载第三方的视频。
(7) yadif:去隔行。
(8) concat:合并视频。

6.2 图片水印及位置控制

使用 FFmpeg 的-vf 滤镜中的 movie 可以给视频添加图片水印。

6.2.1 -vf 的 movie 滤镜

使用 FFmpeg 可以将一张 LOGO 图片添加到一个视频中,还可以指定 LOGO 的位置、大小等，具体命令如下：

```
//chapter6/6.1.txt
ffmpeg -i test4.mp4 -vf "movie = logo.png[logo];[in][logo] overlay = 10:10 [out]" -y test4-logo.mp4
```

在该案例中，输入文件 test4.mp4 是一个普通的视频文件，通过-vf 滤镜将一张 LOGO 图片(logo.png)添加到这个视频中指定的位置，然后重新转码，生成一个新的视频文件(test4-logo.mp4)。注意 logo.png 的路径与输入文件的路径一样，都在当前工作目录中。原视频文件、LOGO 及转码后的视频文件如图 6-1 所示。可以看出，该命令在输入视频文件的左上角位置添加了一个 LOGO 图片，下面解释该命令中的几个参数。

(1) -vf：视频滤镜(Video Filter)。

(2) movie：后跟一张图片，注意图片路径可以用相对路径或绝对路径。

(3) [logo]：给 logo.png 图片取一个别名，这里为[logo]，也可以是[abc]等。

(4) [in]：代表输入文件，这里是 test4.mp4。

(5) overlay：用于指定 LOGO 的位置、大小等。

(6) [out]：代表输出，即给输入的视频添加 LOGO 后的输出文件。

(7) movie=logo.png[logo];[in][logo] overlay=10：10 [out]：表示为 logo.png 取一个别名[logo]，然后给输入文件[in]添加这个[logo]，位置是 10：10，最后输出文件的别名为[out]。注意，[in]是特殊的符号，不可以修改名称，并且[in][logo]的顺序不可以改变。

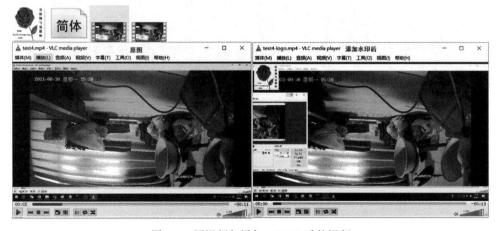

图 6-1　原视频与添加 LOGO 后的视频

6.2.2　-vf 的 movie 中的绝对路径

在使用 FFmpeg 的-vf 滤镜时，也可以指定 LOGO 图片的绝对路径，Linux 系统下的绝对路径比较简单，Windows 系统下的绝对路径包含一个特殊的冒号(:)。因为冒号在滤镜里面是特殊的符号,用于同一滤镜不同参数之间的间隔,Windows 系统的绝对路径本身也含有冒号,所以需要进行转义,即在冒号前面加反斜杠。同时,对于路径分隔符 \,前面也需要加反斜杠进行转义,就成了两个反斜杠(\\)。

```
//chapter6/6.1.txt
ffmpeg.exe -i D:\_movies\__test\666\test4.mp4 -vf "movie=filename='D\:\\_movies\\__test\\666\\logo.png'[watermask];[in][watermask]overlay=100:100[out]" D:\_movies\__test\666\test4-logo-2.mp4
```

注意:该命令中的-vf 之前、-i 之后的输入视频的路径不用转义,而-vf 后双引号内的绝对路径需要转义,例如转义为\:,\转义为\\。

将路径写成下面这种形式是不行的,FFmpeg 会报错(因为-vf 中的绝对路径中的反斜杠没有转义,即需要用两个连续的反斜杠:\\),如图 6-2 所示,具体命令如下:

```
//chapter6/6.1.txt
ffmpeg.exe -i D:\_movies\__test\666\test4.mp4 -vf "movie=filename='D\:\_movies\__test\666\logo.png'[watermask];[in][watermask]overlay=100:100[out]" D:\_movies\__test\666\test4-logo-2.mp4
```

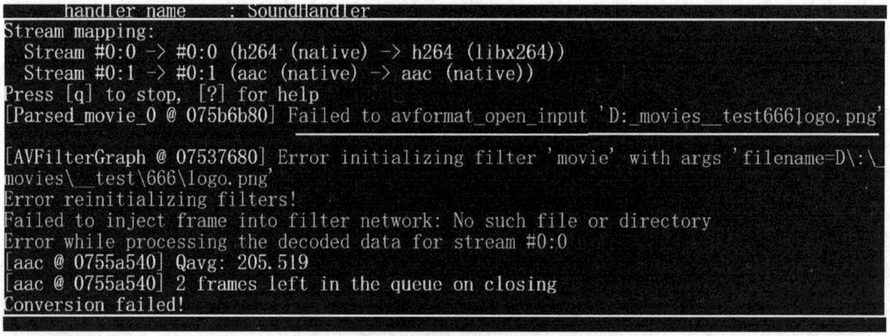

图 6-2 -vf 中的绝对路径语法错误

6.2.3 -vf 的 delogo 去掉水印

有时,下载了某个网站的视频,但视频却带有 LOGO,可以用 FFmpeg 的 delogo 滤镜去掉水印。

1. -vf delogo 去掉水印的语法

delogo 的语法如下:

```
-vf delogo=x:y:w:h[:show]
```

(1) x:y:表示离左上角的坐标。
(2) w:h:表示 LOGO 的宽和高。

(3) show：若设置为 1，则有一个绿色的矩形，默认值为 0。

注意：去除水印的原理是根据被去除部分周围的色彩进行颜色重构。

2. -vf delogo 去掉水印的案例

下面来看一个去掉水印的案例，代码如下：

```
//chapter6/6.1.txt
ffmpeg - i test4 - overlay - 0.mp4 - vf delogo = 10: 10: 200: 200: 1 - y test4 - overlay - 0 -
delogo.mp4
```

在该案例中，将原视频的左上角(10:10)的宽、高分别为 200、200 的矩形区域部分的水印去掉，水印去除前和去除后的效果对比如图 6-3 所示。

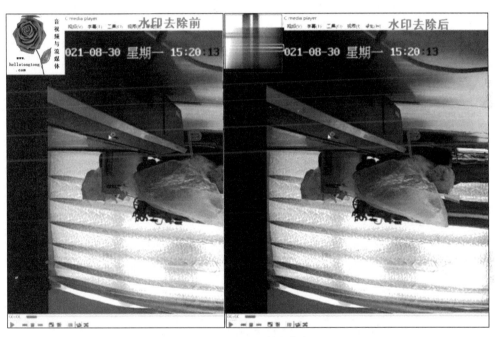

图 6-3　delogo 去除水印

3. -vf delogo 超出帧范围

将上面的命令修改一下，修改后的命令如下：

```
//chapter6/6.1.txt
ffmpeg - i test4 - overlay - 0.mp4 - vf delogo = 0: 0: 200: 200: 1 - y test4 - overlay - 0 -
delogo.mp4
```

在该案例中，输入命令后，会出现错误，报错信息如图 6-4 所示。分析错误信息：Logo area is outside of the frame，即 LOGO 范围超出了帧范围。因为 delogo 时会有一个绿色的边框，宽度默认为 1，所以 delogo 中的 x、y 至少为 1。

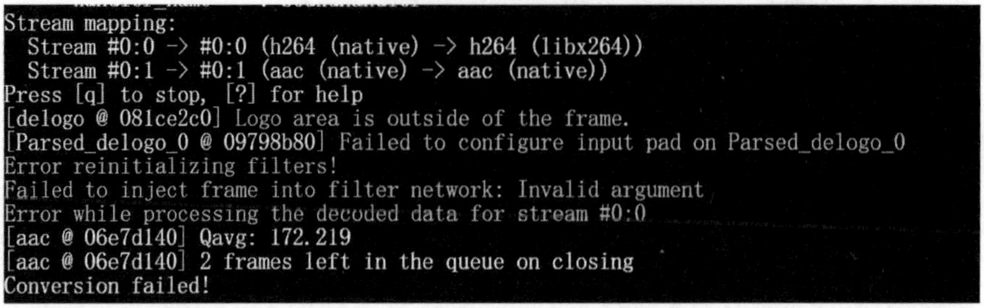

```
Stream mapping:
  Stream #0:0 -> #0:0 (h264 (native) -> h264 (libx264))
  Stream #0:1 -> #0:1 (aac (native) -> aac (native))
Press [q] to stop, [?] for help
[delogo @ 081ce2c0] Logo area is outside of the frame.
[Parsed_delogo_0 @ 09798b80] Failed to configure input pad on Parsed_delogo_0
Error reinitializing filters!
Failed to inject frame into filter network: Invalid argument
Error while processing the decoded data for stream #0:0
[aac @ 06e7d140] Qavg: 172.219
[aac @ 06e7d140] 2 frames left in the queue on closing
Conversion failed!
```

图 6-4 delogo 水印位置超出范围

4. -vf delogo 的参数

FFmpeg 命令行可以查看某个滤镜（例如 delogo）的参数，命令如下：

```
ffmpeg -- help filter = delogo
```

具体输出信息如下：

```
//chapter6/6.1.txt
Filter delogo
  Remove logo from input video.//去除输入视频指定位置的水印
    Inputs:
      #0: default (video)
    Outputs:
      #0: default (video)
delogo AVOptions:              //x、y、w、h: 表示水平的坐标及边框的宽和高
  x      <string>     ..FV...... set logo x position(default "-1")
  y      <string>     ..FV...... set logo y position(default "-1")
  w      <string>     ..FV...... set logo width(default "-1")
  h      <string>     ..FV...... set logo height(default "-1")
  show   <boolean>    ..FV...... show delogo area(default false)

This filter has support for timeline through the 'enable' option.
```

6.3 文字水印及位置控制

使用 FFmpeg 的 -vf 滤镜中的 drawtext 可以给视频添加文字水印。添加文字时需要关心的几个问题如下。

（1）文字内容：包括添加固定内容、每帧添加不同的内容、添加程序自动计算出来的一些信息等。

（2）文字位置：包括固定位置，每帧都添加在不同的位置，用一个公式去动态地计算位置等。

（3）字体、颜色、背景色、逐渐变换的颜色等。

6.3.1 -vf 的 drawtext 添加固定文字水印

使用 FFmpeg 给视频添加固定文字(注意这里是英文),命令如下:

```
//chapter6/6.1.txt
ffmpeg -ss 0 -t 5 -i test4.mp4 -vf "drawtext=fontsize=100:x=50:y=100:fontcolor=
red:text='HelloTongtong'" -y test4-drawtext.mp4
```

在该案例中,将红色的固定文字(HelloTongtong)添加到了视频的左上角位置($x=50$、$y=100$),字号为 100,如图 6-5 所示。各个参数(中间以英文的冒号分隔)的说明如下。

(1) fontsize=:字号。

(2) x=:x 轴的位置。

(3) y=:y 轴的位置。

(4) fontcolor=:颜色,可以是 FFmpeg 支持的颜色名称,也可以是♯开头后跟 6 位十六进制的数字,如♯00FF00 代表绿色。

(5) text=:要显示的文本。

图 6-5 -vf 的 drawtext 添加固定文字

6.3.2 -vf 的 drawtext 控制文字颜色及大小

使用 FFmpeg 给视频添加固定文字(注意这里是英文),命令如下:

```
//chapter6/6.1.txt
ffmpeg -ss 0 -t 3 -i test4.mp4 -vf "drawtext=fontsize=200:x=50:y=100:fontcolor=
♯00FF00:text='HelloTongtong'" -y test4-drawtext-1.mp4
```

在该案例中,将绿色的(fontcolor=♯00FF00)固定文字(HelloTongtong)添加到视频的左上角位置($x=50$、$y=100$),字号为 200,如图 6-6 所示。

图 6-6　-vf 的 drawtext 控制文本颜色及大小

6.3.3　查看 drawtext 的参数

FFmpeg 命令行可以查看某个滤镜(例如 drawtext)的参数,命令如下:

```
ffmpeg -- help filter = drawtext
```

主要包括 fontfile、text、fontcolor、box、x、y、fontsize、boxcolor 等,具体输出信息如下:

```
//chapter6/6.1.txt
Filter drawtext
  Draw text on top of video frames using libfreetype library.
    Inputs:
       ♯0: default (video)
    Outputs:
       ♯0: default (video)
drawtext AVOptions:
   fontfile          <string>     ..FV...... set font file: 字体文件
   text              <string>     ..FV...... set text: 要显示的文本内容
   textfile          <string>     ..FV...... set text file
   fontcolor         <color>      ..FV...... set foreground color(default "black")
   fontcolor_expr    <string>     ..FV...... set foreground color expression(default "")
```

boxcolor	<color>	..FV...... set box color(default "white")
bordercolor	<color>	..FV...... set border color(default "black")
shadowcolor	<color>	..FV...... set shadow color(default "black")
box	<boolean>	..FV...... set box(default false)
boxborderw	<int>	..FV...... set box border width(from INT_MIN to INT_MAX)(default 0)
line_spacing	<int>	..FV...... set line spacing in pixels(from INT_MIN to INT_MAX)(default 0)
fontsize	<string>	..FV...... set font size
x	<string>	..FV...... set x expression(default "0")
y	<string>	..FV...... set y expression(default "0")
shadowx	<int>	..FV...... set shadow x offset(from INT_MIN to INT_MAX)(default 0)
shadowy	<int>	..FV...... set shadow y offset(from INT_MIN to INT_MAX)(default 0)
borderw	<int>	..FV...... set border width(from INT_MIN to INT_MAX)(default 0)
tabsize	<int>	..FV...... set tab size(from 0 to INT_MAX)(default 4)
basetime	<int64>	..FV...... set base time(from I64_MIN to I64_MAX)(default I64_MIN)
font	<string>	..FV...... Font name(default "Sans")
expansion	<int>	..FV...... set the expansion mode(from 0 to 2)(default normal)
none	0	..FV...... set no expansion
normal	1	..FV...... set normal expansion
strftime	2	..FV...... set strftime expansion(deprecated)
timecode	<string>	..FV...... set initial timecode
tc24hmax	<boolean>	..FV...... set 24 hours max(timecode only)(default false)
timecode_rate	<rational>	..FV...... set rate(timecode only)(from 0 to INT_MAX)(default 0/1)
r	<rational>	..FV...... set rate(timecode only)(from 0 to INT_MAX)(default 0/1)
rate	<rational>	..FV...... set rate(timecode only)(from 0 to INT_MAX)(default 0/1)
reload	<boolean>	..FV...... reload text file for each frame(default false)
alpha	<string>	..FV...... apply alpha while rendering(default "1")
fix_bounds	<boolean>	..FV...... check and fix text coords to avoid clipping(default false)
start_number	<int>	..FV...... start frame number for n/frame_num variable(from 0 to INT_MAX)(default 0)
ft_load_flags	<flags>	..FV...... set font loading flags for libfreetype(default 0)
default		..FV......
no_scale		..FV......
no_hinting		..FV......
render		..FV......
no_bitmap		..FV......
vertical_layout		..FV......

```
  force_autohint                      ..FV......
  crop_bitmap                         ..FV......
  pedantic                            ..FV......
  ignore_global_advance_width         ..FV......
  no_recurse                          ..FV......
  ignore_transform                    ..FV......
  monoChrome                          ..FV......
  linear_design                       ..FV......
  no_autohint                         ..FV......
This filter has support for timeline through the 'enable' option.
```

这些帮助信息都可以直接在源码中查看,即可以在源码 vf_drawtext.c 的 AVOption 结构体中查看,上面的输出信息就是从该结构体中取出的字符串,每个滤镜都有一个对应的选项结构体,如图 6-7 所示。

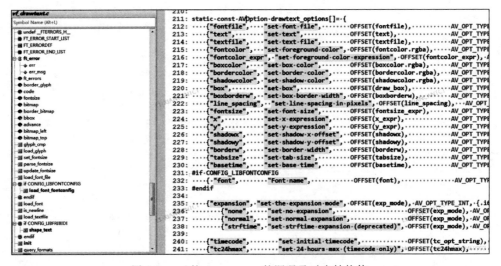

图 6-7 -vf 的 drawtext.c 的源码及对应结构体

6.3.4 drawtext 的文字内容来源

drawtext 有以下几种内容来源。

(1) 固定输入:例如 -text='hello world'。

(2) 从文件导入:例如 -textfile='xxx.txt'。

(3) %{xx}:扩展功能,文字内容从这个扩展函数里生成。

- 每帧的 pts 时间戳信息,例如 text='%{pts}'。
- 当前系统时间,例如 text='%{localtime}' 或 text='%{gmtime}'。
- 每帧的序号,例如 text='%{frame_num}' 或者简写成 text='%{n}'。

- 显示帧类型，例如 text='%{pict_type}'。

6.3.5 drawtext 的主要参数

drawtext 滤镜本质上是使用 libfreetype 库从视频顶部的指定文件中绘制文本字符串或文本。如果要启用此滤镜，则应在编译 FFmpeg 时使用--enable-libfreetype 配置 FFmpeg。如果要启用默认字体和字体选项，则需要使用--enable-libfontconfig 配置 FFmpeg。如果要启用 text_shaping 选项，则需要使用--enable-libfribidi 配置 FFmpeg。

1. box
用背景色在文本周围画一个方框，取值为 1(启用)或 0(禁用)。box 的默认值为 0。

2. boxborderw
使用框色设置框周围边框的宽度。boxborderw 的默认值为 0。

3. boxcolor
用于在文本周围绘制框的颜色。boxcolor 的默认值为 white。

4. line_spacing
使用"方框"设置要在方框周围绘制的边框的像素线间距。line_spacing 的默认值为 0。

5. borderw
使用边框颜色设置要围绕文本绘制的边框的宽度。borderw 的默认值为 0。

6. bordercolor
设置用于在文本周围绘制边框的颜色。bordercolor 的默认值为 black。

7. expansion
选择文本的展开方式，可以是 none、strftime(已弃用)或 normal(默认)。

8. basetime
设置计数的开始时间，取值的单位为微秒(μs)。仅适用于已弃用的 strftime 扩展模式。如果要在普通扩展模式下进行模拟，则可使用 pts 函数，以便提供开始时间(以秒为单位)作为第 2 个参数。

9. fix_bounds
如果为真，则检查并修复文本协调以避免剪切。

10. fontcolor
用于绘制文本的颜色。fontcolor 的默认值为 black。

11. fontcolor_expr
字符串以与文本相同的方式展开，以获得动态的 fontcolor 值。默认情况下，该选项的值为空，不进行处理。当设置此选项时，它将覆盖 fontcolor 选项。

12. font
用于绘制文本的字体系列。在默认情况下没有字体，如 STSONG. TTF 字体类型，可以从 C:\Windows\Fonts 复制一个有效的字体文件。

13. fontfile
用于绘制文本的字体文件，必须包括路径。当 fontconfig 支持被禁用时，此参数为必选参数。

14. alpha

绘制文本应用 alpha 混合,这个值可以是一个介于 0.0~1.0 的数字,表达式也接受相同的变量 x 和 y。默认值为 1。

15. fontsize

用于绘制文本的字号。fontsize 的默认值为 16。

16. text_shaping

如果设置为 1,则在绘制文本之前尝试对其进行整形,例如颠倒文本的顺序,使其改为从右到左的顺序并连接阿拉伯字符,否则就完全按照给定的方式绘制文本。默认值为 1。

17. ft_load_flags

用于加载字体的标志。flags 映射了 libfreetype 支持的相应标志,并且可以是以下值的组合:

- default(默认)
- no_scale
- no_hinting
- render
- no_bitmap
- vertical_layout
- force_autohint
- crop_bitmap
- pedantic
- ignore_global_advance_width
- no_recurse
- ignore_transform
- monoChrome
- linear_design
- no_autohint

18. shadowcolor

用于在绘制的文本后面绘制阴影的颜色。shadowcolor 的默认值为 black。

19. shadowx、shadowy

文本阴影位置相对于文本位置的 x 和 y 偏移量。它们可以是正的,也可以是负的。两者的默认值都是 0。

20. start_number

n/frame_num 变量的起始帧号。默认值为 0。

21. tabsize

用于呈现选项卡的空格数的大小。默认值为 4。

22. timecode

设置初始时间码,表示格式为 hh:mm:ss。使用时它可以带或不带文本参数。

timeecode_rate 选项必须指定。

23．timecode_rate/rate/r
设置时间码帧速率，仅限时间码，值将按四舍五入法取为最接近的整数。最小值为 1。支持帧速率为 30 和 60 的拖帧时间码。

24．tc24hmax
如果设置为 1，则时间码选项的输出将环绕 24h。默认为 0。

25．text
要绘制的文本字符串。文本必须是 UTF-8 编码字符序列。如果没有指定 textfile 参数，则此参数为必选项。

26．textfile
包含要绘制的文本的文本文件。文本必须是 UTF-8 编码字符序列。如果没有指定文本字符串，则此参数为必选参数。如果同时指定了 text 和 textfile，则抛出错误。

27．text_source
如果设置了 text source，则 text 和 textfile 将被忽略，如果不确定文本源，则不要使用此参数。

28．reload
如果设置为 1，则文本文件将在每帧之前重新加载。一定要完整地更新它，否则它可能被部分读取，甚至失败。

29．x、y
指定在视频帧内绘制文本的偏移量的表达式。它们相对于输出图像的上/左边界。x 和 y 的默认值为 0。

30．文本扩展
如果将 expansion 设置为 strftime，则滤镜将识别并提供文本中的 strftime() 序列，然后相应地展开它们，也就是%s、%y 格式。

（1）如果 expand 被设置为 none，则会逐字打印文本。

（2）如果 expansion 被设置为 normal，则使用如下扩展机制。

- 反斜杠字符\ 后面跟着任何字符，总是扩展到第 2 个字符。
- 形式为%{…}：大括号之间的文本是一个函数名，后面可能跟以冒号分隔的参数。如果参数包含特殊字符或分隔符（冒号），则应转义。注意，它们可能还必须转义为 filter 参数字符串中的 text 选项的值和 filter 图描述中的 filter 参数，也可能是 Shell 的转义，这样便构成了 4 层转义，使用文本文件可以避免这些问题。

（3）expr/e 表达式的计算结果。它必须接受一个参数来指定要计算的表达式，该参数接受与 x 和 y 值相同的常量和函数。注意，不是所有的常量都应该被使用，例如，当计算表达式时，文本大小是未知的，所以常量 text_w 和 text_h 将有一个未定义的值。

（4）expr_int_format/eif 计算表达式的值并将其输出为格式化的整数。它必须接受一个参数来指定要计算的表达式，该参数接受与 x 和 y 值相同的常量和函数。注意，不是所有的常量都应该被使用，例如，当计算表达式时，文本大小是未知的，所以常量 text_w 和

text_h 将有一个未定义的值。第 1 个参数是要计算的表达式，就像 expr 函数一样。第 2 个参数用于指定输出格式。它们与 printf 函数中的处理方法完全相同。第 3 个参数是可选的，用于设置输出的位置数。

（5）gmtime：滤镜运行的时间，以 UTC 表示。它可以接受一个参数：strftime() 格式字符串。本地时间以当地时区表示。

（6）pts：当前帧的时间戳。它最多可以有以下 3 个参数。

- 第 1 个参数是时间戳的格式；它默认使用 FLT 表示秒，作为微秒精度的十进制数；hms 表示格式化的 [-]HH:MM:SS。毫秒精度的 MMM 时间戳。gmtime 表示 UTC 时间格式的帧的时间戳；localtime 表示格式化为本地时区时间的帧的时间戳。
- 第 2 个参数是添加到时间戳的偏移量。
- 如果将格式设置为 hms，则可以提供第 3 个参数 24HH，以 24h 格式（00～23）表示格式化时间戳的小时部分。如果格式设置为 localtime 或 gmtime，则可以提供第 3 个参数：strftime() 格式字符串。默认使用 YYYY-MM-DD HH:MM:SS 格式。

6.3.6　-vf 的 drawtext 添加系统时间水印

使用 FFmpeg 给视频添加系统时间水印，命令如下：

```
//chapter6/6.1.txt
ffmpeg -ss 0 -t 5 -i test4.mp4 -vf "drawtext=fontsize=100:x=150:y=200:fontcolor=red:text='%{localtime}'" -y test4-drawtext.mp4
```

在该案例中，将红色的当前系统时间（%{localtime}）添加到视频的左上角位置（$x=150$、$y=200$），字号为 100，如图 6-8 所示。

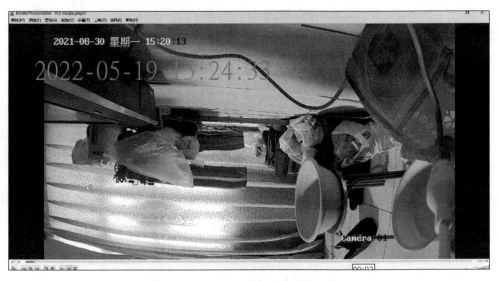

图 6-8　drawtext 添加系统时间水印

6.4 文字跑马灯案例实战

在观看视频时,有时会有流动字幕,或者流动图片,这个效果一般称为跑马灯效果。使用 FFmpeg 可以实现跑马灯效果,还可以控制字幕、图片等滚动的速度、方向等。

1. -vf 的 drawtext 添加每帧的序号

使用 drawtext 给视频的每帧添加序号,命令如下:

```
//chapter6/6.1.txt
ffmpeg -ss 0 -t 3 -i test4.mp4 -vf "drawtext=fontsize=100: x=n*5: y=100: fontcolor=red: box=1: text='%{n}'" -y test4-drawtext-2.mp4
```

在该案例中,给原视频的每帧添加了"序号"作为水印,从 0 开始,转码后的效果如图 6-9 所示,各个参数如下。

(1) box=:文字水印是否有背景框,取值 1 或 0。
(2) x=n*5:n 表示帧号,$n*5$ 表示每帧的 x 轴位置是当前帧号与 5 的乘积。
(3) text='%{n}':文本显示为递增的序号,%{n} 表示从 0 开始,表示当前的帧序号。

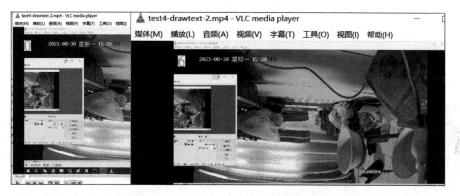

图 6-9 -vf 的 drawtext 为每帧添加序号

2. -vf 的 drawtext 添加系统时间

使用 drawtext 给视频添加系统时间水印,命令如下:

```
//chapter6/6.1.txt
ffmpeg -ss 0 -t 3 -i test4.mp4 -vf "drawtext=fontsize=100: x=n*5: y=100: fontcolor=red: box=1: text='%{localtime}'" -y test4-drawtext-3.mp4
```

在该案例中,给原视频添加系统时间水印,因为 $x=n*5$,所以可实现跑马灯效果,转码后的效果如图 6-10 所示。

3. -vf 的 drawtext 同时添加每帧的序号和帧类型

使用 drawtext 给视频的每帧同时添加序号和帧类型,命令如下:

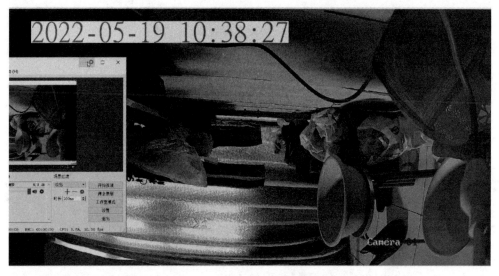

图 6-10 -vf 的 drawtext 添加系统时间

```
//chapter6/6.1.txt
ffmpeg -ss 0 -t 3 -i test4.mp4 -vf "drawtext=fontsize=100:x=n*5:y=100:fontcolor
=red:box=1:text='%{n}-%{pict_type}'" -y test4-drawtext-4.mp4
```

在该案例中,给原视频的每帧添加"序号"作为水印,从 0 开始,每个帧号后跟着该帧的类型(I/P/B),转码后的效果如图 6-11 所示。

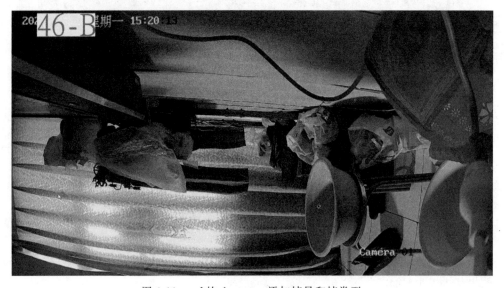

图 6-11 -vf 的 drawtext 添加帧号和帧类型

注意：在该案例中，同时使用了两种内容来源（text＝'％{n}-％{pict_type}'），其中 ％{n}与％{pict_type}之间不能使用英文冒号（:），因为冒号是默认的分隔符。

4. drawtext 实现从左到右文字跑马灯

使用 drawtext 实现从左到右文字跑马灯，命令如下：

```
//chapter6/6.1.txt
ffmpeg -ss 0 -t 3 -i test4.mp4 -vf "drawtext=text='hello-ffmpeg':x=(mod(10*n\,w+tw)-tw):y=10:fontcolor=#66FF00:fontsize=60" -f mp4 -y test4-lefttoright.mp4
```

在该案例中，实现了文字跑马灯从左到右移动，文字大小、字体、颜色、运动速度等都可以通过参数来控制，实现效果如图 6-12 所示。

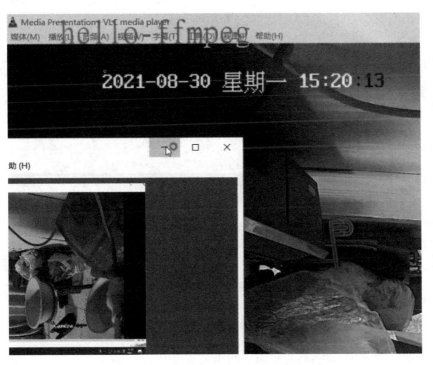

图 6-12　drawtext 实现从左到右文字跑马灯

(1) text＝：显示的文本，这里是固定的英文字符串 hello-ffmpeg。

(2) x＝：x 轴的位置，根据帧号实现从左到右移动，下面是几个相关的特殊变量。

- n：帧号，从 0 开始。
- w：视频帧的宽度。
- tw：要显示的文本的宽度。
- mod：求余数。
- mod(10 * n\,w+tw)－tw：当前帧号乘以 10，对(w+tw)求余，然后减去 tw。

（3）y＝：y 轴的位置，这里是 10。

（4）fontcolor＝：文本颜色，这里是 ♯66FF00。

（5）fontsize＝：字号，这里是 60。

5．drawtext 实现从右到左文字跑马灯

使用 drawtext 实现从右到左文字跑马灯，命令如下：

```
//chapter6/6.1.txt
ffmpeg -ss 0 -t 3 -i test4.mp4 -vf "drawtext=text='hello-ffmpeg':x=w-t*w/10:y=10:fontcolor=#22FF00:fontsize=60" -f mp4 -y test4-right2left.mp4
```

在该案例中，实现了文字跑马灯从右到左移动，文字大小、字体、颜色、运动速度等都可以通过参数来控制，实现效果如图 6-13 所示。

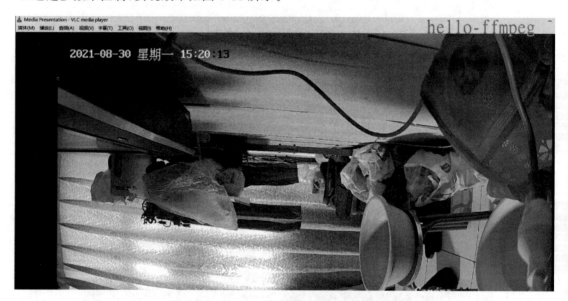

图 6-13　drawtext 实现从右到左文字跑马灯

（1）text＝：显示的文本，这里是固定的英文字符串 hello-ffmpeg。

（2）x＝：x 轴的位置，根据帧号实现从右到左移动，下面是几个相关的特殊变量。

- w：视频帧的宽度。
- t：当前播放的时长（单位为秒）。
- w－t＊w/10：当前帧的宽度减去当前播放的时长乘以帧宽度后除以 10。

（3）y＝：y 轴的位置，这里是 10。

（4）fontcolor＝：文本颜色，这里是 ♯22FF00。

（5）fontsize＝：字号，这里是 60。

6.5 FFmpeg 的 overlay 技术简介

overlay 技术又称为视频叠加技术。overlay 视频技术使用非常广泛，例如电视屏幕右上角显示的电视台台标，以及画中画功能。画中画是指在一个大的视频播放窗口中还存在一个小的播放窗口，不同的视频内容在两个窗口中可以同时播放。

6.5.1 overlay 技术简介

overlay 技术中涉及两个窗口，通常把较大的窗口称作背景窗口，把较小的窗口称作前景窗口，背景窗口或前景窗口里都可以播放视频或显示图片。FFmpeg 中使用 overlay 滤镜可实现视频叠加技术。

overlay 滤镜语法说明如下：

```
overlay[ = x: y[[ : rgb = {0,1}]]
```

overlay 滤镜是将前景窗口（第二输入）覆盖在背景窗口（第一输入）中的指定位置，其中参数 x 和 y 是可选的，默认值为 0。参数 rgb 也是可选的，其值为 0 或 1，默认值为 0。参数说明如下。

(1) x：从左上角的水平坐标，默认值为 0。
(2) y：从左上角的垂直坐标，默认值为 0。
(3) rgb：值为 0 表示输入颜色空间不改变，默认值为 0；值为 1 表示将输入的颜色空间设置为 RGB。
(4) 变量说明，以下变量可用在 x 和 y 的表达式中：

- main_w 或 W：主输入（背景窗口）的宽度。
- main_h 或 H：主输入（背景窗口）的高度。
- overlay_w 或 w：overlay 输入（前景窗口）的宽度。
- overlay_h 或 h：overlay 输入（前景窗口）的高度。

overlay 滤镜相关参数示意如图 6-14 所示。

6.5.2 -filter_complex overlay 添加水印

FFmpeg 的-vf 滤镜属于简单滤镜，也可以使用-filter_complex 复杂滤镜为视频添加一张图片水印。

1. 在视频左上角添加水印

在视频左上角添加水印，具体命令如下：

```
//chapter6/6.1.txt
ffmpeg - ss 0 - t 3 - i test4.mp4 - i logo.png - filter_complex overlay - y test4 - overlay - 0.mp4
```

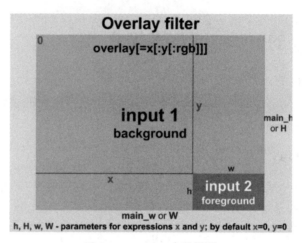

图 6-14　overlay 参数说明

在该案例中,有两个输入文件,前者是原视频文件 test4.mp4,后者是要添加的图片水印 logo.png,然后通过复杂滤镜-filter_complex overlay 为视频添加图片水印,转码后的效果如图 6-15 所示。

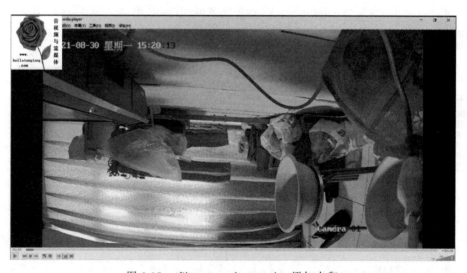

图 6-15　-filter_complex overlay 添加水印

注意：该命令中-filter_complex overlay 默认将图片水印默认添加到原视频的左上角。

2. 在视频右上角添加水印

将图片水印添加到原视频的右上角,命令如下：

```
//chapter6/6.1.txt
ffmpeg -ss 0 -t 3 -i test4.mp4 -i logo.png -filter_complex overlay=W-w -y test4-overlay-1.mp4
```

在该案例中，-filter_complex overlay=W-w，W 表示原视频的宽度，w 表示 LOGO 图片水印的宽度，overlay=W-w 表示将图片水印显示在 x 轴的 W-w 处，y 轴为 0，相当于原视频的右上角位置，转码后的效果如图 6-16 所示。

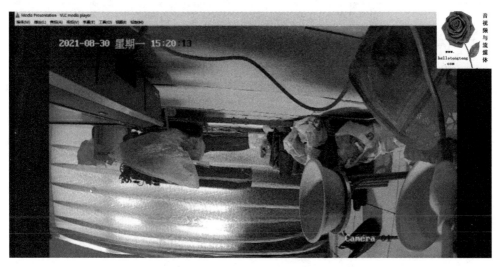

图 6-16　-filter_complex overlay 在右上角添加水印

3. 在视频左下角添加水印

将图片水印添加到原视频的左下角，命令如下：

```
//chapter6/6.1.txt
ffmpeg -ss 0 -t 3 -i test4.mp4 -i logo.png -filter_complex overlay=0:H-h -y test4-overlay-2.mp4
```

在该案例中，overlay=0:H-h，0 表示 x 轴的位置，H-h 表示 y 轴的位置，其中 H 表示原视频的高度，h 表示 LOGO 图片的高度，转码后的效果如图 6-17 所示。

4. 在视频右下角添加水印

将图片水印添加到原视频的右下角，命令如下：

```
//chapter6/6.1.txt
ffmpeg -ss 0 -t 3 -i test4.mp4 -i logo.png -filter_complex overlay=W-w:H-h -y test4-overlay-3.mp4
```

在该案例中，overlay=W-w:H-h，W-w 表示 x 轴的位置，H-h 表示 y 轴的位置，其中 W 表示原视频的宽度，w 表示 LOGO 图片水印的宽度，H 表示原视频的高度，h 表示 LOGO 图片的高度，转码后的效果如图 6-18 所示。

图 6-17　-filter_complex overlay 在左下角添加水印

图 6-18　-filter_complex overlay 在右下角添加水印

6.6　控制文字的大小和颜色并解决中文乱码问题

在上述案例中添加的文字水印都是英文的，如果输入汉字可能会出现乱码，因为这涉及一些字体库。

6.6.1 -vf 的 drawtext 添加中文水印

使用 FFmpeg 给视频添加固定文字(注意这里是中文),命令如下:

```
//chapter6/6.1.txt
ffmpeg -ss 0 -t 3 -i test4.mp4 -vf "drawtext=fontsize=100:x=50:y=100:fontcolor=red:text='音视频与流媒体'" -y test4-drawtext-fyy1.mp4
```

在该案例中,将红色的中文(音视频与流媒体)添加到视频的左上角位置($x=50$、$y=100$),字号为 100,但是会出现乱码(红色的方块),如图 6-19 所示。

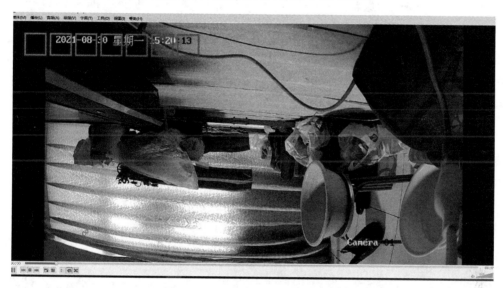

图 6-19 drawtext 的中文乱码情况

6.6.2 -vf 的 drawtext 解决中文乱码问题

出现中文乱码主要因为缺少对应的字体库,Windows 系统下的字体库存放在 C:\Windows\Fonts 目录下,如图 6-20 所示。

将一个中文字体文件复制到 cmd 所在的当前工作目录下(如笔者的工作目录为 D:_movies__test\666),例如笔者将一个"黑体 常规(simhei.ttf)"文件复制到当前工作目录下,然后输入的命令如下:

```
//chapter6/6.1.txt
ffmpeg -ss 0 -t 3 -i test4.mp4 -vf "drawtext=fontfile=simhei.ttf:fontsize=100:x=50:y=100:fontcolor=red:text='音视频与流媒体'" -y test4-drawtext-fyy2.mp4
```

在该案例中,指定了中文字体文件(simhei.ttf),转码效果如图 6-21 所示。

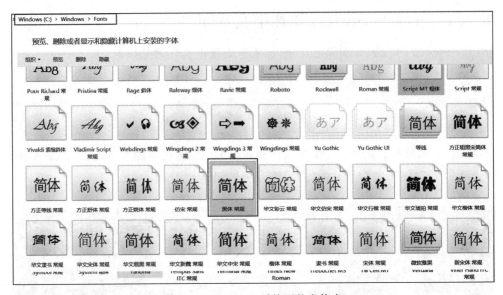

图 6-20　Windows 系统下的字体库

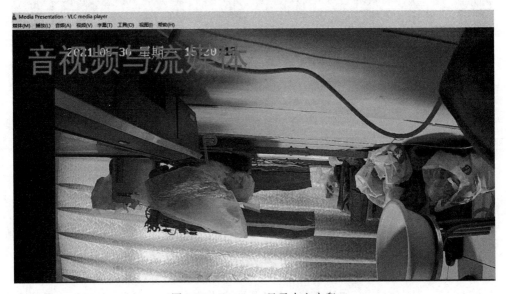

图 6-21　drawtext 显示中文水印

6.6.3　-vf 的 drawtext 中使用绝对路径

上文中将 C:\Windows\Fonts 的某个字体文件直接复制到当前工作目录,当用到大量字体文件时很不方便,所以需要使用绝对路径来引用字体文件。将上文中字体文件路径修改为绝对路径,输入的命令如下:

```
//chapter6/6.1.txt
ffmpeg -ss 0 -t 3 -i test4.mp4 -vf "drawtext=fontfile=C:\Windows\Fonts\simhei.ttf:
fontsize=100: x=50: y=100: fontcolor=red: text='音视频与流媒体'" -y test4-drawtext
-fyy3.mp4
```

在该案例中，因为用到了绝对路径，而 Windows 系统中的绝对路径有冒号(:)，所以会出现问题，如图 6-22 所示。

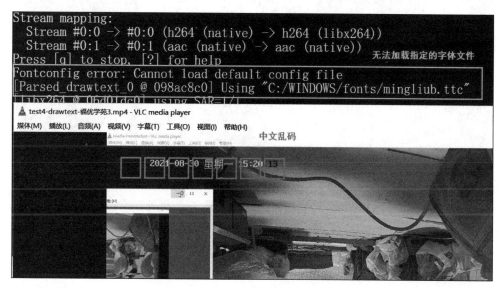

图 6-22　drawtext 引用绝对路径出错

在 drawtext 的参数中，如果用到绝对路径，需要对冒号(:)和反斜杠(\)进行转义，修改后会正常显示中文，如图 6-23 所示，命令如下：

```
//chapter6/6.1.txt
ffmpeg -ss 0 -t 3 -i test4.mp4 -vf "drawtext=fontfile=C\\:\\\\Windows\\\\Fonts\\\\
simhei.ttf: fontsize=100: x=50: y=100: fontcolor=red: text='音视频与流媒体'" -y
test4-drawtext-fyy4.mp4
```

在 FFmpeg 的命令行中，drawtext 参数中的绝对路径要将冒号(:)改为\\:，将本来的\改为\\\\。或者将所有的反斜杠(\)改为斜杠(/)也是可以的，命令如下：

```
//chapter6/6.1.txt
ffmpeg -ss 0 -t 3 -i test4.mp4 -vf "drawtext=fontfile=C\\:/Windows/Fonts/simhei.ttf:
fontsize=100: x=50: y=100: fontcolor=red: text='音视频与流媒体'" -y test4-drawtext
-fyy5.mp4
```

图 6-23　drawtext 正确引用绝对路径

注意：Linux 系统中的绝对路径比较简单，直接使用即可，例如/home/tomm/fonts/abc.ttf。

第 7 章 FFmpeg 命令行实现音视频特效及复杂滤镜应用

8min

使用 FFmpeg 可以实现简单的音视频转码功能，也可以实现很多复杂的音视频特效。FFmpeg 提供了很多实用且强大的滤镜(filter、滤镜)，例如 overlay、scale、trim、setpts 等，通过复杂滤镜(-filter-complex)的表达式，可以将多个滤镜组装成一个调用图，实现更为复杂的视频剪辑功能。FFmpeg 包含滤镜的流程如图 7-1 所示。

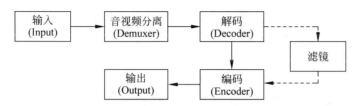

图 7-1 FFmpeg 包含滤镜的转码流程图

滤镜前后画的是虚线，表示可有可无。在术语中，滤镜可在编码之前针对解码器解码出来的原始数据(音视频帧)进行处理，也可以称它为滤镜。FFmpeg 内置了近 400 种滤镜，可以用 ffmpeg -filters 命令查看所有的滤镜，也可以用命令 ffmpeg -h filter=xxx 查看具体的滤镜或者查看官方文档了解每种滤镜。

按照处理数据的类型还可分为音频 filter、视频 filter、字幕 filter，FFmpeg 可以通过 filter 对音视频实现出非常多不同的 filter 效果，视频可以实现缩放、合并、裁剪、旋转、水印添加、倍速等效果，音频可以实现回声、延迟、去噪、混音、音量调节、变速等效果。可以通过 filter 不同方式的组合去定制出想要的音视频特效。

实际上在大部分音视频的处理过程中离不开滤镜，多个滤镜可以结合在一起使用形成滤镜链或者滤镜图，在每个滤镜中，不仅可以对输入源进行处理，A 滤镜处理好的结果还可以作为 B 滤镜的输入参数，通过 B 滤镜继续处理。针对滤镜的处理，FFmpeg 提供了两种处理方式，即简单滤镜和复杂滤镜。

这里简单介绍责任链模式(Chain of Responsibility Pattern)，它是一种设计模式。在责任链模式里，很多对象由每个对象对其下家的引用而连接起来形成一条链。请求在这个链上传递，直到链上的某个对象决定处理此请求。发出这个请求的客户端并不知道链上的哪一个对象最终处理这个请求，这使系统可以在不影响客户端的情况下动态地重新组织和分配责任,操作流程如图 7-2 所示。

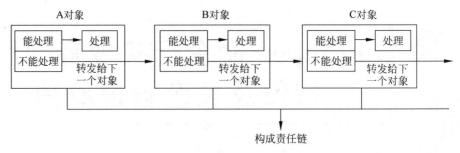

图 7-2 责任链设计模式

责任链设计模式类似于《红楼梦》中的"击鼓传花"游戏,是集氛围热闹与情绪紧张双双涵盖的一种酒令游戏。通常是在酒宴上大家依次而坐,为了以示公正,由一人击鼓,或者蒙上击鼓人的双眼,或者击鼓人与宴席中的其他人用围屏隔开。随着击鼓开始,花束也开始依次传递,鼓声落时,花束落在谁手,则该人便被罚酒,因此大家传递得很快,唯恐花束留在自己手中。而击鼓之人利用技巧,或紧或慢,时断时续,忽行忽止,让人难以捉摸,现场造成一种分外紧张的所氛,一旦鼓声戛然而止,大家都会不约而同地关注持花者,此时大家一哄而笑,紧张的气氛也随之消散。

7.1 复杂滤镜 filter_complex 简介

在 FFmpeg 的滤镜中,有简单滤镜(Simple Filtergraph)和复杂滤镜(Complex Filtergraph)两种。使用简单滤镜时,用-vf 选项;使用复杂滤镜时,使用-filter_complex 或-lavfi 选项。简单滤镜和复杂滤镜的使用场景不同,如果只有一个输入文件和一个输出文件,则用简单滤镜,否则应该用复杂滤镜。

FFmpeg 中 filter 分为 source filter(只有输出)、audio filter、video filter、Multimedia filter 和 sink filter(只有输入)。除了 source filter 和 sink filter,其他 filter 都至少有一个输入和一个输出。

7.1.1 简单滤镜和复杂滤镜案例入门

先来测试一个复杂滤镜的案例,命令如下:

```
ffmpeg -ss 0 -t 3 -i test4.mp4 -i logo.png -filter_complex "overlay=x=50:y=50" -y test4-overlay-0.mp4
```

上面的命令等效于:

```
ffmpeg -ss 0 -t 3 -i test4.mp4 -i logo.png -lavfi "overlay=x=50:y=50" -y test4-overlay-0.mp4
```

上面两条命令的作用是给视频（test4.mp4）在左上角添加一个水印（logo.png），命令可以成功执行，打开输出文件可以看到 LOGO 图片已经成功添加到左上角了，如图 7-3 所示。

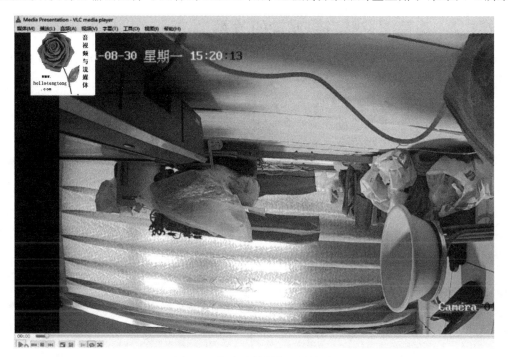

图 7-3　复杂滤镜添加图片水印

下面使用简单滤镜来验证上面的结论，修改后的命令如下：

```
ffmpeg -ss 0 -t 3 -i test4.mp4 -i logo.png -vf "overlay=x=50:y=50" -y test4-overlay-1.mp4
```

上面命令把-filter_complex 换成了-vf，运行命令后会出错，如图 7-4 所示。

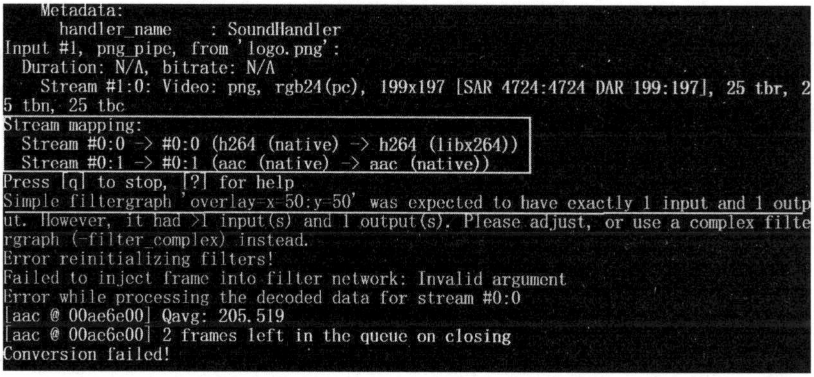

图 7-4　简单滤镜的出错信息

框中的信息说明进行了音视频重新转码,出错日志说明:"对于简单滤镜,只能有一个输入和一个输出",所以当有多个输入文件时,需要使用复杂滤镜。

7.1.2 滤镜图、滤镜链、滤镜的关系

FFmpeg 中的滤镜图(Filtergraph)、滤镜链(Filterchain)、滤镜(Filter)之间的关系如下。

(1) 滤镜图:跟在 -vf 之后的是一个滤镜图。

(2) 滤镜链:一个滤镜图包含多个滤镜链。

(3) 滤镜:一个滤镜链包含多个滤镜。

概括来讲就是:滤镜 ∈ 滤镜链 ∈ 滤镜图。

FFmpeg 支持多种滤镜,查看全部滤镜的命令如下:

```
ffmpeg -filters
```

下面看一个滤镜图的例子,命令如下:

```
//chapter7/7.1.txt
ffmpeg -i test4.mp4 -vf "[in]scale=640:480[wm];movie='logo.png',scale=92.25:80.88
[logo];[wm][logo]overlay=main_w-overlay_w-24.0:24.0[out]" -y test4-filtergraph-1.mp4
```

在该案例中,有一个滤镜图,包含 3 个滤镜链。

(1) [in]scale=640.0:480.0[wm]:[in]表示输入的文件(test4.mp4),scale=640.0:480.0 表示原输入视频进行缩放后的宽(640)、高(480);[wm]表示本滤镜链的别名,因为后边的滤镜链可能会通过这个名称来引用本滤镜的输出视频。

(2) movie='logo.png',scale=92.25:80.88[logo]:movie 表示图片水印,并缩放为92.25:80.88,然后给自己的输出命名为[logo],供后续的滤镜链使用。

(3) [wm][logo]overlay=main_w-overlay_w-24.0:24.0[out]:[wm]表示第 1 个滤镜链的输出内容,[logo]表示第 2 个滤镜链的输出内容,overlay 表示将[logo]叠加到视频[wm]的指定位置(main_w-overlay_w-24.0:24.0),即视频宽度(main_w)减去图片水印的宽度(overlay_w)再减去 24,高度为 24,相当于在视频的右上角位置添加了一张图片水印。最后的[out]表示这个滤镜链的输出内容。

可以看到,滤镜链使用英文分号(;)来分隔,滤镜链中的滤镜使用英文逗号(,)来分隔;滤镜链没有指定输入或者输出,默认使用前面滤镜链的输出作为自己的输入,并输给后面的滤镜链作为输入。

在该案例中,将原输入视频(test4.mp4)缩放为 640:480,将图片水印(logo.png)缩放为 92.25:80.88,然后在视频的右上角添加水印(main_w-overlay_w-24.0:24.0),转码后的效果如图 7-5 所示。

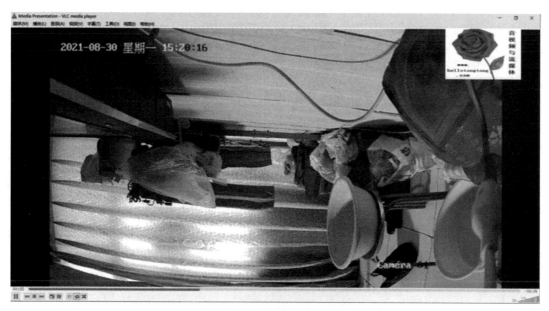

图 7-5　滤镜图及滤镜链的案例

7.1.3　简单滤镜和复杂滤镜的区别

1. 简单滤镜

简单滤镜(Simple Filtergraph)只有一个输入和一个输出,实际上就是添加在解码和编码步骤之间的操作,简单滤镜需要配置每个流的筛选器选项(视频和音频分别使用-vf 和-af 别名),具体流程如图 7-6 所示。注意一些滤镜会改变帧属性,但是不会改变帧内容,例如 fps 滤镜将改变帧的数量,但是不会去修改一帧数据中存储的内容;又例如 setpts 滤镜,仅会修改帧的时间戳,这样就完成了这帧数据的处理而没有改变帧内数据。

图 7-6　简单滤镜的流程图

-vf 是-filter:v 的简写,还可以使用-filter:a 或者-af 针对音频流进行处理。

-filter 的语法规则如下:

```
- filter[: stream_specifier] filtergraph(output,per - stream)
```

stream_specifier 流的类型一般用 a 表示音频,v 表示视频,filtergraph 表示具体的滤镜,例如可以用 scale 滤镜。

例如使用简单滤镜-vf 的 drawtext 给视频添加系统时间水印,命令如下:

```
//chapter7/7.1.txt
ffmpeg -ss 0 -t 3 -i test4.mp4 -vf "drawtext=fontsize=100:x=n*5:y=100:fontcolor=
red:box=1:text='%{localtime}'" -y test4-drawtext-3.mp4
```

2. 复杂滤镜

复杂滤镜(Complex Filtergraph)是指那些不能被描述为简单的线性处理链的滤镜组。例如，当滤镜组具有多个输入和/或输出，或当输出流的类型不同于输入时。具体流程如图 7-7 所示。

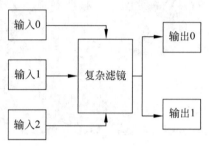

图 7-7　复杂滤镜的流程图

复杂滤镜图使用 -filter_complex 选项来表示，与 -vf 不同，它有多个输入。该选项是全局的，-lavfi 选项等同于 -filter_complex，一个具体的例子就是 overlay 滤镜，该滤镜有两个视频输入和一个视频输出，输出视频实现的是在一个输入视频上覆盖另一个视频后的叠加效果。注意这个选项是全局的，因为复杂滤镜图不会二义性地关联到单个流或者文件。相对于简单滤镜，复杂滤镜是可以处理任意数量输入和输出效果的滤镜图，它几乎无所不能。

7.1.4　流和滤镜的结合使用

流和滤镜结合是一种最重要、最常用的方法，例如对输入视频 test4.mp4 进行缩放，并且以手动的方式选择流，命令如下：

```
//chapter7/7.1.txt
ffmpeg -i test4.mp4 -filter_complex "[0]scale=640:360[out]" -map 0:a -map "[out]" -y
test4-filter-1.mp4
```

分析如下：

(1) 命令 [0]scale=640:360[out] 中的 [0] 表示第 1 个输入的视频(test4.mp4)，因为要对视频进行处理，所以也可以用 [0:v] 表示，如果要对音频单独处理，就需要用 [0:a]。

(2) [0] 结合 scale 滤镜，表示把第 1 个输入的视频作为 scale 滤镜的参数输入。

(3) [out] 中括号是必需的，out 是自定义的一个别名，结合 scale 滤镜，表示把 scale 滤镜输出的结果命名为 [out]，但并非是最终输出的结果，只能作为中间过程输出的一个结果。

(4) -map 0:a 表示手工选择映射音频流(0:a)。

(5) -map "[out]"表示直接选择[out]流作为输出,这里会把缩放后的视频[out]流与原视频文件中的音频流混合,作为整体的输出结果。

前面讲过,一个滤镜的输出作为另一个滤镜的输入,这样就极大地避免了写多条命令反复编解码操作,原则是,能用一条命令处理的就不用两条命令。因为有损编解码器反复编解码操作会降低原视频质量。

在该案例中,输入视频的分辨率是 1920×1080,转码后缩放为 640×360,并且手工映射了音频流(-map 0:a),将二者混合后作为最终的输出结果。通过 MediaInfo 查看流信息,包括视频流(AVC、640×360)和音频流(AAC),如图 7-8 所示。

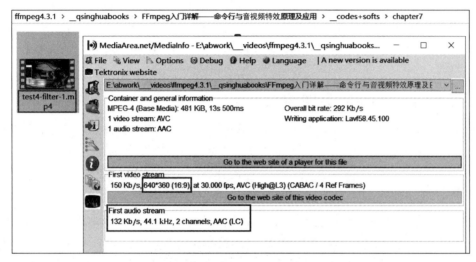

图 7-8　map 映射流与滤镜的结合

修改上述命令,将手工映射的音频流去掉。通过 MediaInfo 查看流信息,只包括视频流(AVC、640×360),没有音频流,如图 7-9 所示,命令如下:

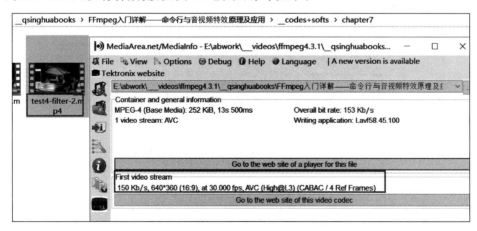

图 7-9　scale 滤镜处理视频流

```
ffmpeg -i test4.mp4 -filter_complex "[0]scale=640:360[out]" -map "[out]" -y test4-filter-2.mp4
```

注意：关于 map 流映射的详细信息，可参见本书"3.9 map 详解"。

7.2 视频缩放及 scale 参数详解

在日常生活中常用的抖音、快手、西瓜视频等 App 里有非常多的视频文件。对于这些文件，需要考虑各个手机厂商的手机分辨率不同、宽高比不同等，而视频发布者所上传的视频文件的格式、画质、帧率等参数也各不相同。为了让用户获得更为优质的体验，就需要对原始音视频文件进行深度处理。FFmpeg 工具内的 scale 滤镜可以很方便地实现视频/图像的缩放操作。

7.2.1 使用 scale 实现缩放

使用的素材文件 test4.mp4 的视频分辨率为 1920×1080 像素，另一个素材文件 logo.png 的图片分辨率为 200×200 像素。可以对输入的视频文件实现缩放，命令如下：

```
ffmpeg -i test4.mp4 -vf scale=640:360 -y output-640x360.mp4
```

使用 MediaInfo 观察，新生成的文件 output-640x360.mp4 的分辨率为 640×360，如图 7-10 所示。使用 VLC 播放该视频文件，会发现视频的清晰度比源视频明显降低了很多。

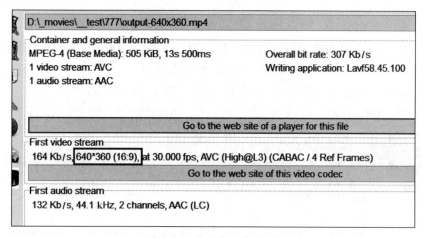

图 7-10 scale 同比例缩放

也可以更改宽高比，但视频会出现拉伸现象，例如输入的命令如下：

```
ffmpeg -i test4.mp4 -vf scale=640:640 -y output-640x640.mp4
```

使用 MediaInfo 观察，新生成的文件 output-640x640.mp4 的分辨率为 640×640，如图 7-11 所示。使用 VLC 播放该视频文件，会发现视频画面出现了拉伸。

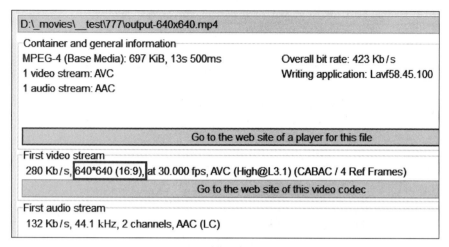

图 7-11 scale 不同比例缩放

使用 scale 也可以对图片进行缩放，命令如下：

```
ffmpeg -i logo.png -vf scale=100:200 -y logo-output_100x200.png
```

由于原图分辨率是 200×200，缩放后为 100×200，所以出现了拉伸，如图 7-12 所示。

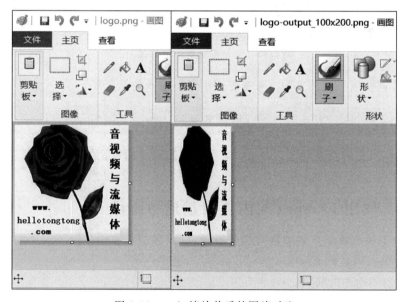

图 7-12 scale 缩放前后的图片对比

7.2.2 使用 scale 保持宽高比缩放

如果想要保持宽高比,则需要先手动固定一个元素,例如宽度或者高度,然后另外一个元素视情况而定。例如先将宽度指定为 100px,高度使用 -1,输入的命令如下:

```
ffmpeg -i logo.png -vf scale=100:-1 -y logo-output_100x-1.png
```

在该案例中,先将宽度固定为 100px,高度则根据情况缩放,并且保证图片不变形。最终图片呈现为 100×100 的分辨率。使用 MediaInfo 观察新生成的图片,分辨率如图 7-13 所示。

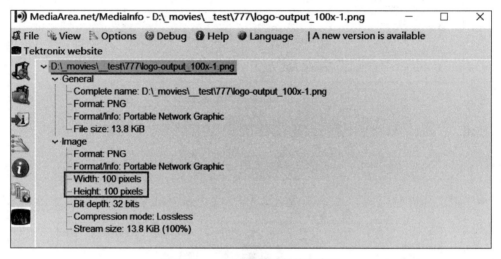

图 7-13 scale 缩放前后保持宽高比

也可以先将高度指定为 80px,而宽度使用 -1,输入的命令如下:

```
ffmpeg -i logo.png -vf scale=-1:80 -y logo-output_-1x80.png
```

在该案例中,先将高度固定为 80px,宽度则根据情况缩放,并且保证图片不变形。最终生成的图片文件 logo-output_-1x80.png 的分辨率为 80×80 像素。

7.2.3 使用 FFmpeg 的内置变量进行缩放

FFmpeg 滤镜内置了很多非常有用的变量,可以方便地使用并组装成功能复杂的用法。

(1) iw:输入图片的宽度。

(2) ih:输入图片的高度。

(3) ow:输出图片的宽度。

(4) oh:输出图片的高度。

例如把图片的宽度拉伸 2 倍,命令如下:

```
ffmpeg -i logo.png -vf scale=iw*2:ih -y logo_iwx2_width.png
# iw*2: 表示 2 倍的宽度
# ih: 表示原来的高度
```

图片处理后的效果如图 7-14 所示。

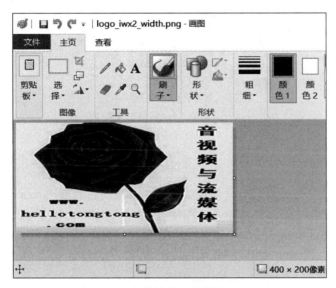

图 7-14　scale 缩放的变量使用 iw*2:ih

如果宽和高都缩放到原始图片的一半,则可以乘以 0.5 或除以 2,命令如下:

```
//chapter7/7.1.txt
ffmpeg -i logo.png -vf "scale=iw*.5:ih*.5" -y logo-out-0.5half.png
ffmpeg -i logo.png -vf "scale=iw/2:ih/2" -y logo-out-0.5half.png
# .5 表示 0.5
```

在该案例中,图片的宽和高都缩放到原来的一半,通过 MediaInfo 观察宽和高,如图 7-15 所示。

7.2.4　使用 min 或 max 函数进行缩放

在缩放图像时,如果想控制上限或下限,则可以使用 min 或 max(相当于函数)来限定,命令如下:

```
//chapter7/7.1.txt
ffmpeg -i logo.png -vf "scale='min(300,iw)':'min(300,ih)'" -y logo-min-300.png
ffmpeg -i logo.png -vf "scale='max(300,iw)':'max(300,ih)'" -y logo-max-300.png
```

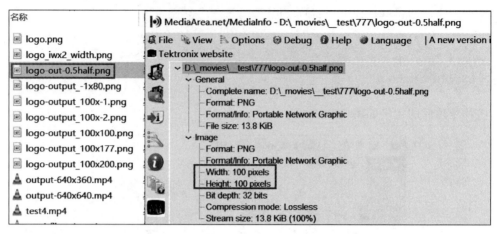

图 7-15　scale 缩放时使用变量缩小一半

在该案例中,第 1 条命令宽度 scale='min(300,iw)':'min(300,ih)'中的 min 取输入参数中最小的那个值,如果输入的图片宽度(这里是 200)小于 300,则取自身的宽度(200),否则取 300;高度与此类似。第 2 条命令宽度 scale='max(300,iw)':'max(300,ih)'中的 max 取输入参数中最大的那个值,如果输入的图片宽度(这里是 200)大于 300,则取自身的宽度,否则取 300;高度与此类似。

通过 MediaInfo 观察生成的文件,logo-min-300.png 的宽和高分别为 200、200,logo-max-300.png 的宽和高分别为 300、300,如图 7-16 所示。

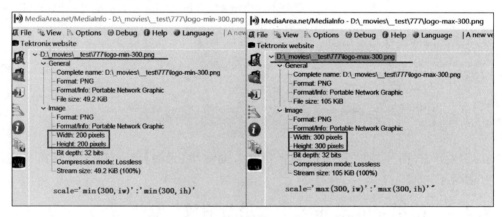

图 7-16　scale 缩放时的 min 和 max 函数

7.2.5　使用 force_original_aspect_ratio 进行缩放

在实际应用中经常会遇到在短视频中进行分屏显示的情况,需要将视频装进固定的窗口内,这时需要 force_original_aspect_ratio 选项,它提供了以下两个值。

(1) decrease：输出视频自动减小。
(2) increase：输出视频自动增大。

例如将原始图片强制装进一个 320x240 的盒子，并保持宽高比进行缩小比例，命令如下：

```
//chapter7/7.1.txt
ffmpeg -i logo.png -vf scale=w=320:h=240:force_original_aspect_ratio=decrease output_320-decrease.png
```

如果希望保持宽高比进行放大比例，则命令如下：

```
//chapter7/7.1.txt
ffmpeg -i logo.png -vf scale=w=320:h=240:force_original_aspect_ratio=increase output_320-increase.png
```

7.2.6 使用 pad 选项填充黑边

缩放到矩形区域之后，可以使用 pad 选项填充黑边，命令如下：

```
//chapter7/7.1.txt
ffmpeg -i logo.png -vf "scale=320:240:force_original_aspect_ratio=decrease,pad=320:240:(ow-iw)/2:(oh-ih)/2" output_320_padding.png
```

在该案例中，pad 表示填充，iw 表示输入图片的宽度，ih 表示输入图片的高度，ow 表示输出图片的宽度，oh 表示输出图片的高度，转换后的效果如图 7-17 所示。

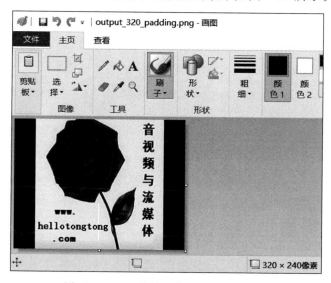

图 7-17 scale 缩放时使用 pad 填充黑边

7.2.7　使用 scale 的指定算法进行缩放

可以使用-sws_flags 选项指定缩放所使用的算法,例如明确指定使用 bilinear 代替默认的 bicubic 算法,命令如下:

```
ffmpeg -i logo.png -vf scale=300:300 -sws_flags bilinear -y logo-out-bilinear.bmp
```

如果想同时使用多个算法,则可用加号(+)连起来写,例如可以使用-sws_flags lanczos+full_chroma_inp,命令如下:

```
ffmpeg -i logo.png -vf scale=300:300 -sws_flags lanczos+full_chroma_inp -y logo-out-lanczos+full_chroma_inp.bmp
```

或者不使用该选项,直接在 scale 滤镜内指定即可,例如-vf scale=1920x1080:flags=lanczos,命令如下:

```
ffmpeg -i logo.png -vf scale=300x300:flags=lanczos -y logo-out-lanczos.png
```

7.2.8　scale 参数说明

通过 FFmpeg 的命令可以查看 scale 的参数,命令如下:

```
ffmpeg --help filter=scale
```

输出信息如下(笔者只截取了前几项):

```
//chapter7/7.1.txt
scale AVOptions:
   w                 <string>      ..FV.....T Output video width: 输出的宽度
   width             <string>      ..FV.....T Output video width: 输出的宽度
   h                 <string>      ..FV.....T Output video height: 输出的高度
   height            <string>      ..FV.....T Output video height: 输出的高度
   flags             <string>      ..FV...... Flags to pass to libswscale(default "bilinear" #传递给
#libswscale 的标志值,默认为"bilinear" )
   ...
```

7.3　音视频倍速

音视频的倍速处理需要使用 filter(滤镜)。视频的倍速主要通过控制 filter 中的 setpts 实现,setpts 在视频滤镜中通过改变每个时间戳实现倍速的效果。音频的倍速则是通过控制 filter 的 atempo 实现，atempo 的配置区间为 0.5～2.0，如果需要更高倍速，则需要将多个 atempo 串在一起。

7.3.1 视频倍速

视频的倍速主要通过控制 filter 中的 setpts 实现，setpts 在视频滤镜中通过改变每个 PTS 时间戳实现倍速的效果，例如只要把 PTS 缩小一半就可以实现 2 倍速，与此相反的是将 PTS 增加一倍就达到 2 倍慢放的效果，命令如下：

```
ffmpeg -i test4.mp4 -filter:v "setpts=0.5*PTS" -y test4-outv-0.5PTS.mp4
ffmpeg -i test4.mp4 -filter:v "setpts=2.0*PTS" -y test4-outv-2PTS.mp4
```

视频倍速可以通过 filter 的 setpts 来更改，但是 filter 只对未编码的原始视频数据（例如格式为 YUV420P）进行倍速处理。在该案例中，是对视频数据先进行 H.264 解码，再进行倍速转换（filter:setpts），然后重新编码成 H.264，这样其实会消耗非常多的 CPU 资源。

setpts 用于修改视频的播放速率，取值范围为[0.25,4]。对视频进行加速时，如果不想丢帧，可以用-r 参数指定输出视频 PTS。PTS(Presentation Time Stamp)用于显示时间戳，这段时间戳用来告诉播放器该在什么时候显示这一帧的数据。

输入文件 test4.mp4 的流信息包括 Duration(13s 467ms)、视频编码 AVC、音频编码 AAC 等，然后使用 MediaInfo 分析第 1 条命令生成的文件 test4-outv-0.5PTS.mp4，发现总时长仍然是 13s 467ms，如图 7-18 所示。双击该视频文件进行播放，发现音频播放速度正常，但视频播放速度很快（大约是 2 倍速）。这说明第 1 条命令确实有效，实现了视频 2 倍速，然后单击 MediaInfo 的下拉菜单 View，选择 Tree，然后可以看到视频的时长是 6s 834ms，如图 7-19 所示。由此可见，General 部分显示的是总时长（取音频、视频中较长的一个），Video 部分显示的是视频时长，Audio 部分显示的是音频时长。

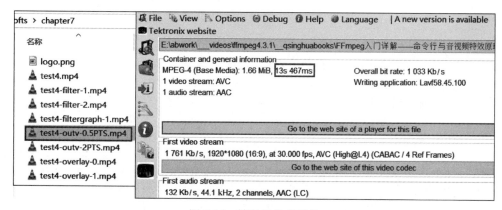

图 7-18 转码后的总时长

第 2 条命令使用的是 setpts=2.0*PTS，可以实现视频 2 倍速慢放效果，观察 FFmpeg 的输出信息，可以发现视频的时长增加了一倍（约 26.86s），具体如下：

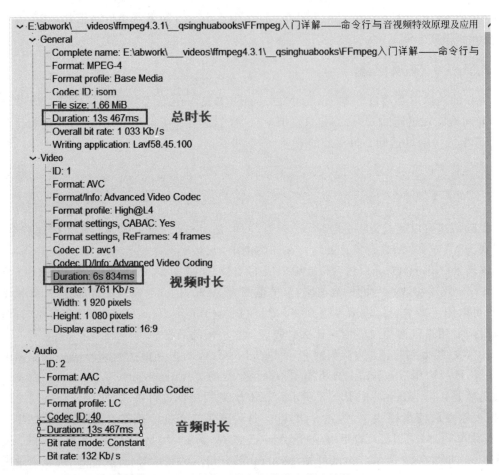

图 7-19 转码后的视频快放 2 倍速效果

```
//chapter7/7.1.txt
frame =  51 fps = 0.0  q = 29.0 size =     0kB time = 00: 00: 00.95 bitrate =   0.4kbits/s dup =
frame = 103 fps =  95  q = 29.0 size =     0kB time = 00: 00: 01.83 bitrate =   0.2kbits/s dup =
frame = 145 fps =  91  q = 29.0 size =   256kB time = 00: 00: 03.06 bitrate = 684.0kbits/s dup =
frame = 189 fps =  90  q = 29.0 size =   256kB time = 00: 00: 04.53 bitrate = 462.7kbits/s dup =
...
frame = 659 fps =  74  q = 29.0 size =  1024kB time = 00: 00: 20.20 bitrate = 415.3kbits/s dup =
frame = 693 fps =  73  q = 29.0 size =  1280kB time = 00: 00: 21.33 bitrate = 491.5kbits/s dup =
frame = 733 fps =  74  q = 29.0 size =  1280kB time = 00: 00: 22.66 bitrate = 462.6kbits/s dup =
frame = 779 fps =  74  q = 29.0 size =  1536kB time = 00: 00: 24.20 bitrate = 520.0kbits/s dup =
frame = 809 fps =  71  q = -1.0 Lsize =  3426kB time = 00: 00: 26.86 bitrate = 1044.8kbits/s dup =
406 drop = 0 speed = 2.36x
```

使用 MediaInfo 分析第 2 条命令生成的文件 test4-outv-2PTS.mp4，会发现总时长和视频时长都变成了 26s 967ms，由此实现了视频 2 倍慢放效果，如图 7-20 所示。

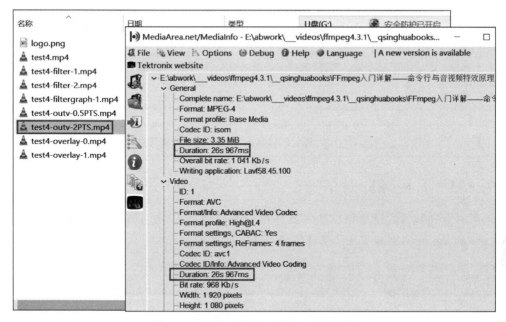

图 7-20　转码后的视频慢放 2 倍速效果

7.3.2　音频倍速

音频的倍速是通过控制 filter 的 atempo 实现，atempo 的配置区间为 0.5～2.0，如果需要更高倍速，则需要多个 atempo 串在一起。将音频实现 2、4 倍速，命令如下：

```
//chapter7/7.1.txt
ffmpeg - i test4.mp4 - filter:a "atempo = 2.0" - vn - y test4 - outa - 2PTS.mp4
ffmpeg - i test4.mp4 - filter:a "atempo = 2.0,atempo = 2.0" - vn - y test4 - outa - 4PTS.mp4
```

-filter:a "atempo = 2.0" 表示实现 2 倍速音频快放效果，-filter:a "atempo = 2.0, atempo = 2.0" 表示实现 2 倍速音频快放效果，-vn 表示去掉原文件中的视频流。转码后的文件只包括一路音频流，通过 MediaInfo 观察，会发现音频时长确实变短了，分别为 6s755ms、3s392ms，如图 7-21 所示。读者可以用 VLC 播放器分别打开这两个文件，会发现声音的播放速度确实非常快。音频倍速用 filter 的 atempo 实现，先将音频解码为 PCM，然后使用 filter 的 atempo 实现倍速，然后对处理后的音频数据进行重采样，最后重新编码成需要的音频格式。

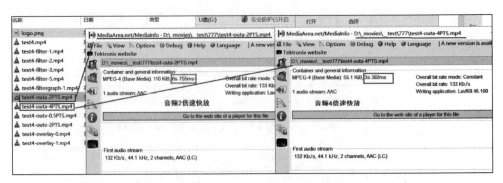

图 7-21　转码后的音频实现 2、4 倍速快放效果

7.3.3　音视频同时倍速

同时对音视频实现倍速快放效果需要用到复杂滤镜-filter_complex，并且需要同时使用 setpts 和 atempo，例如实现 2 倍速的命令如下：

```
//chapter7/7.1.txt
ffmpeg -i test4.mp4 -filter_complex "[0:v]setpts=0.5*PTS[v];[0:a]atempo=2.0[a]" -map "[v]" -map "[a]" -y test4-outav-0.5pts.mp4
```

（1）-filter_complex 表示使用复杂滤镜。

（2）[0:v]setpts=0.5*PTS[v]；表示对第 1 个输入文件中的视频流（[0:v]）进行 2 倍速快放（setpts=0.5*PTS），该滤镜链的输出结果被重命名为[v]，供后续使用。

（3）[0:a]atempo=2.0[a] 表示对第 1 个输入文件中的音频流（[0:a]）进行 2 倍速快放（atempo=2.0），该滤镜链的输出结果被重命名为[a]，供后续使用。

（4）-map "[v]" 表示映射视频流[v]，即第 1 个滤镜链的输出结果。

（5）-map "[a]" 表示映射音频流[a]，即第 2 个滤镜链的输出结果。

（6）test4-outav-0.5pts.mp4 表示将音频流[a]、视频流[v]合并后生成最终的结果。

注意：滤镜链是使用英文分号（;）来分隔的，滤镜链中的滤镜使用英文逗号（,）来分隔；滤镜链没有指定输入或者输出，默认使用前面滤镜链的输出作为自己的输入，并把自己的输出给后面的滤镜链作为输入。

上述命令实现了音视频同时倍速快放效果，也可以使用另一命令实现，命令如下：

```
ffmpeg -i test4.mp4 -vf setpts=0.5*PTS -af atempo=2 -y test4-outav-0.5pts-2.mp4
```

使用 MediaInfo 观察生成文件的流信息，会发现总时长、视频时长、音频时长都缩短了一半，分别为 6s834ms、6s834ms、6s755ms，如图 7-22 所示。使用 VLC 打开文件 test4-outav-0.5pts.mp4，可以发现视频画面播放很快，而且声音也很快。

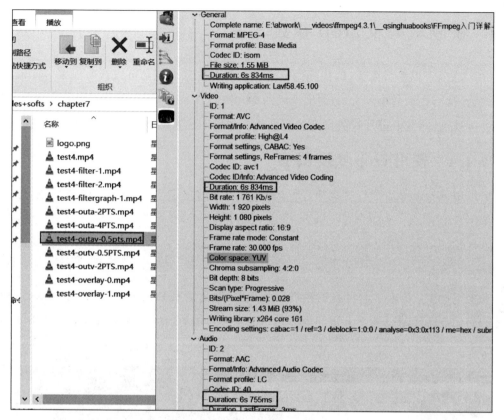

图 7-22 转码后的音视频同时 2 倍速效果

7.3.4 使用 ffplay 倍速播放

使用 FFmpeg 转码可以实现倍速快放效果，使用 ffplay 可以在不转码的情况下直接实现倍速播放，例如实现音视频同时 2 倍速播放，命令如下：

```
ffplay -i test4.mp4 -vf setpts=0.5*PTS -af atempo=2
```

可以单独控制音频不变速、视频 2 倍速播放，命令如下：

```
ffplay -i test4.mp4 -vf setpts=0.5*PTS
```

或者单独控制视频不变速、音频 2 倍速播放，命令如下：

```
ffplay -i test4.mp4 -af atempo=2
```

7.4 视频裁剪及 crop 参数详解

crop 滤镜用于裁剪视频,即视频的任意区域内的任意部分都可以裁剪出来。crop 的参数格式为 w:h:x:y,其中 w、h 为输出视频的宽和高,x、y 用于标记输入视频中的某点,将该点作为基准点,向右下进行裁剪得到输出视频。如果不设置参数 x、y,则默认居中裁剪。

7.4.1 使用 crop 实现裁剪

可以用 FFmpeg 命令行对视频进行裁剪,原视频的分辨率为 1920×1080 像素,输入的命令如下:

```
ffmpeg -i test4.mp4 -vf crop='640:360:100:100' -y test4-crop-out1.mp4
```

在该案例中,使用 crop 对原视频进行了裁剪,裁剪后视频的分辨率为 640×360 像素,裁剪的起始点距离原视频左上角的坐标为(100,100),裁剪前后的效果对比如图 7-23 所示。

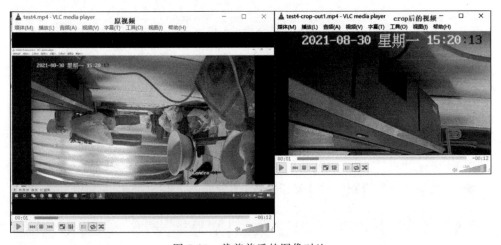

图 7-23 裁剪前后的图像对比

将 crop 参数修改为 crop='640:360',输入的命令如下:

```
ffmpeg -i test4.mp4 -vf crop='640:360' -y  test4-crop-out2.mp4
```

在该案例中,使用 crop 对原视频进行了裁剪,裁剪后的视频的分辨率为 640×360 像素,而省略了裁剪的起始点(默认为居中),裁剪前后的效果对比如图 7-24 所示,可以看出,这里裁剪的是原视频中右下部大约 1/4 的部分。

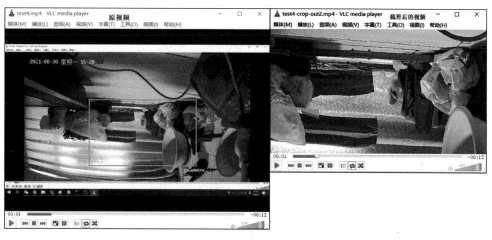

图 7-24 裁剪前后(不带起始点的 crop)的图像对比

7.4.2 crop 参数说明

通过 FFmpeg 的命令可以查看 crop 的参数,命令如下:

```
ffmpeg -- help filter = crop
```

输出信息如下:

```
//chapter7/7.1.txt
ffmpeg -- help filter = crop
Filter crop
  Crop the input video.
    Inputs:
       #0: default (video)
    Outputs:
       #0: default (video)
crop AVOptions:
   out_w      <string>    ..FV.....T set the width crop area expression(default "iw")
                                                         #设置裁剪部分的宽度
   w          <string>    ..FV.....T set the width crop area expression(default "iw")
                                                         #设置裁剪部分的宽度
   out_h      <string>    ..FV.....T set the height crop area expression(default "ih")
                                                         #设置裁剪部分的高度
   h          <string>    ..FV.....T set the height crop area expression(default "ih")
                                                         #设置裁剪部分的高度
   x          <string>    ..FV.....T set the x crop area expression(default "(in_w - out_w)/2")
                                                         #设置裁剪部分的起始点的 x 坐标,默认为(in_w - out_w)/2
   y          <string>    ..FV.....T set the y crop area expression(default "(in_h - out_h)/2")
                                                         #设置裁剪部分的起始点的 y 坐标,默认为(in_h - out_h)/2
```

```
keep_aspect      <boolean>    ..FV...... keep aspect ratio(default false)
#是否保持宽高比
exact            <boolean>    ..FV...... do exact cropping(default false)
#是否精确裁剪
```

crop滤镜用于从输入文件中选取想要的矩形区域经裁剪后输出文件,经常用来去除视频的黑边,具体语法如下:

```
crop: ow[: oh[: x[: y: [: keep_aspect]]]]
#参数分别为设置裁剪部分的宽度、高度、x坐标、y坐标、是否保持宽高比
```

下面列举几个简单的案例。
(1)裁剪输入视频的左1/3、中间1/3、右1/3,命令分别如下:

```
//chapter7/7.1.txt
ffmpeg -i test4.mp4 -vf crop=iw/3: ih: 0: 0 -y test4-crop-left1-3.mp4
ffmpeg -i test4.mp4 -vf crop=iw/3: ih: iw/3: 0 -y test4-crop-mid1-3.mp4
ffmpeg -i test4.mp4 -vf crop=iw/3: ih: iw/3*2: 0 -y test4-crop-right1-3.mp4
#分析这几条命令,发现裁剪的宽和高都相等,只是x轴坐标不同,分别是0、1/3、2/3的宽度
```

(2)裁剪帧的中心部分,如果想要裁剪区域在帧的中间,裁剪filter则可以跳过输入x和y值,它们的默认值为 x default=(input_width-output_width)/2,y default=(input_height-output_height)/2,可见x坐标默认值为输入宽度减去输出宽度后除以2,y坐标默认值为输入高度减去输出高度后除以2,即坐标轴的中心位置。例如裁剪原视频中间的1/3部分,命令如下:

```
ffmpeg -i test4.mp4 -v crop=iw/3: ih/3 -y test4-mid-1-3.mp4
```

裁剪中间一半区域,命令如下:

```
ffmpeg -i test4.mp4 -vf crop=iw/2: ih/2 -y test4-mid-1-2.mp4
```

7.4.3 复杂滤镜 nullsrc、crop、overlay 结合使用

使用filter_complex可以将多个滤镜结合起来使用,由此可以实现非常复杂的特效,这里介绍nullsrc、crop、overlay这3个滤镜的结合情况,命令如下:

```
//chapter7/7.1.txt
ffmpeg -i test4.mp4 -filter_complex "nullsrc=s=1280x720[background]; crop=iw: (ih/2-110): 0: 250[middle]; [background][middle]overlay=shortest=1: x=(main_w-overlay_w)/2: y=(main_h-overlay_h)/2[out]" -map "[out]" -map 0: a -movflags +faststart -y test4-nullsrc-crop-overlay.mp4
```

在该案例中，一个滤镜的输出作为另一个滤镜的输入，这样就极大地避免了写多条命令反复编解码操作，可以有效提高编码效果。

（1）nullsrc 滤镜用于创建一个空的视频，简单地说就是一个空的画布或者说是绿布，因为默认创建的颜色是绿色的。s 用于指定画布的大小，默认为 320x240，这里表示创建一个 1280x720 的画布，并命名为[background]。

（2）crop 滤镜用于裁剪视频，也就是说视频的任意区域中的任意大小都可以裁剪出来。crop=iw:(ih/2－110):0:250[middle]；这里裁剪原视频的中间部分(iw:(ih/2－110):0:250)并命名为[middle]。

（3）overlay 滤镜表示两个视频相互叠加，shortest 参数在官网是这样介绍的："If set to 1,force the output to terminate when the shortest input terminates. Default value is 0."，即如果设置为1,当最短的输入项结束时，就立刻结束输出。因为使用 nullsrc 创建了一个没有时间轴的画布，所以这里需要以[middle]的视频时间为最终时间，故设置为1。main_w 和 main_h 表示主视频的宽和高，overlay_w 和 overlay_h 表示叠加视频的宽和高。如果要把 A 视频叠加到 B 视频上，则 main_w 和 main_h 表示 B 视频的宽和高，overlay_w 和 overlay_h 表示 A 视频的宽和高。合起来便是把[middle]叠加到[background]之上且置于 background 的中间(相当于有个叠加层的概念)，将这个滤镜命名为[out]。

（4）最后一个参数是-movflags，它跟 MP4 的元数据有关，设为 faststart 表示会将 moov 移动到 mdat 的前面，在线播放时会稍微快一些。

使用 VLC 播放器打开生成的视频文件，会发现背景是绿色的，前景是原视频裁剪后的部分区域，如图 7-25 所示。

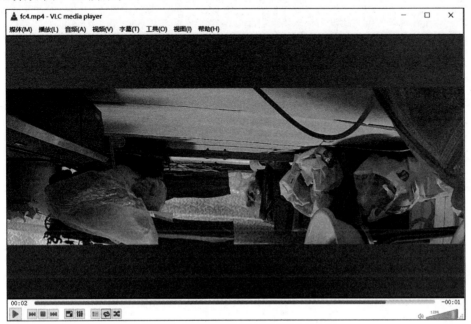

图 7-25　nullsrc、crop、overlay 结合使用

7.4.4　nullsrc 参数说明

通过 FFmpeg 的命令可以查看 nullsrc 的参数，命令如下：

```
ffmpeg -- help filter = nullsrc
```

输出信息如下：

```
//chapter7/7.1.txt
Filter nullsrc
  Null video source, return unprocessed video frames. #生成一段未处理的空视频
    Inputs:
        none(source filter)
    Outputs:
        #0: default (video)
nullsrc AVOptions:
#分辨率,默认为 320x240
   size      < image_size >   ..FV..... set video size(default "320x240")
   s         < image_size >   ..FV..... set video size(default "320x240")
#帧率,默认为 25
   rate      < video_rate >   ..FV..... set video rate(default "25")
   r         < video_rate >   ..FV..... set video rate(default "25")
#时长,默认为 - 0.000001
   duration  < duration >     ..FV..... set video duration(default - 0.000001)
   d         < duration >     ..FV..... set video duration(default - 0.000001)
   sar       < rational >     ..FV..... set video sample aspect ratio(from 0 to INT_MAX)(default 1/1) #设置视频的宽高比
```

7.4.5　使用 nullsrc 生成一段空屏视频

使用 nullsrc 可以生成一段空屏视频，命令如下：

```
ffmpeg - filter_complex "nullsrc = s = 1280x720: d = 10: r = 30[out]" - map "[out]" - y test4 - nullsrc1.mp4
```

在该案例中，没有输入文件，直接使用复杂滤镜将 nullsrc 生成了一段绿色背景的视频，分辨率是 1280×720 像素，时长是 10s，帧率是 30f/s，如图 7-26 所示。

7.4.6　使用 color 滤镜生成黑色背景的视频

使用 nullsrc 生成的视频默认为绿色的，但没有 color 参数，所以无法修改背景色。可以使用 lavfi 和 color 滤镜来自定义颜色，命令如下：

第7章　FFmpeg命令行实现音视频特效及复杂滤镜应用

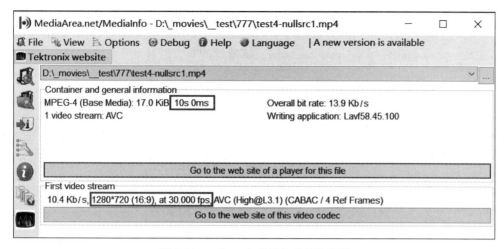

图 7-26　nullsrc 生成绿色背景的视频

```
ffmpeg -f lavfi -i color=s=640x360:r=25:c='#FF00FF':d=5 -y color-1.mp4
ffmpeg -f lavfi -i color=size=640x360:rate=25:color=black:duration=5 -y color-2.mp4
```

在该案例中，生成了两个视频，背景分别是粉色和黑色，如图 7-27 所示。

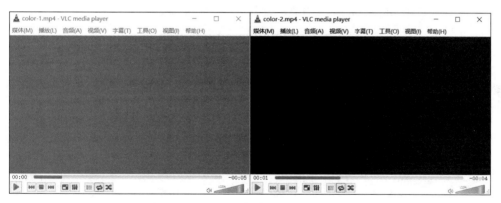

图 7-27　color 生成粉色、黑色背景的视频

7.5　视频倒放

使用 reverse 滤镜可以实现视频的倒放，命令如下：

```
ffmpeg -i test4.mp4 -vf trim=end=5,reverse -y test4-reverse.mp4
```

在该案例中，-vf reverse 实现了视频倒放功能，比较简单，但实际上 FFmpeg 的内部转码操作非常复杂,观察 cmd 控制台的输出信息,会发现 FFmpeg 先解码出所有的视频帧(因为视频本身的编码特性,解码时只能顺序解码),然后开始倒序重新编码,再与原始的音频帧结合,生成一个新的文件 test4-reverse.mp4。该滤镜的官方解释如下:

```
Reverse a video clip.
Warning: This filter requires memory to buffer the entire clip, so trimming is suggested.
Examples
Take the first 5 seconds of a clip, and reverse it.
trim = end = 5, reverse
```

这里简单翻译一下:该滤镜用于视频倒放,需要大量的内存空间来存储整个解码后的视频帧,所以建议先剪切视频,例如可以取一个视频中的 5s 的片段。

修改参数,截取 5s 片段,并且去掉音频,命令如下:

```
ffmpeg -i test4.mp4 -vf trim = end = 5, reverse -an -y test4-reverse.mp4
```

7.6 视频翻转与旋转

可以使用 hflip、vflip、transpose 对视频或图片进行翻转、旋转等操作,为了方便看到效果,这里以一张图片(abcdefg.png)为原始素材,如图 7-28 所示。

图 7-28 原图 abcdefg.png

1. 使用 hflip 实现水平翻转

可以使用 hflip 实现水平翻转,翻转后的效果如图 7-29 所示,命令如下:

```
ffmpeg -i abcdefg.png -vf hflip abcdefg-hflip.png
```

图 7-29 原图 abcdefg.png 实现水平翻转

2. 使用 vflip 实现垂直翻转

可以使用 vflip 实现垂直翻转,翻转后的效果如图 7-30 所示,命令如下:

```
ffmpeg -i abcdefg.png -vf vflip abcdefg-vflip.png
```

图 7-30　原图 abcdefg.png 实现垂直翻转

3. transpose 参数说明

transpose 用于指定旋转的效果,参数如下:

(1) 0=90CounterCLockwise and Vertical Flip(default),逆时针旋转 90°后垂直翻转。

(2) 1=90Clockwise,顺时针旋转 90°。

(3) 2=90CounterClockwise,逆时针旋转 90°。

(4) 3=90Clockwise and Vertical Flip,顺时针旋转 90°后垂直翻转。

通过 FFmpeg 的命令 ffmpeg --help filter=transpose 查看参数说明,输出如下:

```
//chapter7/7.1.txt
Filter transpose
  Transpose input video.
    slice threading supported
    Inputs:
       #0: default (video)
    Outputs:
       #0: default (video)
transpose AVOptions:
   dir              <int>       ..FV...... set transpose direction(from 0 to 7)(default cclock_flip)
      cclock_flip    0          ..FV...... rotate counter-clockwise with vertical flip
      clock          1          ..FV...... rotate clockwise
      cclock         2          ..FV...... rotate counter-clockwise
      clock_flip     3          ..FV...... rotate clockwise with vertical flip
   passthrough      <int>       ..FV...... do not apply transposition if the input matches the specified geometry
(from 0 to INT_MAX)(default none)
      none           0          ..FV...... always apply transposition
      portrait       2          ..FV...... preserve portrait geometry
      landscape      1          ..FV...... preserve landscape geometry
```

4. 顺时针旋转 90°

可以使用 transpose 顺时针旋转 90°,效果如图 7-31 所示,命令如下:

```
ffmpeg -i abcdefg.png -vf "transpose=1" abcdefg-r90.png
```

5. 逆时针旋转 90°

可以使用 transpose 逆时针旋转 90°,效果如图 7-32 所示,命令如下:

```
ffmpeg -i abcdefg.png -vf "transpose=2" abcdefg-r270.png
```

6. 顺时针旋转 90°后垂直翻转

可以使用 transpose 顺时针旋转 90°后垂直翻转，效果如图 7-33 所示，命令如下：

```
ffmpeg -i abcdefg.png -vf "transpose=3" -y abcdefg-transpose3.png
```

7. 逆时针旋转 90°后垂直翻转

可以使用 transpose 逆时针旋转 90°后垂直翻转，效果如图 7-34 所示，命令如下：

```
ffmpeg -i abcdefg.png -vf "transpose=0" -y abcdefg-transpose0.png
```

图 7-31　原图 abcdefg.png 实现顺时针旋转 90°　　图 7-32　原图 abcdefg.png 实现逆时针旋转 90°　　图 7-33　原图 abcdefg.png 实现顺时针旋转 90°再垂直旋转　　图 7-34　原图 abcdefg.png 逆时针旋转 90°再垂直旋转

8. 顺时针旋转 180°

顺时针旋转 180°，相当于向右旋两次，效果如图 7-35 所示，命令如下：

```
ffmpeg -i abcdefg.png -vf "transpose=1,transpose=1" -y abcdefg-r180.png
```

图 7-35　原图 abcdefg.png 旋转 180°

9. 顺时针旋转 45°

顺时针旋转 45°，使用 rotate 进行旋转，不改变原图像分辨率，背景为黑色，如图 7-36 所示，命令如下：

```
ffmpeg -i abcdefg.png -vf rotate=PI/4 -y abcdefg-rotate45.png
```

图 7-36　原图 abcdefg.png 顺时针旋转 45°

7.7　视频填充 pad 滤镜

pad 滤镜用于填充视频，在视频帧上增加一块额外区域，经常在播放时用于显示不同的横纵比，其语法如下：

```
pad=width[:height:[:x[:y:[:color]]]]
#宽度、高度、x 坐标、y 坐标、颜色
```

1. 使用 pad 滤镜实现填充效果

例如，素材文件 logo.png 是一张 200×200 像素的图片，可以使用 pad 滤镜来给这张图片填充额外区域。pad 的参数 width、height 必须大于原图片的宽和高；x、y 坐标表示原始图片在 pad 填充区域的起点位置；color 是颜色属性，默认为黑色，命令如下：

```
ffmpeg -i logo.png -vf pad=300:300:30:30 -y logo-pad-1.png
```

在该案例中，用 300×300 像素的黑色画布来填充原始图片 logo.png，效果如图 7-37 所示。

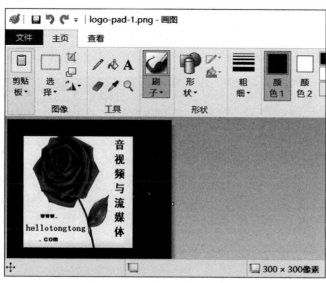

图 7-37　pad 滤镜填充默认黑色效果

修改参数，将 x 轴坐标改为 80，将颜色改为红色，效果如图 7-38 所示，命令如下：

```
ffmpeg -i logo.png -vf pad=300:300:80:30:red -y logo-pad-2.png
```

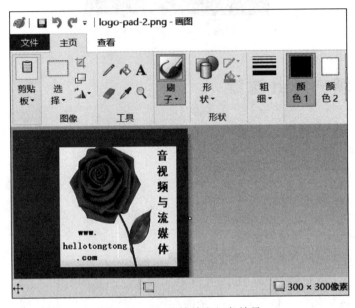

图 7-38　pad 滤镜填充红色效果

修改参数，当将 pad 滤镜的 width、height 改为小于原始图片的宽和高时会出现错误，命令如下：

```
ffmpeg -i logo.png -vf pad=100:100:80:30:red -y logo-pad-3.png
```

在该案例中，由于填充的尺寸小于原始图片的尺寸，所以转码失败，错误信息如图 7-39 所示，Padded dimensions cannot be smaller than input dimensions。

```
Input #0, png_pipe, from 'logo.png':
  Duration: N/A, bitrate: N/A
    Stream #0:0: Video: png, rgba(pc), 200x200 [SAR 4724:4724 DAR 1:1], 25 tbr, 25 tbn
, 25 tbc
Stream mapping:
  Stream #0:0 -> #0:0 (png (native) -> png (native))
Press [q] to stop, [?] for help
[Parsed_pad_0 @ 0031afc0] Padded dimensions cannot be smaller than input dimensions.
[Parsed_pad_0 @ 0031afc0] Failed to configure input pad on Parsed_pad_0
Error reinitializing filters!
Failed to inject frame into filter network: Invalid argument
Error while processing the decoded data for stream #0:0
Conversion failed!
```

图 7-39　pad 滤镜填充失败

2. 使用 pad 滤镜结合 testsrc 滤镜实现填充效果

使用 testsrc 滤镜可以实现一个基本的测试效果，如图 7-40 所示，命令如下：

```
ffplay -f lavfi -i testsrc
```

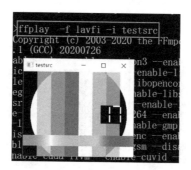

图 7-40 testsrc 滤镜

使用 pad 滤镜可以给 testsrc 添加填充效果，如图 7-41 所示，命令如下：

```
ffplay -f lavfi -i testsrc -vf pad=iw+60:ih+60:30:30:pink
#iw+60：表示输入视频的宽度+60
#ih+60：表示输入视频的高度+60
#pink：表示粉色
```

图 7-41 使用 pad 给 testsrc 滤镜填充粉色

3. 使用 pad 滤镜实现 4∶3 到 16∶9 转换

一些设备只能播放 16∶9 横纵比的视频，4∶3 的横纵比必须在水平方向的两边填充成 16∶9，高度被保持，宽度等于高度乘以 16 再除以 9，x（输入文件水平位移）值由表达式 (output_width−input_width)/2 计算。从 4∶3 转换到 16∶9 的通用命令如下：

```
ffmpeg -i input -vf pad=ih*16/9:ih:(ow-iw)/2:0:color output
```

例如 testsrc 的测试案例，命令如下：

```
//chapter7/7.1.txt
ffplay -f lavfi -i testsrc
ffplay -f lavfi -i testsrc -vf pad=ih*16/9:ih:(ow-iw)/2:0:pink
#第1条：提供4:3的测试源
#第2条：从4:3到16:9的pad滤镜
```

在该案例中，testsrc的输入视频横向被拉伸，高度保持不变，如图7-42所示。

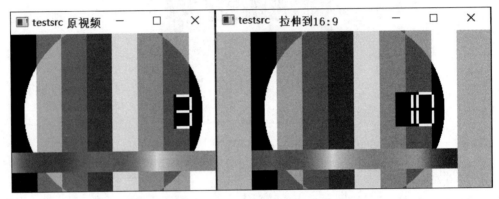

图7-42　使用pad将testsrc从4:3拉伸到16:9

4. 使用pad滤镜实现16:9到4:3转换

为了用4:3的横纵比来显示16:9的横纵比，填充输入文件的垂直两边，宽度保持不变，高度是宽度的3/4，y值（输入文件的垂直偏移量）是由一个表达式（output_height-input_height）/2计算出来的。从16:9转换到4:3的通用命令如下：

```
ffmpeg -i input -vf pad=iw:iw*3/4:0:(oh-ih)/2:color output
```

例如提供测试源及pad滤镜拉伸后的效果，如图7-43所示，命令如下：

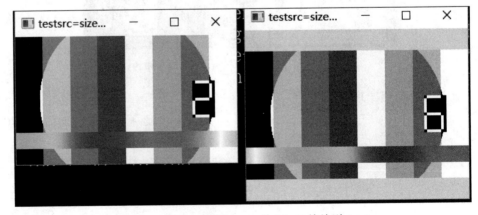

图7-43　使用pad将testsrc从16:9缩放到4:3

第7章 FFmpeg命令行实现音视频特效及复杂滤镜应用

```
//chapter7/7.1.txt
ffplay -f lavfi -i testsrc=size=320x180
ffplay -f lavfi -i testsrc=size=320x180 -vf pad=iw:iw*3/4:0:(oh-ih)/2:pink
#第1条：提供16:9的测试源
#第2条：从16:9到4:3的pad滤镜
```

7.8 视频倒影及镜面水面特效

使用FFmpeg可以实现上下对称（水面倒影效果）、左右对称等特效。

1. 水面倒影

使用FFmpeg可以实现上下对称（水面倒影）效果，转码后的效果如图7-44所示，命令如下：

```
ffmpeg -i logo.png -filter_complex "[0:v]pad=h=2*ih[a];[0:v]vflip[b];[a][b]overlay=y=h" logo-t1.png -y
```

图7-44 水面倒影

在该案例中，使用了pad、vflip、overlay这3个滤镜，下面进行详细解释：

(1) pad滤镜用于填充视频，滤镜链[0:v]pad=h=2*ih[a]；表示将第1个输入文件中的视频帧的高度变为2倍，并命名为[a]，供后续使用。

(2) vflip滤镜实现垂直翻转，滤镜链[0:v]vflip[b]；表示将第1个输入文件中的视频帧进行垂直翻转，并命名为[b]，供后续使用。

(3) overlay滤镜用于实现叠加效果，滤镜链[a][b]overlay=y=h表示将[b]叠加到[a]之上，y=h表示y坐标值等于视频帧的高度(h)，其他属性都取默认值（例如x取默认值0）。该滤镜实现了将垂直翻转后的视频帧[b]叠加到[a]之上（"pad填充后的原视频帧"，高度为2*ih），叠加位置的坐标为(0,h)，即x轴坐标为0，y轴坐标为视频帧的高度(h)。由此实现了水面倒影特效。

2. 镜面特效

使用FFmpeg可以实现左右对称（镜面）效果，转码后的效果如图7-45所示，命令如下：

```
ffmpeg -i logo.png -filter_complex "[0:v]pad=w=2*iw[a];[0:v]hflip[b];[a][b]overlay=x=w" logo-t2.png -y
```

在该案例中，使用了pad、hflip、overlay这3个滤镜，下面进行详细解释：

（1）pad 滤镜用于填充视频，滤镜链[0:v]pad=w=2*iw[a][a]；表示将第 1 个输入文件中的视频帧的宽度变为 2 倍，并命名为[a]，供后续使用。

（2）hflip 滤镜实现水平翻转，滤镜链[0:v]hflip[b]；表示将第 1 个输入文件中的视频帧进行水平翻转，并命名为[b]，供后续使用。

（3）overlay 滤镜用于实现叠加效果，滤镜链[a][b]overlay=x=w 表示将[b]叠加到[a]之上，x=w 表示 x 坐标值等于视频帧的宽度（w），其他属性都取默认值（例如 y 取默认值 0）。该滤镜实现了将水平翻转后的视频帧[b]叠加到[a]之上，叠加位置的坐标为（w，0），即 y 轴坐标为 0，x 轴坐标为视频帧的宽度（w）。由此实现了镜面特效。

3. 上半部分翻转特效

将视频的上半部分翻转，并覆盖在下半部分的区域，效果如图 7-46 所示，命令如下：

```
ffmpeg -i logo.png -filter_complex "split[main][tmp];[tmp]crop=iw:ih/2:0:0,vflip[flip];[main][flip]overlay=0:H/2" logo-t3.png -y
```

图 7-45　镜面特效

图 7-46　上半部分翻转覆盖下半部分

在该案例中，使用了 split、crop、overlay 这 3 个滤镜，下面进行详细解释：

（1）split 滤镜用于创建两个输入文件的复制品并标记为[main]、[tmp]。

（2）crop 滤镜用于裁剪，iw:ih/2:0:0 表示宽度不变，高度变为原来的 1/2，起点坐标是 0:0，然后 vflip 用于垂直翻转。输出的结果命名为[flip]。

（3）overlay 滤镜用于实现视频叠加效果，将[flip]叠加到[main]之上，起点位置是 0:H/2。

7.9　画中画

画中画（Picture-in-Picture，PiP）是一种视频内容呈现方式，是指一部视频在全屏播出的同时，在画面的小面积区域上同时播出另一部视频，被广泛用于电视、视频录像、监控、演示设备中等。该技术使用一大一小两个视频画面叠加的方式，同时呈现两个视频信号。画中画视频的来源可以是不同的电视频道、视频放像机、监控摄像头、游戏机等。

7.9.1 画中画技术简介

画中画是利用数字技术，在同一屏幕上显示两套节目，即在正常观看的主画面上，同时插入一个或多个经过压缩的子画面，以便在欣赏主画面的同时，监视其他频道。画中画是将副画面安置在主画面之内，而类似的技术还有画外画，即将副画面安置在主画面之外，例如 16∶9 彩电播出标清信号时可设画外画，但在宣传广告中画中画和画外画统称为画中画。

使用 FFmpeg 的 overlay 滤镜可以很方便地实现画中画功能，overlay 技术中涉及两个窗口，通常把较大的窗口称作背景窗口，将较小的窗口称作前景窗口，在背景窗口或前景窗口里都可以播放视频或显示图片。FFmpeg 中使用 overlay 滤镜可实现视频叠加技术。overlay 滤镜的语法说明如下：

```
overlay[ = x: y[[ : rgb = {0,1}]]
```

overlay 滤镜是将前景窗口（第二输入）覆盖在背景窗口（第一输入）中的指定位置，其中参数 x 和 y 是可选的，默认值为 0。参数 rgb 也是可选的，其值为 0 或 1，默认值为 0。

注意：关于 overlay 技术的细节，可参见本书："6.5 FFmpeg 的 overlay 技术简介"。

7.9.2 使用 overlay 实现画中画

提供两个输入文件 test4.mp4 和 small.mp4，使用 overlay 滤镜实现画中画，效果如图 7-47 所示，命令如下：

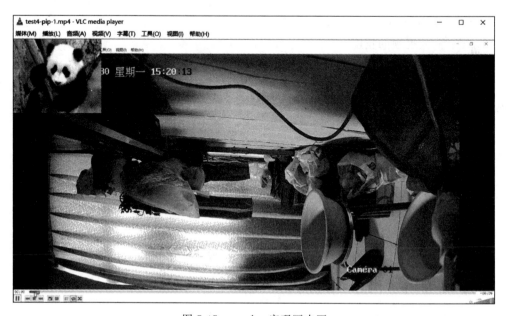

图 7-47　overlay 实现画中画

```
ffmpeg -ss 0 -t 3 -i test4.mp4 -i small.mp4 -filter_complex "overlay" -y test4-pip-
1.mp4
```

7.9.3　使用overlay与scale的结合实现画中画

在上个案例中,直接将输入文件small.mp4叠加到test4.mp4的左上角实现了画中画,也可以先将背景视频缩放,然后实现画中画,命令如下:

```
//chapter7/7.1.txt
ffmpeg -ss 0 -t 3 -i test4.mp4 -i small.mp4 -filter_complex "[0]scale=iw/2:ih/2[pip];
[pip][1]overlay" -q:v 1 -max_muxing_queue_size 1024 -s 640x360 -y test4-pip-2.mp4
```

参数说明如下。

（1）-i：输入文件,这里指的就是视频文件。

（2）-y：表示无须询问,直接覆盖输出文件（如果存在同名文件）。

（3）-q:v 1：q表示质量,v表示视频,v的取值范围是[1,35]。当取值为1时,对应着最佳的视频质量。

（4）-max_muxing_queue_size：1024,最大处理缓存大小为1024MB。

（5）-filter_complex：使用FFmpeg复杂滤镜。

（6）scale：用于缩放的滤镜。

（7）[0]scale=iw/2:ih/2[pip];：表示将第1个输入的视频缩放为原来分辨率的一半,将输出结果命名为[pip]。

（8）iw：输入视频的宽度。

（9）ih：输入视频的高度。

（10）overlay：一种视频叠加技术,它可以在（通常是较大的）背景视频或图像上显示前景视频或图像。

（11）[pip][1]overlay：将[1]代表的视频叠加到[pip]代表的视频之上,默认为左上角。

（12）main_w：背景视频或图像的宽度。

（13）main_h：背景视频或图像的高度。

（14）overlay_w：前景视频或图像的宽度。

（15）overlay_h：前景视频或图像的高度。

（16）[0]：代表输入的第1个视频,这里是背景视频。

（17）[1]：代表输入的第2个视频,这里是前景视频。

7.9.4　画中画的灵活位置

使用scale滤镜时,有一些变量可以很方便地实现定位,列举如下。

（1）W：代表背景视频的宽度。

(2) w：代表前景视频的宽度。
(3) H：代表背景视频的高度。
(4) h：代表前景视频的高度。

这些变量可以自由组合,例如 W－w、H－h 等。

1. 画中画(右上角)

提供两个输入文件 test4.mp4 和 small.mp4,使用 overlay 滤镜实现画中画(右上角),效果如图 7-48 所示,命令如下：

```
//chapter7/7.1.txt
ffmpeg －ss 0 －t 3 －i test4.mp4 －i small.mp4 －filter_complex "[0]scale=iw/2:ih/2[pip];
[pip][1]overlay=W－w" －s 640x360 －y test4－pip－31.mp4
#overlay=W－w：代表位置是右上角,x 坐标为 W－w,y 坐标默认值为 0
```

图 7-48　overlay 实现画中画(右上角)

2. 画中画(左下角)

提供两个输入文件 test4.mp4 和 small.mp4,使用 overlay 滤镜实现画中画(左下角),效果如图 7-49 所示,命令如下：

```
//chapter7/7.1.txt
ffmpeg －ss 0 －t 3 －i test4.mp4 －i small.mp4 －filter_complex "[0]scale=iw/2:ih/2[pip];
[pip][1]overlay=0:H－h" －s 640x360 －y test4－pip－32.mp4
#overlay=0:H－h：代表位置是左下角,y 坐标为 H－h,x 坐标为 0
```

3. 画中画(右下角)

提供两个输入文件 test4.mp4 和 small.mp4,使用 overlay 滤镜实现画中画(右下角),效果如图 7-50 所示,命令如下：

图 7-49　overlay 实现画中画（左下角）

```
//chapter7/7.1.txt
ffmpeg -ss 0 -t 3 -i test4.mp4 -i small.mp4 -filter_complex "[0]scale=iw/2:ih/2[pip];
[pip][1]overlay=W-w:H-h" -s 640x360 -y test4-pip-33.mp4
#overlay=W-w:H-h 代表位置是右下角，x 坐标为 W-w，y 坐标为 H-h
```

图 7-50　overlay 实现画中画（右下角）

7.10 九宫格

"九宫格"是我国书法史上临帖写仿的一种界格,又叫"九方格";另外也指一种手机键盘布局,是相对于全键盘而言的。此外,"九宫格"也是一种很受人们喜爱的游戏。

7.10.1 九宫格简介

九宫格相传为唐代书法家欧阳询所创建。欧阳询书"九成宫醴泉铭",严谨峭劲,法度完备,是其晚年的得意之作,向来被学者赞誉为"正书第一",仿习者甚多。为了方便习字者练字,欧阳询根据汉字字形的特点,创建了"九宫格"的界格形式。九宫格,中间一小格称为"中宫",上面三格称为"上三宫",下面三格称为"下三宫",剩余的左右两格分别称为"左宫"和"右宫",用以在练字时对照碑帖的字形和点画安排适当的部位,或用作字号的缩小与放大。九宫格的展现效果如图 7-51 所示。

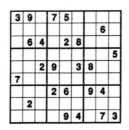

图 7-51 九宫格示意图

7.10.2 使用 FFmpeg 实现"四宫格"

使用 FFmpeg 实现四宫格的命令看起来非常复杂,但实际上就是 overlay 技术的灵活运用。笔者准备了 4 张图片,分别命名为 1.png、2.png、3.png、4.png,如图 7-52 所示。

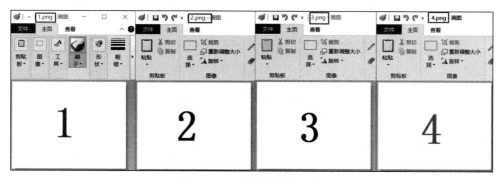

图 7-52 4 张原始素材图片

这里先给出转码命令,然后针对效果图详细展开解释,转码效果如图 7-53 所示,命令如下:

```
//chapter7/7.1.txt
ffmpeg -i 1.png -i 2.png -i 3.png -i 4.png -filter_complex "nullsrc=size=640x480
[base]; [0:v] setpts=PTS-STARTPTS, scale=320x240 [upperleft]; [1:v] setpts=PTS-
STARTPTS, scale=320x240 [upperright]; [2:v] setpts=PTS-STARTPTS, scale=320x240
[lowerleft]; [3:v] setpts=PTS-STARTPTS, scale=320x240 [lowerright]; [base][upperleft]
overlay=shortest=1[tmp1]; [tmp1][upperright] overlay=shortest=1:x=320 [tmp2];
[tmp2][lowerleft] overlay=shortest=1:y=240 [tmp3]; [tmp3][lowerright] overlay=
shortest=1:x=320:y=240" -y test-jgg-1.png
```

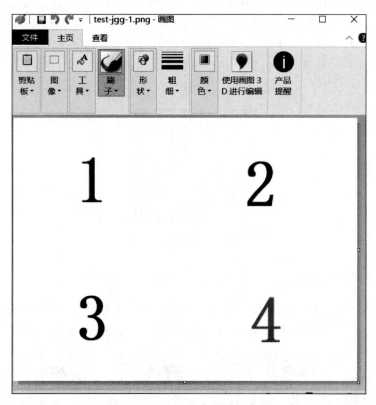

图 7-53　FFmpeg 实现的四宫格

上述命令看起来非常复杂，但其实很简单，主要是对 overlay 技术的灵活运用。绘制"四宫格"的前提是先准备一张画布，可以通过 nullsrc 滤镜来绘制画布，然后根据切分的区域使用 overlay 来叠加绘制，这样就可以实现最终效果了。四宫格的切分区域如图 7-54 所示。

下面详细分析这个复杂滤镜（filter_complex）的参数。

（1）nullsrc=size=640x480 [base]；通过 nullsrc 创建一块画布，尺寸为 640×480，并命名为[base]。

图 7-54 四宫格的切分区域

（2）[0:v] setpts=PTS-STARTPTS,scale=320x240 [upperleft];：取出第 1 个输入文件中的视频流，缩放为 320×240，然后将输出结果命名为[upperleft]。

（3）[1:v] setpts=PTS-STARTPTS,scale=320x240 [upperright];：取出第 2 个输入文件中的视频流，缩放为 320×240，然后将输出结果命名为[upperright]。

（4）[2:v] setpts=PTS-STARTPTS,scale=320x240 [lowerleft];：取出第 3 个输入文件中的视频流，缩放为 320×240，然后将输出结果命名为[lowerleft]。

（5）[3:v] setpts=PTS-STARTPTS,scale=320x240 [lowerright];：取出第 4 个输入文件中的视频流，缩放为 320×240，然后将输出结果命名为[lowerright]。

（6）[base][upperleft] overlay=shortest=1[tmp1];：将[upperleft]叠加到[base]的左上角，然后将输出结果命名为[tmp1]。

（7）[tmp1][upperright] overlay=shortest=1:x=320 [tmp2];：将[upperright]叠加到[tmp1]的右上角，然后将输出结果命名为[tmp2]。

（8）[tmp2][lowerleft] overlay=shortest=1:y=240 [tmp3];：将[lowerleft]叠加到[tmp2]的左下角，然后将输出结果命名为[tmp3]。

（9）[tmp3][lowerright] overlay=shortest=1:x=320:y=240：将[lowerright]叠加到[tmp3]的右下角，输出结果就是最终的效果。

从 nullsrc 到最终效果的整体流程，如图 7-55 所示。

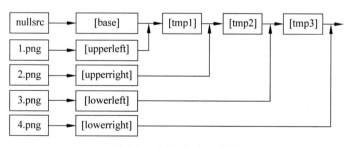

图 7-55 四宫格的流程图

注意：该案例中的画布大小为 640×480，图片大小为 320×240，读者可以根据实际情况来灵活设置宽和高。

7.10.3 实现"四宫格"的任意顺序

将 7.10.2 节中的输入文件的顺序稍微调整一下,就可以灵活地控制四宫格的顺序,例如输入的顺序是 1.png、4.png、3.png、2.png,转码后的效果如图 7-56 所示,命令如下:

```
//chapter7/7.1.txt
ffmpeg -i 1.png -i 4.png -i 3.png -i 2.png -filter_complex "nullsrc=size=640x480 
[base];[0:v] setpts=PTS-STARTPTS, scale=320x240 [upperleft];[1:v] setpts=PTS-
STARTPTS, scale=320x240 [upperright];[2:v] setpts=PTS-STARTPTS, scale=320x240 
[lowerleft];[3:v] setpts=PTS-STARTPTS, scale=320x240 [lowerright];[base][upperleft] 
overlay=shortest=1 [tmp1];[tmp1][upperright] overlay=shortest=1:x=320 [tmp2];
[tmp2][lowerleft] overlay=shortest=1:y=240 [tmp3];[tmp3][lowerright] overlay=shortest=
1:x=320:y=240" -y test-jgg-2.png
```

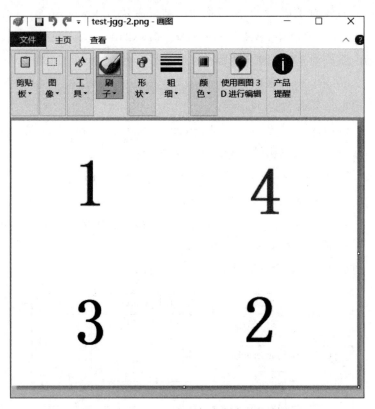

图 7-56　FFmpeg 实现任意顺序的四宫格

7.10.4 使用 FFmpeg 实现"九宫格"

使用 FFmpeg 实现九宫格的命令看起来非常复杂,但实际上也是 overlay 技术的灵活运用。笔者准备了 9 张图片,分别命名为 1.png、2.png、…、9.png,实现的"九宫格"如图 7-57 所示。

```
//chapter7/7.1.txt
ffmpeg -i 1.png -i 2.png -i 3.png -i 4.png -i 5.png -i 6.png -i
7.png -i 8.png -i 9.png -filter_complex "nullsrc=size=720x720[base];[0:v]
setpts=PTS-STARTPTS,scale=240x240[v0];[1:v]setpts=PTS-STARTPTS,scale=240x240
[v1];[2:v]setpts=PTS-STARTPTS,scale=240x240[v2];[3:v]setpts=PTS-STARTPTS,scale
=240x240[v3];[4:v]setpts=PTS-STARTPTS,scale=240x240[v4];[5:v]setpts=PTS-
STARTPTS,scale=240x240[v5];[6:v]setpts=PTS-STARTPTS,scale=240x240[v6];[7:v]
setpts=PTS-STARTPTS,scale=240x240[v7];[8:v]setpts=PTS-STARTPTS,scale=240x240
[v8];[base][v0]overlay=shortest=1[tmp1];[tmp1][v1]overlay=shortest=1:x=240
[tmp2];[tmp2][v2]overlay=shortest=1:x=480[tmp3];[tmp3][v3]overlay=shortest=1:x
=0:y=240[tmp4];[tmp4][v4]overlay=shortest=1:x=240:y=240[tmp5];[tmp5][v5]
overlay=shortest=1:x=480:y=240[tmp6];[tmp6][v6]overlay=shortest=1:x=0:y=480
[tmp7];[tmp7][v7]overlay=shortest=1:x=240:y=480[tmp8];[tmp8][v8]overlay=
shortest=1:x=480:y=480" -y test-jgg-11.png
```

图 7-57　FFmpeg 实现的九宫格

注意：读者可以修改输入文件的顺序，这样就可以实现任意顺序的九宫格。

7.10.5　实现的视频"四宫格"

在上述案例中使用的都是图片，其实完全可以替换成视频，笔者这里准备了 4 个测试视频，分别是 input1.mp4、input2.mp4、input3.mp4、input4.mp4。使用 FFmpeg 将这 4 个视频合成四宫格后的效果如图 7-58 所示，命令如下：

```
//chapter7/7.1.txt
ffmpeg -re -i input1.mp4 -re -i input2.mp4 -re -i input3.mp4 -re -i input4.mp4 -
filter_complex "nullsrc=size=640x480[base];[0:v]setpts=PTS-STARTPTS,scale=
320x240[upperleft];[1:v]setpts=PTS-STARTPTS,scale=320x240[upperright];[2:v]
setpts=PTS-STARTPTS,scale=320x240[lowerleft];[3:v]setpts=PTS-STARTPTS,scale=
320x240[lowerright];[base][upperleft]overlay=shortest=1[tmp1];[tmp1][upperright]
overlay=shortest=1:x=320[tmp2];[tmp2][lowerleft]overlay=shortest=1:y=240
[tmp3];[tmp3][lowerright]overlay=shortest=1:x=320:y=240" -vcodec libx264 -y
out1234-y.mp4
```

在该案例中，使用 libx264 进行视频编码，-re 表示输入的速度与原视频的帧率相等。

图 7-58　FFmpeg 实现视频的四宫格

7.11　淡入淡出效果

fade 滤镜可以实现应用淡入淡出效果。

7.11.1　fade 滤镜的参数说明

fade 滤镜可以接受以下参数。

（1）type,t：指定类型，in 代表淡入，out 代表淡出，默认为 in。

（2）start_frame,s：指定应用效果的开始时间，默认为 0。

（3）nb_frames,n：应用效果的最后一帧序数。对于淡入，在此帧后将以本身的视频输出，对于淡出在此帧后将以设定的颜色输出，默认为 25。

（4）alpha：如果设置为 1，则只在透明通道达到应用效果（如果只存在一个输入），默认为 0。

（5）start_time,st：指定开始时间戳（单位为秒，s）来应用效果。如果 start_frame 和 start_time 都被设置，则效果会在更后的时间开始，默认为 0。

（6）duration,d：效果持续的时间（单位为秒，s）。对于淡入，在此时后将以本身的视频输出，对于淡出在此时后将以设定的颜色输出。如果 duration 和 nb_frames 同时被设置，将采用 duration 值。默认为 0（此时采用 nb_frames 作为默认）。

(7) color,c: 设置淡化后(淡入前)的颜色,默认为 black。

输入 ffmpeg --help filter=fade 可以查看详细的参数信息,输出如下:

```
//chapter7/7.1.txt
Filter fade
  Fade in/out input video.
    slice threading supported
    Inputs:
       #0: default (video)
    Outputs:
       #0: default (video)
fade AVOptions:
   type            <int>        ..FV...... set the fade direction(from 0 to 1)(default in)
     in           0             ..FV...... fade-in
     out          1             ..FV...... fade-out
   t               <int>        ..FV...... set the fade direction(from 0 to 1)(default in)
     in           0             ..FV...... fade-in
     out          1             ..FV...... fade-out
   start_frame     <int>        ..FV...... Number of the first frame to which to apply the effect.
(from 0 to
INT_MAX)(default 0)
   s               <int>        ..FV...... Number of the first frame to which to apply the effect.
(from 0 to
INT_MAX)(default 0)
   nb_frames       <int>        ..FV...... Number of frames to which the effect should be applied.
(from 1 to
INT_MAX)(default 25)
   n               <int>        ..FV...... Number of frames to which the effect should be applied.
(from 1 to
INT_MAX)(default 25)
   alpha           <boolean>    ..FV...... fade alpha if it is available on the input(default false)
   start_time      <duration>   ..FV...... Number of seconds of the beginning of the effect.(default 0)
   st              <duration>   ..FV...... Number of seconds of the beginning of the effect.(default 0)
   duration        <duration>   ..FV...... Duration of the effect in seconds.(default 0)
   d               <duration>   ..FV...... Duration of the effect in seconds.(default 0)
   color           <color>      ..FV...... set color(default "black")
   c               <color>      ..FV...... set color(default "black")
```

7.11.2 fade 滤镜的用法

(1) 从第 30 帧开始淡入,用法如下:

```
fade = in: 0: 30
#等效于
fade = t = in: s = 0: n = 30
```

(2) 在 200 帧视频中,从最后 45 帧淡出,用法如下:

```
fade=out:155:45
#等效于
fade=type=out:start_frame=155:nb_frames=45
```

(3) 对 1000 帧的视频前 25 帧淡入,最后 25 帧淡出,用法如下:

```
fade=in:0:25
fade=out:975:25
```

(4) 让前 5 帧为黄色,然后在 5~24 帧淡入,用法如下:

```
fade=in:5:20:color=yellow
```

(5) 仅在透明通道的第 25 帧开始淡入,用法如下:

```
fade=in:0:25:alpha=1
```

(6) 设置 5.5s 的黑场,然后开始 0.5s 的淡入,用法如下:

```
fade=t=in:st=5.5:d=0.5
```

7.11.3 fade 滤镜的案例

(1) 设置 3.5s 的黑场,然后开始 0.5s 的淡入,命令如下:

```
ffmpeg -i test4.mp4 -vf fade=t=in:st=3.5:d=0.5 -vcodec libx264 -s 640x360 test4-fade1.mp4 -y
```

(2) 分割视频,并将分割出的视频在开头和结尾实现淡入淡出效果,命令如下:

```
ffmpeg -ss 5 -i test4.mp4 -vf "fade=in:0:50,fade=out:450:50" -t 5 -s 640x360 test4-fade2.mp4 -y
```

上面命令是将从 test4.mp4 的第 5s 开始到第 10s 结束的一段视频保存为 test4-fade2.mp4,并对开头的前 50 帧实现渐入效果,对结尾的 50 帧实现渐黑效果。

(3) 将一张 LOGO 图片(logo.png)以淡入的方式叠加到视频(test4.mp4)的右下角,命令如下:

```
//chapter7/7.1.txt
ffmpeg -i test4.mp4 -loop 1 -i logo.png -filter_complex "[1]format=yuva420p,fade=in:st=0:d=5:alpha=1[i];[0][i]overlay=W-w-100:H-h-100:shortest=1" -c:v libx264 -s 640x360 test4-fade3.mp4 -y
```

7.12 黑白效果

调整视频颜色可以使用 hue 滤镜和 lutyuv 滤镜。

1. hue 滤镜简介

使用 hue 滤镜可以将彩色视频转换为黑白色,转换前后视频的对比如图 7-59 所示,命令如下:

```
ffmpeg -i test4.mp4 -vf hue=s=0 -s 3640x360 -vcodec libx264 -y out-hue1.mp4
```

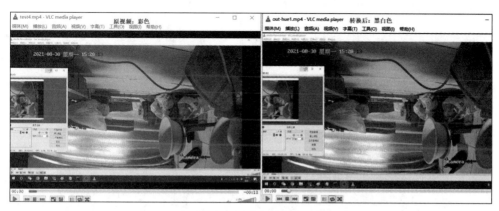

图 7-59 彩色转黑白

hue 滤镜用于调整视频色调、饱和度和亮度,参数说明如下。

(1) h:色调角度度数(0~360),默认值为 0。

(2) s:饱和度(-10~10),默认值为 1。

(3) b:亮度(-10~10),默认值为 0。

如果想调整视频的饱和度,则命令如下:

```
ffmpeg -ss 0 -t 3 -i test4.mp4 -vf hue=b=1 -b 600k -y out-hue2.mp4
```

2. lutyuv 滤镜简介

要改变 RGB 输入格式的特定通道,可以使用 lutrgb 滤镜。它通过将 r、g 和 b 参数的值设置为 0~255(255 以上的任何值都被认为是 255)来调整色彩平衡。例如使用 lutrgb 滤镜来修改 3 种颜色的值,命令如下:

```
ffmpeg -ss 0 -t 3 -i test4.mp4 -vf lutrgb=r=200 -vcodec libx264 -s 640x360 -y out-hue4.mp4
```

要调整红色、绿色或蓝色通道的亮度,可设置一个 0~255 的数字,并将其输入为 lutrgb

滤镜的 r、g 或 b 参数。还可以对输入值进行分(减)或乘(增)，例如将蓝色强度加倍，可以使用表达式 lutrgb=b=val*2。

要修改 YUV 格式的组件，可以使用 lutyuv 滤镜。y 参数用于调整亮度(亮度)，u 参数用于调整蓝色平衡，v 参数用于调整红色平衡。例如使用 lutyuv 滤镜实现黑白效果，命令如下：

```
ffmpeg -ss 0 -t 3 -i test4.mp4 -vf lutyuv="u=128:v=128" -vcodec libx264 -s 640x360 -y out-hue5.mp4
```

3. hue 滤镜实现色彩变幻

使用 hue 滤镜可以将色彩变幻，如图 7-60 所示，命令如下：

```
ffmpeg -ss 0 -t 3 -i test4.mp4 -vf hue="H=2*PI*t:s=sin(2*PI*t)+1" -vcodec libx264 -s 640x360 -y out-hue6.mp4
```

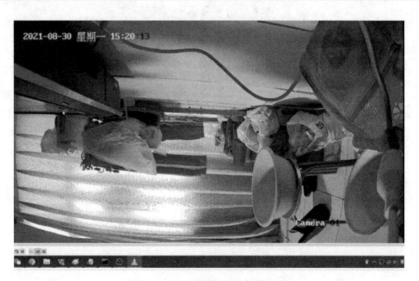

图 7-60　hue 滤镜实现色彩变幻

在该案例中，主要使用了 hue 滤镜的 H 和 s 参数。s 代表饱和度，这里使用 sin 函数来动态地改变。H 代表设置色调弧度角度表达式，这里根据时间 t 来动态地修改。通过动态修改 H 和 s 的值，达到了色彩变幻的效果。

4. hue 滤镜的参数说明

通过命令行(ffmpeg --help filter=hue)可以查看 hue 滤镜的参数，输出如下：

```
//chapter7/7.1.txt
Filter hue
  Adjust the hue and saturation of the input video.
```

```
    Inputs:
        #0: default (video)
    Outputs:
        #0: default (video)
hue AVOptions:
    h                <string>      ..FV.....T set the hue angle degrees expression
    s                <string>      ..FV.....T set the saturation expression(default "1")
    H                <string>      ..FV.....T set the hue angle radians expression
    b                <string>      ..FV.....T set the brightness expression(default "0")
#h: 设置色调角度表达式          s: 设置饱和度表达式
#H: 设置色调弧度角度表达式      b: 设置亮度表达式
```

7.13 模糊处理

使用 boxblur 滤镜可以实现模糊效果。

1. boxblur 滤镜实现模糊效果

可以设置 boxblur 的模糊比例,例如 5∶1 和 20∶1,效果如图 7-61 所示,命令如下:

```
//chapter7/7.1.txt
ffmpeg -ss 0 -t 3 -i test4.mp4 -vf boxblur=5:1:cr=0:ar=0 -vcodec libx264 -s
640x360 -y out-blur5.mp4
ffmpeg -ss 0 -t 3 -i test4.mp4 -vf boxblur=20:1:cr=0:ar=0 -vcodec libx264 -s
640x360 -y out-blur20.mp4
```

图 7-61 boxblur 滤镜模糊效果

在该案例中,可以看出 boxblur 的比例越大,模糊效果越明显。

2. boxblur 滤镜的参数说明

boxblur 滤镜用于模糊处理,可接受的参数如下。

(1) luma_radius,lr:亮度半径。

(2) luma_power, lp：亮度指数。
(3) chroma_radius, cr：色度半径。
(4) chroma_power, cp：色度指数。
(5) alpha_radius, ar：透明度半径。
(6) alpha_power, ap：透明度指数。
(7) 参数值可以使用 w、h 等变量表达式。

使用举例：

```
boxblur = 2: 1: cr = 0: ar = 0
```

7.14 视频颤抖

使用 crop 滤镜可以实现视频的颤抖效果，如图 7-62 所示，命令如下：

```
//chapter7/7.1.txt
ffmpeg -ss 0 -t 3 -i test4.mp4 -vf crop="in_w/2: in_h/2: (in_w-out_w)/2 + ((in_w-out_w)/2) * sin(n/10): (in_h-out_h)/2 + ((in_h-out_h)/2) * sin(n/7)" -vcodec libx264 -s 640x360 -y out-chandou1.mp4
```

图 7-62　crop 滤镜实现视频颤抖效果

在该案例中，使用了 crop 滤镜来裁剪视频，使用 sin 函数根据帧数(n)来动态地调整裁剪的位置，以此来达到视频颤抖的效果。

7.15 浮雕效果

使用 FFmpeg 可以实现视频的浮雕效果，本质上利用灰度图来绘制轮廓，如图 7-63 所示，命令如下：

```
//chapter7/7.1.txt
ffmpeg -ss 0 -t 3 -i test4.mp4 -vf format=gray,geq=lum_expr='(p(X,Y)+(256-p(X-4,
Y-4)))/2' -vcodec libx264 -s 640x360 -y out-fudiao1.mp4
```

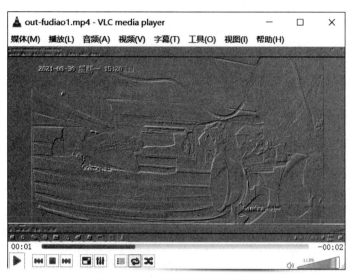

图 7-63 geq 滤镜实现浮雕效果

该命令中的 format=gray 表示使用灰度图,然后通过 geq 滤镜实现了浮雕效果,可以参考官网介绍,网址为 http://www.ffmpeg.org/ffmpeg-filters.html#geq。

注意:geq 滤镜对每像素进行处理,因此速度很慢。

7.15.1　geq 滤镜参数简介

geq 滤镜的功能特别强大,不仅接受的参数众多,而且表达式也很多,所以可以动态地设置很多不同的量,甚至可以跟播放进度产生关系,进而达到视频闪烁的效果。通过 FFmpeg 的命令(ffmpeg --help filter=geq)可以查看 geq 的参数,输出如下:

```
//chapter7/7.1.txt
Filter geq
  Apply generic equation to each pixel.   //使用一般方程式应用到每像素
    slice threading supported
    Inputs:
       #0: default (video)
    Outputs:
       #0: default (video)
geq AVOptions:
  lum_expr          <string>     ..FV...... set luminance expression: 亮度表达式
  lum               <string>     ..FV...... set luminance expression
```

cb_expr	<string>	..FV......	set chroma blue expression：色度 -- 蓝
cb	<string>	..FV......	set chroma blue expression
cr_expr	<string>	..FV......	set chroma red expression：色度 -- 红
cr	<string>	..FV......	set chroma red expression
alpha_expr	<string>	..FV......	set alpha expression
a	<string>	..FV......	set alpha expression
red_expr	<string>	..FV......	set red expression
r	<string>	..FV......	set red expression
green_expr	<string>	..FV......	set green expression
g	<string>	..FV......	set green expression
blue_expr	<string>	..FV......	set blue expression
b	<string>	..FV......	set blue expression
interpolation	<int>	..FV......	set interpolation method(from 0 to 1)(default bilinear)
nearest	0	..FV......	nearest interpolation
n	0	..FV......	nearest interpolation
bilinear	1	..FV......	bilinear interpolation
b	1	..FV......	bilinear interpolation
i	<int>	..FV......	set interpolation method(from 0 to 1)(default bilinear)
nearest	0	..FV......	nearest interpolation
n	0	..FV......	nearest interpolation
bilinear	1	..FV......	bilinear interpolation
b	1	..FV......	bilinear interpolation

This filter has support for timeline through the 'enable' option.

7.15.2　geq 滤镜的官网介绍

geq 滤镜可以实现浮雕效果，详情可以参考官网介绍，网址为 http://www.ffmpeg.org/ffmpeg-filters.html#geq，如图 7-64 所示。

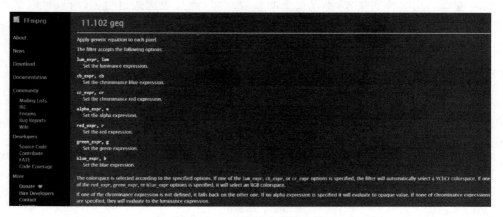

图 7-64　geq 滤镜的官网介绍

实现浮雕效果的-vf 中的 format=gray,geq=lum_expr='(p(x,y)+(256-p(x-4,y-4)))/2',lum_expr=表示的是亮度表达式,而 p(x,y)是一个函数,其中 x 和 y 是变量,具体可以参考官网上的详细解释。笔者做了简单的注释,如图 7-65 所示。

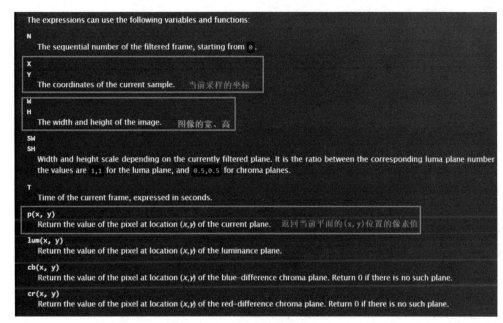

图 7-65　geq 滤镜的 p(x,y)函数介绍

7.16　静音音频和黑幕视频

开发中有时需要生成静音音频或者纯色黑屏视频,便于测试或在其他特殊场景应用,此种情况可以使用 FFmpeg 命令-f lavfi 来完成。

7.16.1　生成静音音频

生成静音音频,可以使用 anullsrc 或者 aevalsrc 滤镜,aevalsrc 还可以生成其他类型的音频。

1. anullsrc 滤镜

生成 10s 特定采样率和声道数的静音音频,还可以指定编码器,命令如下:

```
ffmpeg -f lavfi -i anullsrc -t 10 silent-audio.aac
```

在该案例中,生成了一个 AAC 音频文件,时长为 10s,采样率为 44.1kHz,声道数为 2,如图 7-66 所示。

用 VLC 打开这个文件进行播放,听不到任何声音,参数说明如下。

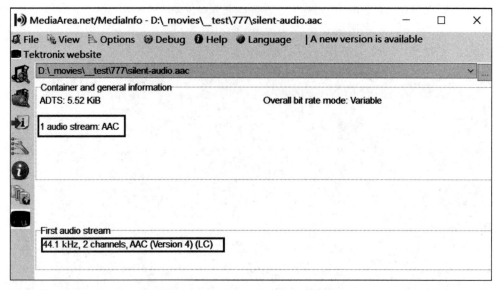

图 7-66 anullsrc 生成的静音数据

(1) sample_rate，r：指定采样率，默认为 44 100。
(2) channel_layout：指定通道布局，详见 libavutil/channel_layout.c。
(3) -t：文件时长，如果不指定就一直生成。

参数 channel_layout 的数组定义，代码如下：

```
//chapter7/7.1.txt
channel_layout_map[]
    { "mono",         1, AV_CH_LAYOUT_MONO },
    { "stereo",       2, AV_CH_LAYOUT_STEREO },
    { "2.1",          3, AV_CH_LAYOUT_2POINT1 },
    { "3.0",          3, AV_CH_LAYOUT_SURROUND },
    { "3.0(back)",    3, AV_CH_LAYOUT_2_1 },
    { "4.0",          4, AV_CH_LAYOUT_4POINT0 },
    { "quad",         4, AV_CH_LAYOUT_QUAD },
    { "quad(side)",   4, AV_CH_LAYOUT_2_2 },
    { "3.1",          4, AV_CH_LAYOUT_3POINT1 },
    { "5.0",          5, AV_CH_LAYOUT_5POINT0_BACK },
    { "5.0(side)",    5, AV_CH_LAYOUT_5POINT0 },
    { "4.1",          5, AV_CH_LAYOUT_4POINT1 },
    { "5.1",          6, AV_CH_LAYOUT_5POINT1_BACK },
    { "5.1(side)",    6, AV_CH_LAYOUT_5POINT1 },
    { "6.0",          6, AV_CH_LAYOUT_6POINT0 },
    { "6.0(front)",   6, AV_CH_LAYOUT_6POINT0_FRONT },
    { "hexagonal",    6, AV_CH_LAYOUT_HEXAGONAL },
    { "6.1",          7, AV_CH_LAYOUT_6POINT1 },
```

```
{ "6.1",          7, AV_CH_LAYOUT_6POINT1_BACK },
{ "6.1(front)",   7, AV_CH_LAYOUT_6POINT1_FRONT },
{ "7.0",          7, AV_CH_LAYOUT_7POINT0 },
{ "7.0(front)",   7, AV_CH_LAYOUT_7POINT0_FRONT },
{ "7.1",          8, AV_CH_LAYOUT_7POINT1 },
{ "7.1(wide)",    8, AV_CH_LAYOUT_7POINT1_WIDE },
{ "octagonal",    8, AV_CH_LAYOUT_OCTAGONAL },
{ "downmix",      2, AV_CH_LAYOUT_STEREO_DOWNMIX,},
```

例如可以指定采样率(48 000)和单声道(mono),命令如下:

```
ffmpeg -f lavfi -i anullsrc -r 48000 -channel_layout "mono" -t 10 silent-audio2.aac
```

可以用 ffplay 直接测试静音效果,命令如下:

```
ffplay -f lavfi -i anullsrc=r=44100:cl=stereo -t 10
```

2. aevalsrc 滤镜

可以用 aevalsrc 滤镜来生成静音数据,命令如下:

```
ffmpeg -f lavfi -i aevalsrc=0 -t 10 silent-audio.mp3
```

7.16.2 生成纯色视频

生成纯色视频,可以使用 color 或者 nullsrc 源来生成指定格式的纯色视频。

1. color 滤镜

使用 color 滤镜来生成黑色视频,命令如下:

```
ffmpeg -f lavfi -i color=size=640x360:rate=25:color=black:duration=5 black.mp4
```

使用 color 滤镜来生成紫色视频,命令如下:

```
ffmpeg -f lavfi -i color=s=640x360:r=25:c='#FF00FF':d=5 purple.mp4
```

参数 color/c 代表视频颜色,可以是颜色名或者数值,格式为 #RRGGBB。

2. nullsrc 滤镜

使用 nullsrc 滤镜生成黑色视频,命令如下:

```
ffmpeg -f lavfi -i nullsrc=size=640x360:rate=25:duration=5,lutrgb=0:0:0 black2.mp4
```

使用 nullsrc 滤镜生成紫色视频(需要用 lutrgb 设定颜色),命令如下:

```
ffmpeg -f lavfi -i nullsrc=s=640x360:r=25:d=5,lutrgb=255:0:255 purple2.mp4
#r: 帧率    s: 分辨率    d: 时长
```

3. 图片合成视频

将一张图片合成 10s 的视频,命令如下:

```
ffmpeg -r 15 -loop 1 -i logo.png -c:v libx264 -t 10 logo-1.mp4
```

7.17 软字幕和硬字幕

随着短视频的发展,视频字幕也越来越重要,大体可分为软字幕、硬字幕和外挂字幕。常见的字幕格式主要包括 SRT、SSA 和 ASS 等。SRT 是最基本的字幕,通常只有字的文本内容和时间长度。SSA 是功能更完备的字幕,可以在 SRT 的基础上加上字的大小、位置及水印等内容。ASS 是 SSA 字幕的升级版,功能更加强大,它除了包含 SSA 的所有功能以外,还进行了扩展。FFmpeg 支持这些字幕格式相互进行转换,也可以为视频添加字幕。

7.17.1 字幕简介

常见的字幕类型包括软字幕、硬字幕和外挂字幕。

1. 外挂字幕

外挂字幕是一个外部的字幕文件,格式类型一般有 SRT、VTT、ASS 等。播放视频时,把外挂字幕和视频放在同一目录下,在 VLC 播放器中选择字幕文件即可在视频中看到字幕,如图 7-67 所示。

图 7-67　VLC 播放外挂字幕

2. 软字幕

软字幕也叫内挂字幕、封装字幕、内封字幕或字幕流等，也就是把字幕文件嵌入视频中，作为流的一部分。视频文件一般包括视频流、音频流和字幕流。字幕流嵌入视频中作为流，后期可以使用相关工具进行提取、编辑、删除字幕流等操作，如图 7-68 所示。

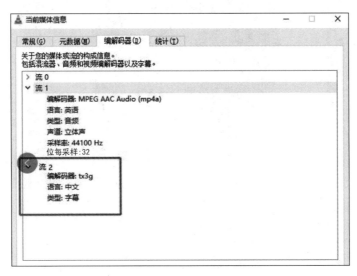

图 7-68　VLC 查看软字幕

3. 硬字幕

所谓硬字幕是指不管在手机上看还是在计算机网页上看，以及不管在什么播放器上看，视频里就有字幕，而且在任何设备和任何播放软件上看到的字幕都是完全一样的，没有任何跑偏。这种类型的视频字幕就是硬字幕。

这种字幕的文字已经不再是文字了，而是图像，字幕嵌入视频，可以内嵌纯英文字幕，当然也可以内嵌中英双语字幕。简单来讲就是硬字幕非常方便，像水印一样打在视频上，缺点是后期不可以编辑，也不可以去除字幕，如图 7-69 所示。

图 7-69 所示的视频可以看到字幕信息，但是播放器上并未显示有字幕流，如图 7-70 所示。

4. 字幕小结

通过以上对字幕类型的分析可以看到每种字幕都有优缺点。

（1）外挂字幕的优点是简单方便，可以更换字幕文件；缺点是不方便携带或者传输。

（2）软字幕的优点是方便观看、方便传输；缺点是虽然可以更换字幕文件，但比较麻烦。

（3）硬字幕的优点是方便观看、方便传输、适合所有设备和平台；缺点是不可以更换字幕信息。

图 7-69 VLC 播放硬字幕视频

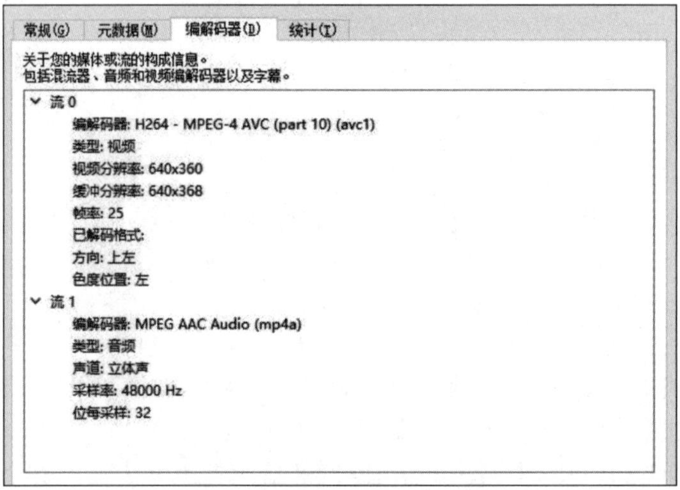

图 7-70 硬字幕没有独立的流信息

7.17.2 字幕处理

使用 FFmpeg 可以添加字幕或者从视频文件中提取字幕，处理流程如图 7-71 所示。

如果 FFmpeg 要实现添加字幕的功能，则需要在编译时开启 --enable-filter＝subtitles（代表开启字幕滤镜）和 --enable-libass（用来进行字幕处理和渲染的开源库）。

1. 添加软字幕

使用 FFmpeg 添加软字幕，命令如下：

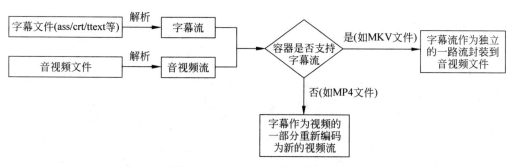

图 7-71　FFmpeg 处理字幕的流程

```
ffmpeg -i test4.mp4 -i 1.srt -c copy -y test4-subtile-1.mkv
```

字幕文件 1.srt 的内容如下：

```
1
00:00:01,220 --> 00:00:04,490
This is FFmpeg Book

2
00:00:05,619 --> 00:00:07,420
Welcome to World of FFmpeg

3
00:00:09,549 --> 00:00:12,170
Congratulations to everyone,will you good luck
```

在该案例中，添加软字幕的原理和流程与给视频添加音频一样，这个过程不需要重新编解码，所以速度非常快，如图 7-72 所示。

注意：软字幕只有部分容器格式（例如 MKV）才支持，MP4/MOV 等不支持，而且也只有部分播放器支持软字幕或者外挂字幕（如 VLC 播放器）。

2. VLC 播放软字幕

使用 VLC 播放器播放上面命令中合成的带有软字幕的 MKV 视频（test4-subtile-1.mkv），如图 7-73 所示。

注意：由于 VLC 在默认情况下关闭了字幕，所以需要手动打开。

3. ffprobe 查看软字幕

使用 ffprobe 查看 test4-subtile-1.mkv 的流信息，效果如图 7-74 所示，命令如下：

```
ffprobe test4-subtile-1.mkv
```

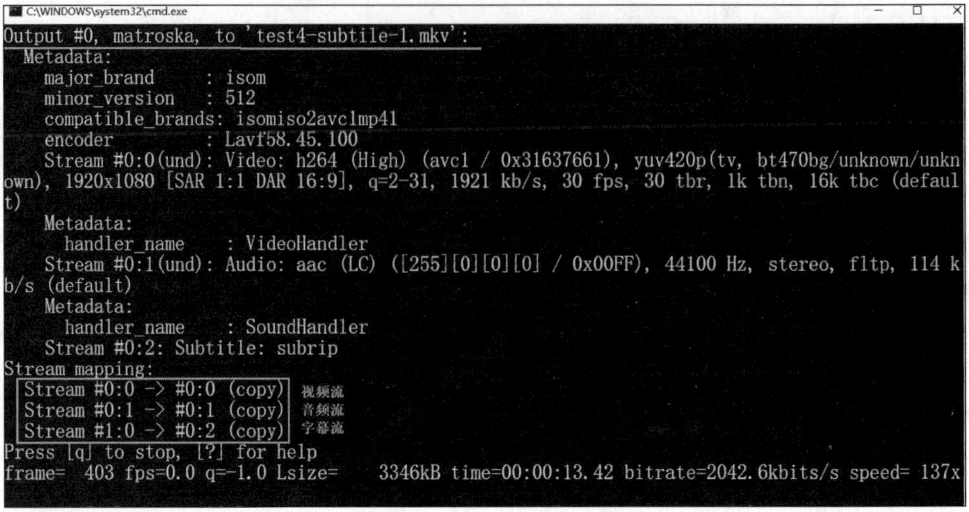

图 7-72 FFmpeg 添加软字幕

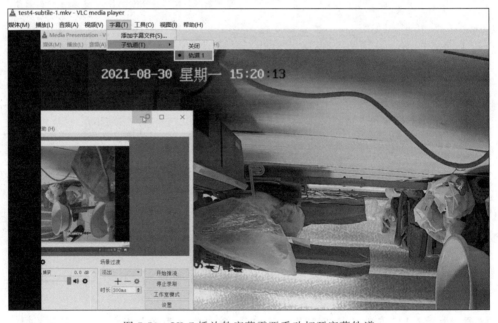

图 7-73 VLC 播放软字幕需要手动打开字幕轨道

4. 字幕格式转换

利用 ffmpeg 命令也可以实现字幕格式 ASS、SRT、VTT 等的相互转换,转码过程如图 7-75 所示,命令如下:

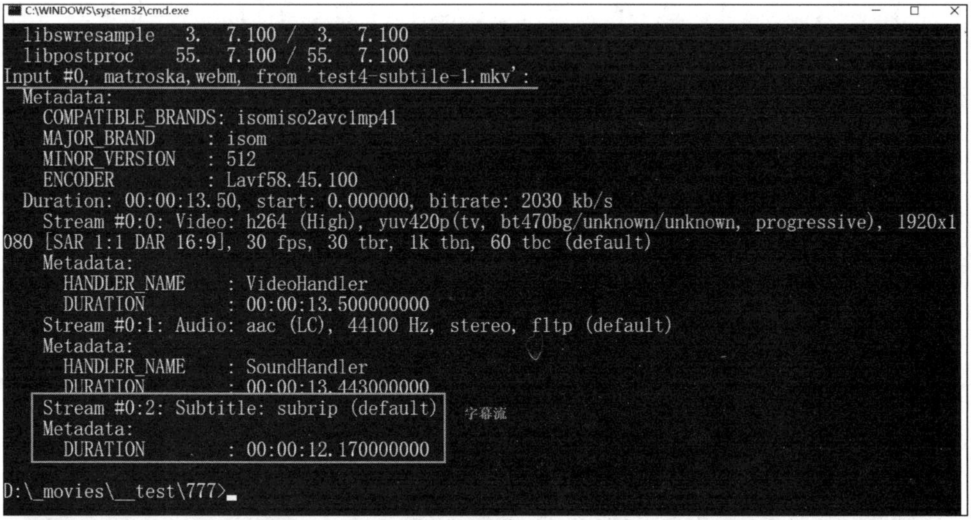

```
C:\WINDOWS\system32\cmd.exe
  libswresample   3.  7.100 /  3.  7.100
  libpostproc    55.  7.100 / 55.  7.100
Input #0, matroska,webm, from 'test4-subtile-1.mkv':
  Metadata:
    COMPATIBLE_BRANDS: isomiso2avc1mp41
    MAJOR_BRAND     : isom
    MINOR_VERSION   : 512
    ENCODER         : Lavf58.45.100
  Duration: 00:00:13.50, start: 0.000000, bitrate: 2030 kb/s
    Stream #0:0: Video: h264 (High), yuv420p(tv, bt470bg/unknown/unknown, progressive), 1920x1
080 [SAR 1:1 DAR 16:9], 30 fps, 30 tbr, 1k tbn, 60 tbc (default)
    Metadata:
      HANDLER_NAME    : VideoHandler
      DURATION        : 00:00:13.500000000
    Stream #0:1: Audio: aac (LC), 44100 Hz, stereo, fltp (default)
    Metadata:
      HANDLER_NAME    : SoundHandler
      DURATION        : 00:00:13.443000000
    Stream #0:2: Subtitle: subrip (default)    字幕流
    Metadata:
      DURATION        : 00:00:12.170000000

D:\_movies\__test\777>
```

图 7-74　ffprobe 查看软字幕

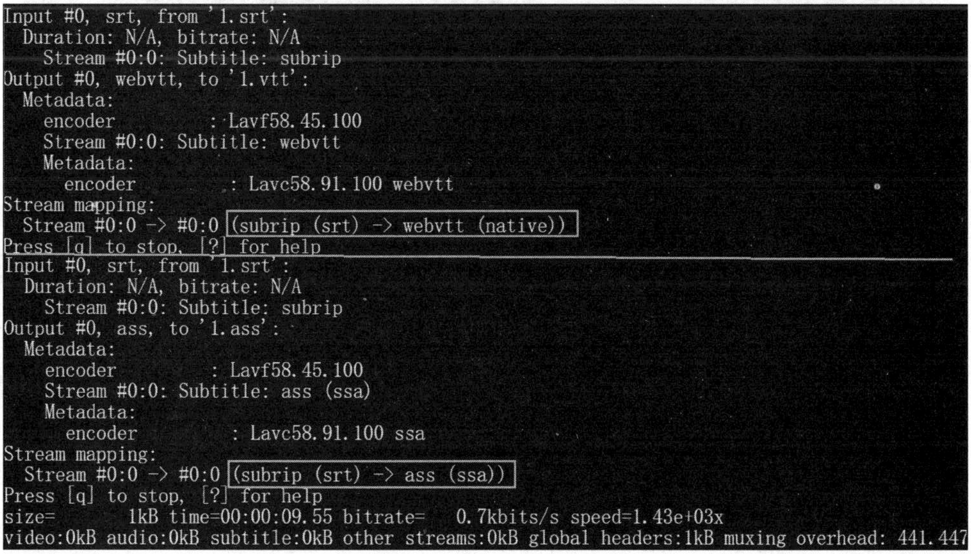

```
Input #0, srt, from '1.srt':
  Duration: N/A, bitrate: N/A
    Stream #0:0: Subtitle: subrip
Output #0, webvtt, to '1.vtt':
  Metadata:
    encoder         : Lavf58.45.100
    Stream #0:0: Subtitle: webvtt
    Metadata:
      encoder         : Lavc58.91.100 webvtt
Stream mapping:
  Stream #0:0 -> #0:0 (subrip (srt) -> webvtt (native))
Press [q] to stop, [?] for help
Input #0, srt, from '1.srt':
  Duration: N/A, bitrate: N/A
    Stream #0:0: Subtitle: subrip
Output #0, ass, to '1.ass':
  Metadata:
    encoder         : Lavf58.45.100
    Stream #0:0: Subtitle: ass (ssa)
    Metadata:
      encoder         : Lavc58.91.100 ssa
Stream mapping:
  Stream #0:0 -> #0:0 (subrip (srt) -> ass (ssa))
Press [q] to stop, [?] for help
size=       1kB time=00:00:09.55 bitrate=   0.7kbits/s speed=1.43e+03x
video:0kB audio:0kB subtitle:0kB other streams:0kB global headers:1kB muxing overhead: 441.447
```

图 7-75　字幕格式转换

```
ffmpeg -i 1.srt 1.vtt
ffmpeg -i 1.srt 1.ass
```

5. 添加硬字幕

使用 FFmpeg 可以添加硬字幕，需要使用 subtitles 滤镜，命令如下：

```
ffmpeg -i test4.mp4 -vf subtitles=1.srt -vcodec libx264 -s 640x360 -y test4-sub2.mp4
```

1.srt 代表要添加的字幕文件,这里也可以写成其他格式字幕文件,例如 1.ass、1.ttext 等。FFmpeg 最终都会将字幕格式先转换成 ASS 字幕流再将字幕嵌入视频帧中,这个过程需要重新编解码,所以速度比较慢。

使用 ffplay 播放合成的视频 test4-sub2.mp4,可以看到字幕信息,如图 7-76 所示。

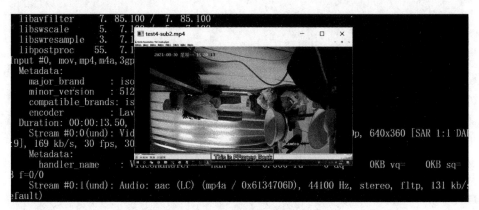

图 7-76　ffplay 播放硬字幕视频

使用 MediaInfo 查看视频文件 test4-sub2.mp4 的流信息,会发现只有视频流和音频流,而没有字幕流,如图 7-77 所示。

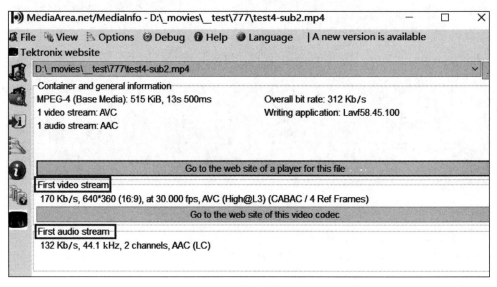

图 7-77　MediaInfo 查看硬字幕没有独立的流信息

第 8 章 FFmpeg 命令行实现流媒体功能及直播应用

4min

流媒体(Streaming Media)是指将一连串的媒体数据压缩后,经过网上分段发送数据,在网上即时传输影音以供观赏的一种技术与过程,此技术使数据包得以像流水一样发送;如果不使用此技术,就必须在使用前下载整个媒体文件。常用的流媒体协议包括 RTSP、RTP、HTTP、HLS、RTMP、HTTP-FLV 等。流媒体技术通常应用于直播场景中。完整的直播系统涉及音视频采集、编码、推流、拉流、分发、转码、认证鉴权、自动鉴黄等一系列的模块和技术点,如图 8-1 所示。

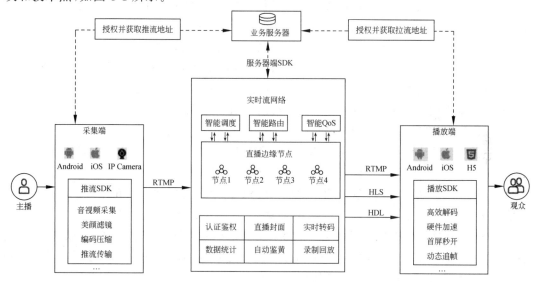

图 8-1 视频直播系统涉及的模块和技术点

本章使用 VLC 来模拟流媒体服务器功能,可以推送各种协议的音视频流,而真实的直播系统需要配置专业的流媒体服务器,例如常见的开源流媒体服务器包括 SRS、ZLMediaKit、Nginx-RTMP 和 EasyDarwin 等。

注意:关于开源流媒体服务器(SRS、ZLMediaKit、Nginx-RTMP 和 EasyDarwin 等)的详细讲解,可参考笔者在清华大学出版社出版的另一本书:《FFmpeg 入门详解——流媒体直播原理及应用》。

8.1 RTSP 简介及直播流

实时流传输协议(Real Time Streaming Protocol,RTSP)是由 RealNetworks 和 Netscape 共同提出的如何有效地在 IP 网络上传输流媒体数据的应用层协议。RTSP 对流媒体提供了诸如暂停、快进等控制,而它本身并不传输数据,RTSP 的作用相当于流媒体服务器的远程控制。

8.1.1 RTSP 简介

RTSP 是 TCP/IP 协议体系中的一个应用层协议,是由哥伦比亚大学、网景和 RealNetworks 公司制定的 IETF RFC 标准。该协议定义了一对多应用程序如何有效地通过 IP 网络传送多媒体数据。RTSP 在体系结构上位于 RTP 和 RTCP 之上,它使用 TCP 或 UDP 完成数据传输。HTTP 与 RTSP 相比,HTTP 请求由客户机发出,服务器做出响应;使用 RTSP 时,客户机和服务器都可以发出请求,即 RTSP 可以是双向的。RTSP 是用来控制声音或影像的多媒体串流协议,并允许同时对多个串流进行控制,传输时所用的网络通信协定并不在其定义的范围内,服务器端可以自行选择使用 TCP 或 UDP 来传送串流内容,它的语法和运作与 HTTP 1.1 类似,但并不特别强调时间同步,所以比较能容忍网络延迟。

RTSP 中所有的操作都是通过服务器端和客户端的消息应答机制完成的,其中消息包括请求和应答两种,RTSP 是对称的协议,客户端和服务器端都可以发送和回应请求。RTSP 是一个基于文本的协议,它使用 UTF-8 编码(RFC2279)和 ISO 10646 字符序列,采用 RFC882 定义的通用消息格式,每个语句行由 CRLF 结束(\r\n)。

RTSP 和 HTTP 的区别和联系如下。

(1) 联系:两者都用纯文本来发送消息,并且 RTSP 的语法和 HTTP 类似。RTSP 这样设计,是为了能够兼容以前写的 HTTP 进行代码分析。

(2) 区别:RTSP 是有状态的,不同的是 RTSP 的命令需要知道现在正处于一个什么状态,也就是说 RTSP 的命令总是按照顺序来发送的,某个命令总在另外一个命令之前要发送。RTSP 不管处于什么状态都不会主动断掉连接,所以 RTSP 需要"心跳"来保持连接,而 HTTP 则不保存状态,协议在发送一个命令以后,连接就会断开,并且命令之间是没有依赖性的。RTSP 使用 554 端口,HTTP 使用 80 端口。

8.1.2 VLC 作为 RTSP 流媒体服务器

VLC 的功能很强大,不仅是一个视频播放器,也可作为小型的视频服务器,还可以一边播放一边转码,把视频流发送到网络上。

注意:笔者用的 VLC 版本(v2.2.4)比较旧,但功能很稳定。读者可以下载本书对应资料中的文件 vlc_2.2.4.0.exe,或者可以尝试从官网下载新版本。

VLC 作为 RTSP 流媒体服务器的具体步骤如下：
(1) 单击主菜单中"媒体"下的"流"。
(2) 在弹出的对话框中单击"添加"按钮，选择一个本地视频文件，如图 8-2 所示。

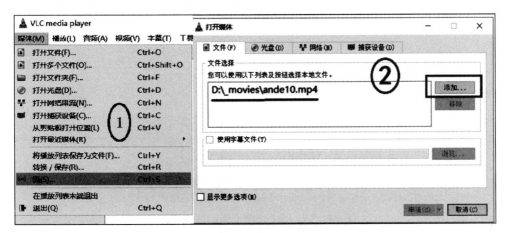

图 8-2　VLC 流媒体服务器之打开本地文件

(3) 单击页面下方的"串流"，添加串流协议，如图 8-3 所示。

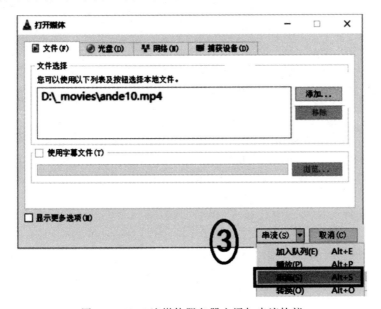

图 8-3　VLC 流媒体服务器之添加串流协议

(4) 该页面会显示刚才选择的本地视频文件，然后单击"下一步"按钮，如图 8-4 所示。
(5) 在该页面单击"添加"按钮，选择具体的流协议，例如这里选择 RTSP 下拉项，然后单击"下一步"按钮；在 RTSP 选项页面，端口项输入 8554(RTSP 的默认端口是 554)，路径项输入/test1，然后单击"下一步"按钮，如图 8-5 所示。

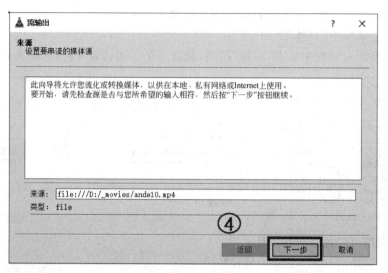

图 8-4　VLC 流媒体服务器之文件来源

注意：这里的 RTSP 流地址为 rtsp://ip:8554/test1，将 ip 改为本地的 IP 地址。

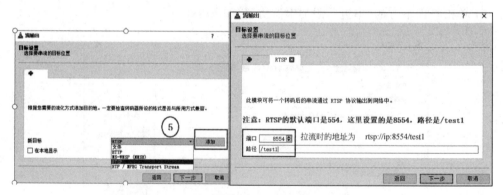

图 8-5　VLC 流媒体服务器之选择 RTSP 协议

（6）在该页面的下拉列表中选择 Video-H.264＋MP3（TS），然后单击"下一步"按钮，如图 8-6 所示。

注意：一定要选中"激活转码"，并且是 TS 流格式。

（7）在该页面可以看到 VLC 生成的所有串流输出参数，然后单击"流"按钮即可，如图 8-7 所示。

8.1.3　FFmpeg 实现 RTSP 直播拉流

使用 ffplay 可以播放 RTSP 流，也可以使用 FFmpeg 将直播流存储成本地文件。

1．ffplay 播放 RTSP 流

可以使用 ffplay 来播放 RTSP 流，效果如图 8-8 所示，命令如下：

第8章　FFmpeg命令行实现流媒体功能及直播应用

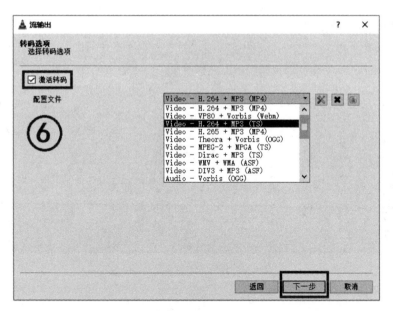

图 8-6　VLC 流媒体服务器之 H.263＋MP3(TS)

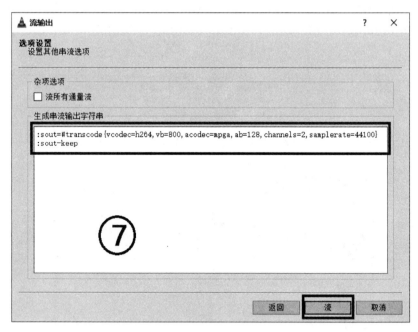

图 8-7　VLC 流媒体服务器之串流输出参数字符串

```
ffplay -i rtsp://127.0.0.1:8554/test1
```

在该案例中，因为是本机播放器，所以 IP 地址为 127.0.0.1，端口号是 8554，路径为

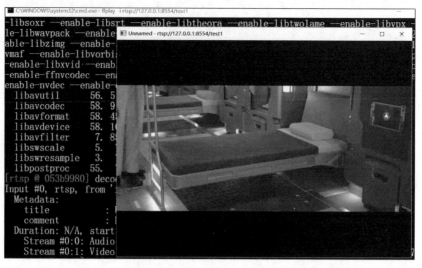

图 8-8　ffplay 播放 RTSP 流

/test1。由于默认采取 UDP 协议传输，所以刚开始的几帧可能比较模糊，这是因为可能有丢包的情况。

2. FFmpeg 拉取 RTSP 流并存储为 FLV 文件

可以使用 FFmpeg 来拉取 RTSP 流，存储为本地文件（例如 FLV 文件）进行测试，命令如下：

```
ffmpeg -i rtsp://127.0.0.1:8554/test1 -vcodec libx264 -acodec aac -s 640x360 -t 10 -f flv rtsp-test1.flv
```

在该案例中，因为 FFmpeg 需要访问网络，Windows 系统的防火墙会弹出提示信息，如图 8-9 所示。

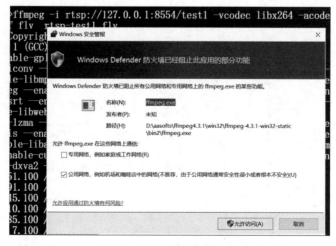

图 8-9　防火墙阻拦 FFmpeg

第8章 FFmpeg命令行实现流媒体功能及直播应用

使用FFmpeg拉流时发生了错误，如图8-10所示。

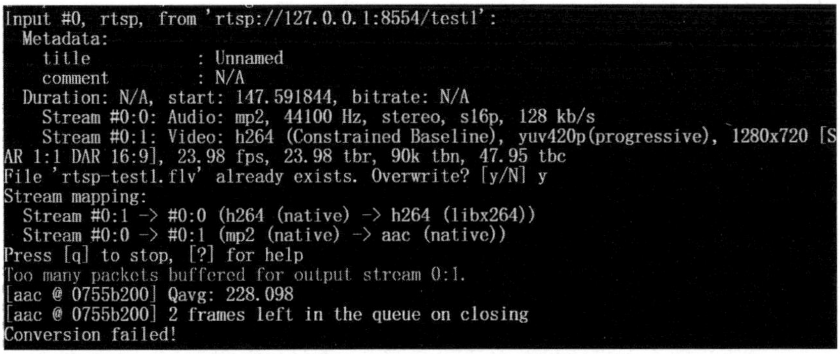

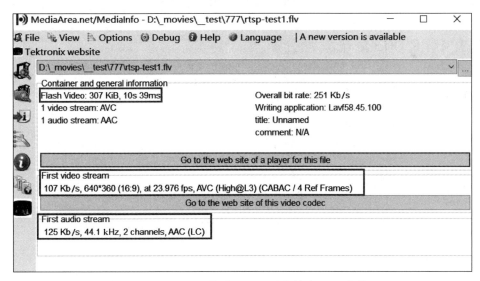

图 8-10 FFmpeg 拉取 RTSP 失败

Too many packets buffered for output stream 0:1，该异常抛出的原因是有些数据有问题，导致处理过快，容器封装时队列溢出。可以增大容器封装队列来解决，例如将最大封装队列的大小设置为1024(-max_muxing_queue_size 1024)，修改后的命令如下：

```
ffmpeg -i rtsp://127.0.0.1:8554/test1 -vcodec libx264 -acodec aac -s 640x360 -t 10 -threads 2 -max_muxing_queue_size 1024 -f flv -y rtsp-test1.flv
```

使用MediaInfo分析文件rtsp-test1.flv的流信息，如图8-11所示。

图 8-11 FFmpeg 拉取 RTSP 后存储为 FLV 文件

使用VLC打开该文件，会发现刚开始没有视频画面，但是有声音，这是因为FFmpeg在遇到关键帧之后才能存储视频帧。使用VLC的View下拉菜单的Tree选项观察，会发现视频的时长为4s 87ms，而音频的时长为10s 39ms，如图8-12所示。

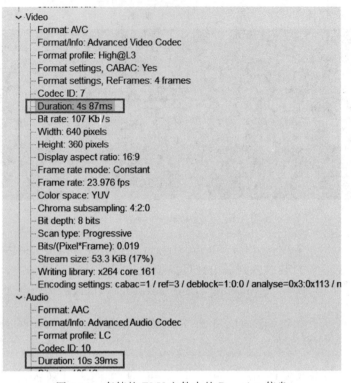

图 8-12　存储的 FLV 文件中的 Duration 信息

8.1.4　RTSP 交互流程分析

RTSP 的参与角色分为客户端和服务器端，交互流程如图 8-13 所示。其中，C 表示客户端，S 表示 RTSP 服务器端。参与交互的消息主要包括 OPTIONS、DESCRIBE、SETUP、

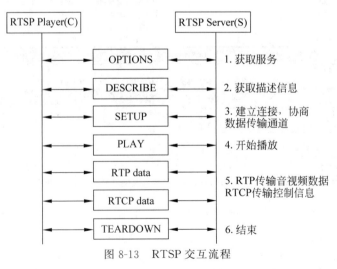

图 8-13　RTSP 交互流程

PLAY、PAUSE、TEARDOWN 等。

RTSP 交互流程的详细信息，如表 8-1 所示。

表 8-1 RTSP 交互流程详细信息

方向	消息	描述
C→S	OPTIONS request	Client 询问 Server 有哪些方法可用
S→C	OPTIONS response	Server 回应消息中包含所有可用的方法
C→S	DESCRIBE request	Client 请求得到 Server 提供的媒体初始化描述信息
S→C	DESCRIBE response	Server 回应媒体初始化信息，主要是 SDP（会话描述协议）
C→S	SETUP request	设置会话属性及传输模式，请求建立会话
S→C	SETUP response	Server 建立会话，返回会话标识及会话相关信息
C→S	PLAY request	Client 请求播放
S→C	PLAY response	Server 回应请求播放信息
S→C	Media Data Transfer	发送流媒体数据
C→S	TEARDOWN request	Client 请求关闭会话
S→C	TEARDOWN response	Server 回应关闭会话请求

注意：C 代表客户端，S 代表服务器端。

第 1 步，查询服务器可用方法，代码如下：

```
C→S: OPTIONS request      //查询 S 有哪些方法可用
S→C: OPTIONS response     //S 回应信息的 public 头字段中提供的所有可用方法
```

第 2 步，得到媒体描述信息，代码如下：

```
C→S: DESCRIBE request     //要求得到 S 提供的媒体描述信息
S→C: DESCRIBE response    //S 回应媒体描述信息，一般是 SDP 信息
```

第 3 步，建立 RTSP 会话，代码如下：

```
C→S: SETUP request        //通过 transport 头字段列出可接受的传输选项，S 建立会话
S→C: SETUP response       //S 建立会话，通过 transport 头字段返回选择的具体传输选项
```

第 4 步，请求开始传输数据，代码如下：

```
C→S: PLAY request         //C 请求 S 开始发送数据
S→C: PLAY response        //S 回应该请求的信息
```

第 5 步，数据传送播放中，代码如下：

S→C：发送流媒体数据　　//通过 RTP 协议传送数据

第 6 步，关闭会话，退出，代码如下：

C→S：TEARDOWN request　　//C 请求关闭会话
S→C：TEARDOWN response　//S 回应该请求

上述的过程只是标准的、友好的 RTSP 流程，但在实际需求中并不一定按此过程，其中第 3 步和第 4 步是必需的。第 1 步，只要服务器客户端约定好，有哪些方法可用，但 OPTIONS 请求可以不要。第 2 步，如果有其他途径得到媒体初始化描述信息（例如 HTTP 请求等），则也可以不通过 RTSP 中的 DESCRIBE 请求来完成。

8.1.5　VLC 使用摄像头模拟 RTSP 直播流

VLC 除了可以使用本地文件进行串流推送外，也可以使用本地摄像头作为串流的视频源，操作步骤与"8.1.2 VLC 作为 RTSP 流媒体服务器"基本相同，笔者就不再重复截图，这里只给出选取摄像头部分的关键步骤（属于第 2 步）。单击"打开媒体"页面的"捕获设备"选项卡，在"捕获模式"下拉列表框中选择 DirectShow，在"选择设备"的下拉列表框中分别选择本地摄像头及话筒，如图 8-14 所示。其余步骤不再赘述，然后使用 ffplay 可以播放 RTSP 的直播流，效果如图 8-15 所示，命令如下：

```
ffplay rtsp://127.0.0.1:8554/test1
```

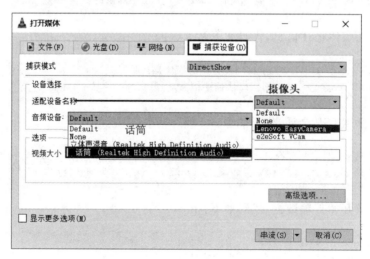

图 8-14　VLC 选择本地的摄像头和话筒

第8章 FFmpeg命令行实现流媒体功能及直播应用

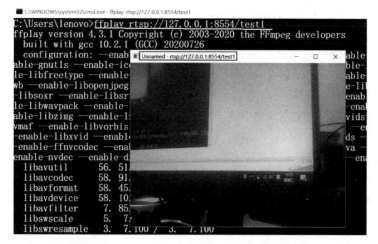

图 8-15 ffplay 播放 VLC 模拟的摄像头直播流

8.2 RTP 简介及直播流

RTP 被定义为在一对一或一对多的传输情况下工作,其目的是提供时间信息和实现流同步。使用 VLC 可以推送 RTP 流,使用 FFmpeg 可以拉取 RTP 流并存储成本地文件。

8.2.1 RTP 简介

RTP 的典型应用建立在 UDP 上,但也可以在 TCP 或 ATM 等其他协议之上工作。RTP 本身只保证实时数据的传输,并不能为按顺序传送数据包提供可靠的传送机制,也不提供流量控制或拥塞控制,它依靠 RTCP 提供这些服务。RTP 是用来提供实时传输的,因而可以看成传输层的一个子层。流媒体应用中的一个典型的协议体系结构如图 8-16 所示。

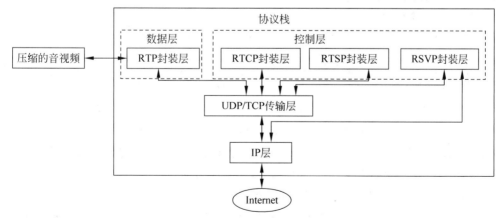

图 8-16 流媒体的一个典型的协议体系结构

8.2.2 VLC 作为 RTP 流媒体服务器

VLC 可以将本地视频文件或摄像头获取的图像模拟成 RTP 流,基本与"8.1.2 VLC 作为 RTSP 流媒体服务器"相同,笔者就不再重复截图,这里只给出中间 RTP 协议部分的关键步骤(属于第 5 步)。选择下拉列表框中的 RTP/MPEG Transport Stream,单击"添加"按钮,此时会弹出一个 RTP/TS 选项卡页面,在"地址"栏输入要推送的 IP 地址(笔者输入的是 127.0.0.1),在"基本端口"栏输入 5004(注意必须是偶数),在"流名称"栏输入该 RTP 流的名称(可以是任意的英文及数字组合,例如 test1),然后单击"下一步"按钮,如图 8-17 所示。

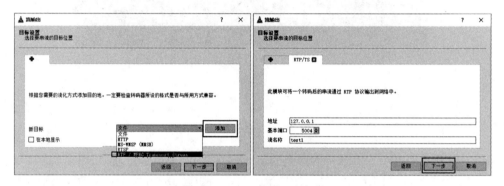

图 8-17 VLC 推送 RTP 流

注意:RTP 拉流地址格式为 rtp://IP:PORT/StreamName,该案例中的 RTP 拉流地址为 rtp://127.0.0.1:5004/test1。

8.2.3 FFmpeg 实现 RTP 直播拉流

使用 ffplay 可以播放 RTSP 流,也可以使用 FFmpeg 将直播流存储成本地文件。

1. ffplay 播放 RTP 流

使用 ffplay 可以播放 RTP 流,效果如图 8-18 所示,命令如下:

```
ffplay -i rtp://127.0.0.1:5004/test1
```

观察 cmd 窗口的输出信息,刚开始时无法播放视频,并且有很多红色的错误信息,例如 non-existing PPS 0 referenced、decode_slice_header error 等,如图 8-19 所示。这是因为 RTP 流是实时推送的,使用 ffplay 拉流时,并不能保证一上来就有流关键信息(例如 SPS 和 PPS)。对于 H.264 码流,如果缺少 SPS 和 PPS,就会导致解码失败。

2. FFmpeg 拉取 RTP 流并存储为 FLV 文件

可以使用 FFmpeg 来拉取 RTP 流,存储为本地文件(例如 FLV 文件)进行测试,命令如下:

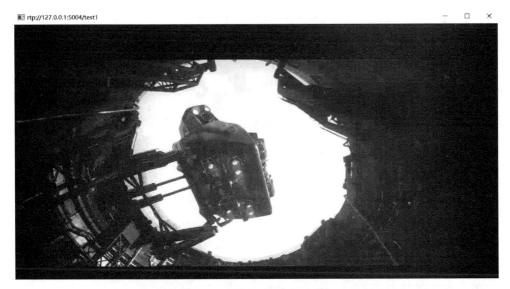

图 8-18 ffplay 播放 RTP 流

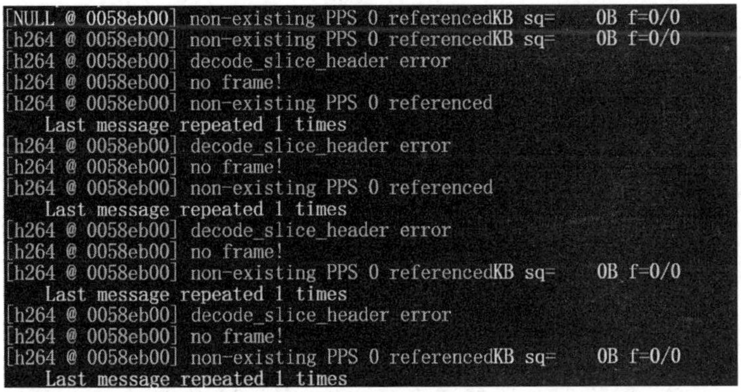

```
[NULL @ 0058eb00] non-existing PPS 0 referencedKB sq=    0B f=0/0
[h264 @ 0058eb00] non-existing PPS 0 referencedKB sq=    0B f=0/0
[h264 @ 0058eb00] decode_slice_header error
[h264 @ 0058eb00] no frame!
[h264 @ 0058eb00] non-existing PPS 0 referenced
    Last message repeated 1 times
[h264 @ 0058eb00] decode_slice_header error
[h264 @ 0058eb00] no frame!
[h264 @ 0058eb00] non-existing PPS 0 referenced
    Last message repeated 1 times
[h264 @ 0058eb00] decode_slice_header error
[h264 @ 0058eb00] no frame!
[h264 @ 0058eb00] non-existing PPS 0 referencedKB sq=    0B f=0/0
    Last message repeated 1 times
[h264 @ 0058eb00] decode_slice_header error
[h264 @ 0058eb00] no frame!
[h264 @ 0058eb00] non-existing PPS 0 referencedKB sq=    0B f=0/0
    Last message repeated 1 times
```

图 8-19 FFmpeg 解码 RTP 流时缺少 SPS 和 PPS

```
ffmpeg -i rtp://127.0.0.1:5004/test1 -vcodec libx264 -acodec aac -s 640x360 -t 10 -f
flv rtp-test1.flv
```

使用 FFmpeg 拉流，刚开始时会解码失败，会输出 non-existing PPS 0 referenced 等错误信息，然后就可以解码成功，存储 10s 的音视频数据，封装格式为 FLV。最后汇总出 I、P、B 帧的总数，这里分别是 4、94、138，详细的输出信息如下：

```
//chapter8/8.1.txt
Input #0,rtp,from 'rtp://127.0.0.1:5004/test1': //RTP 流地址
  Duration: N/A,start: 920.023844,bitrate: N/A
  Program 1
```

```
    Stream #0:0: Audio: mp2([3][0][0][0] / 0x0003),44100 Hz,stereo,fltp,128 kb/s
    Stream #0:1: Video: h264(Constrained Baseline)([27][0][0][0] / 0x001B),
yuv420p(progressive),1280x720 [SAR 1: 1 DAR 16: 9],23.98 fps,23.98 tbr,90k tbn,47.95 tbc
Stream mapping:
  Stream #0:1 -> #0:0(h264(native) -> h264(libx264))       //视频转码
  Stream #0:0 -> #0:1(mp2(native) -> aac(native))          //音频转码

frame =  26 fps = 0.0 q = 0.0 size =       0kB time = 00: 00: 01.42 bitrate = 2.3kbits/s speed
frame =  41 fps =  33 q = 0.0 size =       0kB time = 00: 00: 02.04 bitrate = 1.6kbits/s speed
frame = 116 fps =  27 q = 28.0 size =    256kB time = 00: 00: 05.18 bitrate =
...
frame = 236 fps =  25 q = 28.0 size =    512kB time = 00: 00: 09.94 bitrate = 421.9kbits/
s spee
frame = 236 fps =  25 q = -1.0 Lsize =    822kB time = 00: 00: 10.01 bitrate = 672.5kbits/
s spe
ed = 1.05x
video: 652kB audio: 158kB subtitle: 0kB other streams: 0kB global headers: 0kB muxing overh
ead: 1.506788 %
[libx264 @ 071c0240] frame I: 4       Avg QP: 18.25 size: 16168
[libx264 @ 071c0240] frame P: 94      Avg QP: 22.68 size: 4413
[libx264 @ 071c0240] frame B: 138     Avg QP: 27.28 size: 1360
```

8.3 HTTP 简介及直播流

超文本传输协议(Hyper Text Transfer Protocol，HTTP)是应用层协议，是万维网数据通信的基础。VLC 可以使用 HTTP 来推送音视频流，使用 FFmpeg 可以拉取 HTTP 音视频流并存储成本地文件。

8.3.1 HTTP 简介

HTTP 是一个客户端和服务器端请求和应答的标准，基于 TCP。通过网页浏览器、网络爬虫或者其他工具，客户端向服务器指定端口(默认端口为 80)发起一个 HTTP 请求。这个客户端可以称为用户代理程序(User Agent)，应答的服务器上存储着一些资源，例如 HTML 文件和图像。

通常，由 HTTP 客户端发起一个请求，创建一个到服务器指定端口(默认为 80 端口)的 TCP 连接。HTTP 服务器则在那个端口监听客户端的请求。一旦收到请求，服务器就会向客户端返回一种状态，例如 HTTP/1.1 200 OK，以及返回的内容，如请求的文件、错误消息或者其他信息。

HTTP 定义了 Web 客户端如何从 Web 服务器请求 Web 页面，以及服务器如何把 Web 页面传送给客户端。HTTP 协议采用了请求/响应模型。客户端向服务器发送一个请求报文，请求报文包含请求的方法、URL、协议版本、请求头部和请求数据。服务器以一种状态行作为响应，响应的内容包括协议的版本、成功或者错误代码、服务器信息、响应头部和响应数据。

HTTP 请求和响应的流程如图 8-20 所示，具体步骤如下：

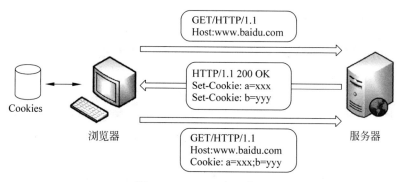

图 8-20 HTTP 交互流程

1）客户端连接到 Web 服务器

一个 HTTP 客户端，通常是浏览器，与 Web 服务器的 HTTP 端口（默认为 80）建立一个 TCP 套接字连接。例如，http://www.baidu.com。

2）发送 HTTP 请求

通过 TCP 套接字，客户端向 Web 服务器发送一个文本的请求报文，一个请求报文由请求行、请求头部、空行和请求数据 4 部分组成。

3）服务器接受请求并返回 HTTP 响应

Web 服务器解析请求，定位请求资源。服务器将资源副本复制到 TCP 套接字，由客户端读取。一个响应由状态行、响应头部、空行和响应数据 4 部分组成。

4）释放 TCP 连接

若 connection 模式为 close，则服务器会主动关闭 TCP 连接，客户端被动关闭连接，释放 TCP 连接；若 connection 模式为 keepalive，则该连接会保持一段时间，在该时间内可以继续接受请求。

5）客户端浏览器解析 HTML 内容

客户端浏览器首先解析状态行，查看表明请求是否成功的状态码，然后解析每个响应头，响应头告知以下为若干字节的 HTML 文档和文档的字符集。客户端浏览器读取响应数据 HTML，根据 HTML 的语法对其进行格式化，并在浏览器窗口中显示。

8.3.2 HTTP 流媒体

目前互联网上传输媒体内容的重要方式之一就是通过 HTTP 来传输，例如各大视频网站上的 HLS 点播内容、部分直播平台的直播流采用 HTTP-FLV、H5 页面上采用的 HLS 等。这些都基于 HTTP 流媒体进行传输。互联网上最初只能传输一些文本类的数据，自从 HTTP 协议制定之后，就可以传输超文本的音频视频等内容，这主要靠 HTTP 协议中的 MIME 传输。通过它，浏览器就会根据协议中的 Content-Type header 选择相应的应用程序去处理相应的内容。这种机制使流媒体内容通过 HTTP 协议传输成为可能。大体来讲，基于 HTTP 的流媒体分发可以分为以下 3 种方式。

1）HTTP 渐进式

HTTP 渐进式的流媒体传输，如 YouTube、优酷等大型视频网站的点播分发。它与普通 HTTP 传输方式的核心区别是媒体文件不分片，直接以完整文件的形态进行分发，通过支持随机定位（Seek）的终端播放器可从尚未下载完成部分中任意选取一个时间点开始播放，如此来满足不用等整个文件下载完成就可以快速播放的需求。一般 MP4 和 FLV 格式文件对 HTTP 渐进式传输支持得比较多，例如打开一个视频后拖曳到中部，短暂缓冲即可播放，单击"暂停"键后文件仍将被持续下载，这就是典型的渐进式下载。

2）"伪"HTTP 流

常见的 HLS（Apple）、HDS（Adobe）、MSS（Microsoft）和 DASH（MPEG 组织）等均属于"伪"HTTP 流，之所以说它们"伪"，是因为在体验上类似"流"，但本质上依然是 HTTP 文件下载。以上几个协议的原理都一样，就是对媒体数据（文件或者直播信号）进行切割分块，同时建立一个分块对应的索引表，一并存储在 HTTP Web 服务器中，客户端连续线性地请求这些分块小文件，以 HTTP 文件方式下载，顺序地进行解码播放，这样就得到了平滑无缝的"流"的体验。

3）HTTP 流

HTTP 流是指像 HTTP-FLV 这样的使用类似 RTMP 流式协议的 HTTP 长连接，需由特定流媒体服务器分发，是真正的 HTTP 流媒体传输方式，在延时、首画等体验上跟 RTMP 等流式协议拥有完全一致的表现，同时继承了部分 HTTP 的优势。

8.3.3　VLC 作为 HTTP 流媒体服务器

VLC 可以将本地视频文件或摄像头获取的图像模拟成 HTTP 流，步骤与 "8.1.2 VLC 作为 RTSP 流媒体服务器"基本相同，笔者就不再重复截图，这里只给出中间 HTTP 协议部分的关键步骤（属于第 5 步）。选择下拉列表框中的 HTTP，单击"添加"按钮，此时会弹出一个 HTTP 选项卡页面，在"地址"栏输入要推送的 IP 地址（笔者输入的是 127.0.0.1），在"基本端口"栏输入 8080，在"流名称"栏输入该 HTTP 流的名称（可以是任意的英文及数字组合，例如 test1），然后单击"下一步"按钮，如图 8-21 所示。

注意：HTTP 拉流地址格式为 http://IP:PORT/StreamName，该案例中的 HTTP 拉流地址为 http://127.0.0.1:8080/test1。

8.3.4　FFmpeg 实现 HTTP 直播拉流

使用 ffplay 可以播放 HTTP 流，也可以使用 FFmpeg 将直播流存储成本地文件。

1. ffplay 播放 HTTP 流

使用 ffplay 可以播放 HTTP 直播流，效果如图 8-22 所示，命令如下：

第8章　FFmpeg命令行实现流媒体功能及直播应用　　309

图 8-21　VLC 推送 HTTP 直播流

图 8-22　ffplay 播放 HTTP 直播流

```
ffplay -i http://127.0.0.1:8080/test1
```

2. FFmpeg 拉取 HTTP 流并存储为 FLV 文件

可以使用 FFmpeg 来拉取 HTTP 流，存储为本地文件（例如 FLV 文件）进行测试，命令如下：

```
ffmpeg -i http://127.0.0.1:8080/test1 -vcodec libx264 -acodec aac -s 640x360 -t 10 -f flv http-test1.flv
```

使用 FFmpeg 拉取 HTTP 直播流，主要输出信息如下：

```
//chapter8/8.1.txt
Input #0,mpegts,from 'http://127.0.0.1:8080/test1':
  Duration: N/A,start: 3584.384689,bitrate: N/A
```

```
Program 1
    Stream #0:0[0x46]: Audio: mp2([3][0][0][0] / 0x0003),44100 Hz,stereo,fltp,128
kb/s
    Stream #0:1[0x47]: Video: h264(Constrained Baseline)([27][0][0][0] / 0x001B),yu
v420p(progressive),1280x720 [SAR 1:1 DAR 16:9],23.98 fps,23.98 tbr,90k tbn,47.95
tbc
Stream mapping:
  Stream #0:1 -> #0:0(h264(native) -> h264(libx264))
  Stream #0:0 -> #0:1(mp2(native) -> aac(native))
frame= 107 fps=0.0 q=28.0 size=    198kB time=00:00:04.64 bitrate= 349.5kbits/s spee
frame= 140 fps=138 q=28.0 size=    256kB time=00:00:06.03 bitrate= 347.6kbits/s spee
frame= 155 fps= 94 q=28.0 size=    256kB time=00:00:06.66 bitrate= 314.9kbits/s spee
...
frame= 240 fps= 45 q=-1.0 Lsize=    762kB time=00:00:10.00 bitrate= 624.2kbits/s spe
ed=1.86x
video:593kB audio:157kB subtitle:0kB other streams:0kB global headers:0kB muxing overh
ead: 1.635137%
```

8.4 UDP 简介及直播流

用户数据报协议(User Datagram Protocol,UDP)为应用程序提供了一种无须建立连接就可以发送封装的 IP 数据包的方法。使用 VLC 可以推送 UDP 流,使用 FFmpeg 可以拉取 UDP 流并存储成本地文件。

8.4.1 UDP 简介

UDP 协议与 TCP 协议一样用于处理数据包,在 OSI 模型中,两者都位于传输层,处于 IP 协议的上一层。UDP 有不提供数据包分组、组装和不能对数据包进行排序的缺点,也就是说,当报文发送之后,是无法得知其是否安全且完整地到达。UDP 用来支持那些需要在计算机之间传输数据的网络应用,包括网络视频会议系统在内的众多的客户/服务器模式的网络应用都需要使用 UDP 协议。UDP 报文没有可靠性保证、顺序保证和流量控制字段等,可靠性较差,但是正因为 UDP 协议的控制选项较少,在数据传输过程中延迟小、数据传输效率高,适合对可靠性要求不高的应用程序,或者可以保障可靠性的应用程序,如 DNS、TFTP、SNMP 等。UDP 的交互流程和 TCP 基本类似,如图 8-23 所示。

8.4.2 VLC 作为 UDP 流媒体服务器

VLC 可以将本地视频文件或摄像头获取的图像模拟成 UDP 流,步骤与"8.1.2 VLC 作为 RTSP 流媒体服务器"基本相同,笔者就不再重复截图,这里只给出中间 UDP 协议部分的关键步骤(属于第 5 步)。选择下拉列表框中的 UDP(legacy),单击"添加"按钮,此时会弹出一个 UDP 选项卡页面,在"地址"栏输入要推送的 IP 地址(笔者输入的是 127.0.0.1),在

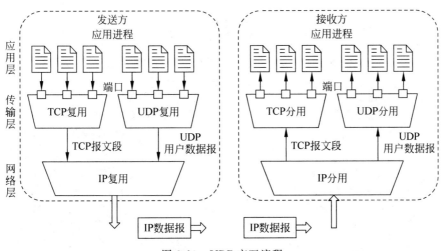

图 8-23　UDP 交互流程

"端口"栏输入 1234，然后单击"下一步"按钮，如图 8-24 所示。

注意：UDP 拉流地址格式为 udp://IP:PORT/，该案例中的 UDP 拉流地址为 udp://127.0.0.1:1234/。

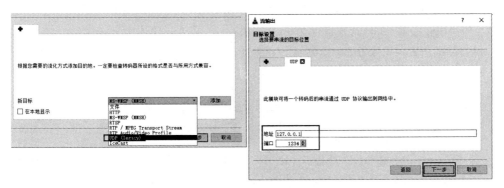

图 8-24　VLC 推送 UDP 直播流

8.4.3　FFmpeg 实现 UDP 直播拉流

使用 ffplay 可以播放 UDP 直播流，也可以使用 FFmpeg 将直播流存储成本地文件。

1. ffplay 播放 UDP 流

使用 ffplay 可以播放 UDP 直播流，效果如图 8-25 所示，命令如下：

```
ffplay -i udp://127.0.0.1:1234/
```

观察 cmd 窗口的输出信息，刚开始时无法播放视频，并且有很多红色的错误信息，例如 non-existing PPS 0 referenced、decode_slice_header error 等。这是因为 UDP 流是实时推

图 8-25　ffplay 播放 UDP 直播流

送的,并且有可能丢包或乱序,使用 ffplay 拉流时,并不能保证一上来就有流关键信息(例如 SPS 和 PPS)。对于 H. 264 码流,如果缺少 SPS 和 PPS,就会导致解码失败。

2. FFmpeg 拉取 UDP 流并存储为 FLV 文件

可以使用 FFmpeg 来拉取 UDP 流,存储为本地文件(例如 FLV 文件)进行测试,命令如下:

```
ffmpeg -i udp://127.0.0.1:1234/ -vcodec libx264 -acodec aac -s 640x360 -t 10 -f flv udp-test1.flv
```

使用 FFmpeg 拉取 UDP 直播流,刚开始时会解码失败,会输出 non-existing PPS 0 referenced 等错误信息,然后就可以解码成功,存储 10s 的音视频数据,封装格式为 FLV,详细的输出信息如下:

```
//chapter8/8.1.txt
Input #0,mpegts,from 'udp://127.0.0.1:1234/':
  Duration: N/A,start: 601.611289,bitrate: N/A
  Program 1
    Stream #0: 0[0x44]: Audio: mp2([3][0][0][0] / 0x0003),44100 Hz,stereo,fltp,128 kb/s
    Stream #0: 1[0x45]: Video: h264(Constrained Baseline)([27][0][0][0] / 0x001B),yuv420p(progressive),1280x720 [SAR 1: 1 DAR 16: 9],23.98 fps,23.98 tbr,90k tbn,47.95 tbc
Stream mapping:
  Stream #0: 1 -> #0: 0(h264(native) -> h264(libx264))
```

```
 Stream #0:0 -> #0:1(mp2(native) -> aac(native))
Press [q] to stop,[?] for help
[h264 @ 01034e80] Missing reference picture,default is 0
[h264 @ 01034e80] decode_slice_header error
frame=  72 fps=0.0 q=28.0 size=      87kB time=00:00:05.60 bitrate= 127.9kbits/s spee
frame=  87 fps= 70 q=28.0 size=     113kB time=00:00:06.22 bitrate= 148.7kbits/s spee
frame= 102 fps= 55 q=28.0 size=     141kB time=00:00:06.81 bitrate= 170.1kbits/s spee
frame= 117 fps= 47 q=28.0 size=     167kB time=00:00:07.43 bitrate= 183.6kbits/s spee
frame= 132 fps= 42 q=28.0 size=     195kB time=00:00:08.11 bitrate= 196.7kbits/s spee
frame= 147 fps= 39 q=28.0 size=     222kB time=00:00:08.73 bitrate= 207.8kbits/s spee
frame= 162 fps= 37 q=28.0 size=     256kB time=00:00:09.36 bitrate= 224.0kbits/s spee
frame= 177 fps= 35 q=28.0 size=     256kB time=00:00:09.94 bitrate= 210.9kbits/s spee
frame= 182 fps= 34 q=-1.0 Lsize=    447kB time=00:00:10.01 bitrate= 365.3kbits/s spee
ed=1.85x
video:278kB audio:157kB subtitle:0kB other streams:0kB global headers:0kB muxing overh
ead: 2.560077%
```

8.5 流媒体服务器的搭建

VLC 可以作为小型的流媒体服务器使用，但不适合在专业的直播中使用。开源的流媒体服务器系统包括 Live555、EasyDarwin、SRS、ZLMediaKit、Nginx-RTMP/HTTP-FLV 等，这里笔者以 Nginx+RTMP/HTTP-FLV 为例来搭建流媒体服务器（读者完全可以使用 SRS、EasyDarwin 或 ZLMediaKit）。

在 Windows、Linux 系统中可以使用编译源码的方式安装 Nginx，并配置 RTMP 或 HTTP-FLV 模块，也可以直接在 Windows 系统中使用编译好的 Nginx 可执行文件，读者可以搜索文件 nginx-rtmp-hls-flv-win.rar，或者直接从本书对应的课件资料中下载。下载后解压，解压后的目录结构如图 8-26 所示。

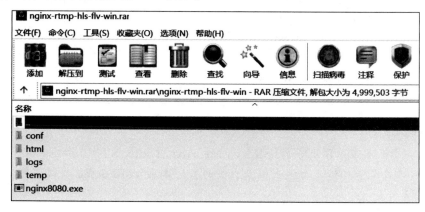

图 8-26 Nginx 目录结构

Nginx 的配置文件是 conf 目录下的 nginx.conf，默认配置的 Nginx 监听的端口为 80，如果 80 端口被占用，则可以修改为未被占用的端口（例如 8080），其中最主要的是添加 RTMP 模块的配置信息（与 HTTP 模块平级），代码如下：

```
//chapter8/nginx.conf   1.txt
#添加 RTMP 服务
rtmp {
    server {
        listen 1935; #监听端口

        chunk_size 4000;
        application livetest { #直播应用名称: livetest
            live on;
            gop_cache on;
            hls on;
            hls_path html/hls;
        }
    }
}
```

直接双击 exe 可执行文件，即可启动 Nginx 进程，如图 8-27 所示。

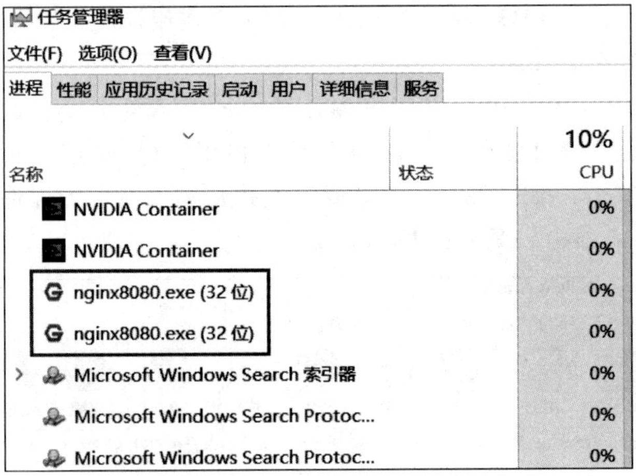

图 8-27 Nginx 进程

注意：关于开源流媒体服务器（SRS、ZLMediaKit、Nginx-RTMP 和 EasyDarwin 等）的详细讲解，可参考笔者在清华大学出版社出版的另一本书：《FFmpeg 入门详解——流媒体直播原理及应用》。

8.6 RTMP 直播推流与拉流

RTMP 采用 TCP 协议作为其在传输层的协议，避免了多媒体数据在广域网传输过程中的丢包对质量造成的损失。此外 RTMP 协议传输的 FLV 封装格式所支持的 H.264 视频编码方式可以在很低的码率下显示质量还不错的画面，非常适合网络带宽不足的情况下收看流媒体。RTMP 协议也有一些局限，RTMP 基于 TCP 协议，而 TCP 协议的实时性不如 UDP，也非常占用带宽。

8.6.1 RTMP 简介

RTMP 是 Real Time Messaging Protocol(实时消息传输协议)的首字母缩写。该协议基于 TCP，是一个协议簇，包括 RTMP 基本协议及 RTMPT/RTMPS/RTMPE 等多种变种。RTMP 是一种用来进行实时数据通信的网络协议，主要用来在 Flash/AIR 平台和支持 RTMP 协议的流媒体/交互服务器之间进行音视频和数据通信。支持该协议的软件包括 Adobe Media Server、Ultrant Media Server、Red5 等。RTMP 与 HTTP 一样，都属于 TCP/IP 四层模型的应用层。

RTMP 分为客户端和服务器端两部分，RTMP Client 与 RTMP Server 的交互流程需要经过握手、建立连接、建立流、播放/发送 4 个步骤。握手成功之后，需要在建立连接阶段建立客户端和服务器之间的"网络连接"。建立流阶段用于建立客户端和服务器之间的"网络流"。播放阶段用于传输音视频数据。RTMP 依赖于 TCP 协议，Client 和 Server 的整体交互流程如图 8-28 所示。

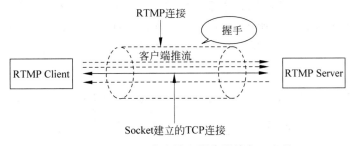

图 8-28 RTMP 客户端和服务器端交互流程

8.6.2 直播推流与拉流

直播推流指的是把采集阶段封包好的内容传输到服务器的过程。其实就是将现场的视频信号传到网络的过程。"推流"对网络要求比较高，如果网络不稳定，直播效果就会很差，观众观看直播时就会发生卡顿等现象，观看体验就比较糟糕。要想用于推流还必须把音视频数据使用传输协议进行封装，变成流数据。

常用的流传输协议有 RTSP、RTMP、HLS 等，使用 RTMP 传输的延时通常为 1~3s，对于手机直播这种对实时性要求非常高的场景，RTMP 也成为手机直播中最常用的流传输协议。最后通过一定的 QoS 算法将音视频流数据推送到网络端，通过 CDN 进行分发。直播中使用广泛的推流协议是 RTMP，整体流程如图 8-29 所示。

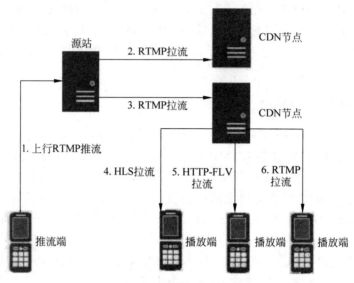

图 8-29　直播推流与拉流

8.6.3　使用 FFmpeg 实现 RTMP 直播推流

首先需要搭建 RTMP 流媒体服务器，这里使用 Nginx-HTTP-FLV 作为 RTMP 服务器（具体步骤可参考"8.5 流媒体服务器的搭建"），读者也可以使用 SRS、ZLMediaKit 等。

然后使用 FFmpeg 将本地的视频文件以 RTMP 方式推送到指定的流媒体服务器上，命令如下：

```
ffmpeg -re -i ande10.mp4 -vcodec libx264 -acodec aac -r 25 -g 25 -f flv rtmp://127.0.0.1:1935/livetest/test1
```

在该案例中，由于流媒体服务器运行在本机上，所以 IP 地位为 127.0.0.1；端口号是默认的 1935，livetest 是直播的应用名称，不可以任意修改；最后的 test1 可以理解为直播频道名称；-i 前边的 -re 非常重要，表示以视频文件本身的帧率进行推送，否则 CPU 转码非常快；-r 25 表示推送的帧率为 25；-g 25 表示每 25 帧发送一个关键帧。正常情况下，就可以推流成功，cmd 窗口输出的信息如下：

```
//chapter8/8.1.txt
frame =  8 fps = 0.0 q = 0.0 size =       0kB time = 00: 00: 00.44 bitrate = 8.9kbits/s speed
frame = 20 fps =  20 q = 0.0 size =       0kB time = 00: 00: 00.97 bitrate = 4.0kbits/s speed
```

```
frame =  33 fps = 22 q = 0.0 size =        0kB time = 00:00:01.46 bitrate =   2.7kbits/s speed
...
frame = 505 fps = 24 q = 25.0 size =   2546kB time = 00:00:21.17 bitrate = 984.8kbits/s spee
frame = 517 fps = 24 q = 28.0 size =   2596kB time = 00:00:21.68 bitrate = 980.6kbits/s spee
frame = 529 fps = 24 q = 28.0 size =   2651kB time = 00:00:22.17 bitrate = 979.3kbits/s spee
```

注意：这里 FFmpeg 推流地址中的 livetest 必须与上文中 nginx.conf 文件中的 application 后的 livetest 一致，否则推流会失败，而最后一个斜杠后的 test1 是可以任意修改的，但是拉流播放时必须使用与此相同的名称。

8.6.4 使用 ffplay 播放 RTMP 直播流

可以使用 ffplay 播放 RTMP 直播流，播放效果如图 8-30 所示，命令如下：

```
ffplay -i rtmp://127.0.0.1/livetest/test1
```

图 8-30　ffplay 播放 RTMP 直播流

8.7　HLS 与 M3U8 直播功能

HLS 的全称为 HTTP Live Streaming，是一种由苹果公司提出的基于 HTTP 的流媒体网络传输协议，是 QuickTime X 和 iPhone 软件系统的一部分。它的工作原理是把整个流分成一个个小的基于 HTTP 的文件来下载，每次只下载一部分。当媒体流正在播放时，客户端可以选择从许多不同的备用源中以不同的速率下载同样的资源，允许流媒体会话适应不同的数据速率。

8.7.1 Nginx-HTTP-FLV 生成 HLS 切片

当 Nginx-HTTP-FLV 作为 RTMP 服务器使用时，可以开启 HLS 切片功能，conf 目录下的 nginx.conf 配置文件中 rtmp 模块下的 hls 属性表示是否开启 HLS 切片功能(on 表示开启、off 表示关闭)，hls_path 表示生成的 TS 片段的存储路径，如图 8-31 所示。

```
# 添加RTMP服务
rtmp {
    server {
        listen 1935; # 监听端口

        chunk_size 4000;
        application livetest {
            live on;
            gop_cache on;
            hls on;    #on表示开启HLS切片功能
            hls_path html/hls;    #这个路径表示在
                                  #nginx.exe同路径下
                                  #的html文件夹下的
                                  #hls文件夹
        }
    }
}
```

图 8-31　HLS 切片的配置参数

注意： 在 html 文件夹下默认没有 hls 文件夹，读者需要自己手工创建这个文件夹，否则会导致 HLS 切片失败。

使用 FFmpeg 开始推送 RTMP 流之后，hls 文件夹下会有很多.ts 片段小文件，如图 8-32 所示。这些文件一般很小，命名规则是直播推流地址中最后一个斜杠后的“直播频道名称-index.ts”，其中 index 默认从 0 开始，而以.m3u8 结尾的文件是索引文件。

_nginx_windows > nginx-rtmp-hls-flv-win > html > hls　　搜索"hls"

名称	修改日期	类型	大小
test1.m3u8	星期二 14:47	M3U8 文件	1 KB
test1-0.ts	星期二 14:46	VLC media file (....	830 KB
test1-1.ts	星期二 14:46	VLC media file (....	886 KB
test1-2.ts	星期二 14:46	VLC media file (....	775 KB
test1-3.ts	星期二 14:46	VLC media file (....	533 KB
test1-4.ts	星期二 14:47	VLC media file (....	544 KB
test1-5.ts	星期二 14:47	VLC media file (....	602 KB
test1-6.ts	星期二 14:47	VLC media file (....	441 KB
test1-7.ts	星期二 14:47	VLC media file (....	0 KB

图 8-32　Nginx 生成的 TS 片段文件

8.7.2 M3U8 简介

HLS 协议中的 M3U8 是一个包含 TS 列表的文本文件，目的是告诉客户端或浏览器可以播放这些 TS 文件。M3U8 的一些主要标签，解释如下。

(1) EXTM3U：每个 M3U8 文件第 1 行必须是这个标签，提供标志作用。

(2) EXT-X-VERSION：用以标示协议版本。例如这里是 3，表示用的是 HLS 协议的第 3 个版本，此标签只能有 0 个或 1 个，默认使用版本 1。

(3) EXT-X-TARGETDURATION：所有切片的最大时长，如果不设置这个参数，有些 Apple 设备就会无法播放。

(4) EXT-X-MEDIA-SEQUENCE：切片的开始序号。每个切片都有唯一的序号，相邻之间序号+1。这个编号会继续增长，以保证流的连续性。

(5) EXTINF：TS 切片的实际时长。

(6) EXT-X-PLAYLIST-TYPE：类型，VOD 表示点播，LIVE 表示直播。

(7) EXT-X-ENDLIST：文件结束符号，表示不再向播放列表文件添加媒体文件。

一个典型的 M3U8 示例文件，代码如下：

```
//chapter8/hls.sample1.m3u8
#EXTM3U                                              //开始标志
#EXT-X-STREAM-INF:PROGRAM-ID=1, BANDWIDTH=200000, RESOLUTION=720x480
http://ALPHA.mycompany.com/lo/prog_index.m3u8
#EXT-X-STREAM-INF:PROGRAM-ID=1, BANDWIDTH=200000, RESOLUTION=720x480
http://BETA.mycompany.com/lo/prog_index.m3u8
#EXT-X-VERSION: 3                                    //版本为 3
#EXT-X-ALLOW-CACHE: YES                              //允许缓存
#EXT-X-TARGETDURATION: 13                            //切片的最大时长
#EXT-X-MEDIA-SEQUENCE: 430                           //切片的起始序列号
#EXT-X-PLAYLIST-TYPE: VOD                            //VOD 表示点播
#EXTINF: 11.800
news-430.ts
#EXTINF: 10.120
news-431.ts
#EXT-X-DISCONTINUITY
#EXTINF: 11.952
news-430.ts
#EXTINF: 12.640
news-431.ts
#EXTINF: 11.160
news-432.ts
#EXT-X-DISCONTINUITY
#EXTINF: 11.751
news-430.ts
#EXTINF: 2.040
news-431.ts
#EXT-X-ENDLIST                                       //结束标志
```

(1) bandwidth 指定视频流的比特率。

(2) #EXT-X-STREAM-INF 的下一行是二级 index 文件的路径，可以用相对路径也可以用绝对路径。上文例子中用的是相对路径。在这个文件中记录了不同比特率视频流的二级 index 文件路径,客户端可以自己判断现行网络的带宽,并以此来决定播放哪一个视频流,也可以在网络带宽变化时平滑切换到和带宽匹配的视频流。二级文件实际负责给出 TS 文件的下载网址,这里同样使用了相对路径。

(3) ♯EXTINF 表示每个 TS 切片视频文件的时长。

8.7.3 使用 ffplay 播放 HLS 直播流

可以使用 ffplay 播放 HLS 直播流,播放效果如图 8-33 所示,命令如下:

```
ffplay -i http://127.0.0.1:18181/hls/test1.m3u8
```

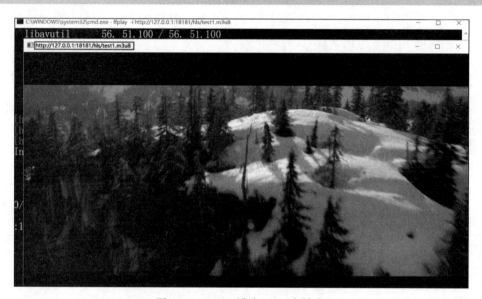

图 8-33 ffplay 播放 HLS 直播流

在该案例中,HLS 的播放地址为 http://IP:PORT/Dir/ChannelName.m3u8,各参数解释如下。

(1) http:表示使用的是 HTTP 传输协议。

(2) IP:这里是本机地址,所以使用 127.0.0.1。

(3) PORT:配置的端口号,在 conf/nginx.conf 文件的 HTTP 模块下,笔者这里是 18181。

(4) Dir:存储 TS 切片文件的文件夹,必须在 html 目录下,并且需要手动创建好。在 conf/nginx.conf 文件的 rtmp 模块下,笔者这里是 hls(读者也可以改为 myhls、hls002 等)。

(5) ChannelName:直播频道名,必须与推流地址最后一个斜杠后的名称相同。笔者的推流地址为 rtmp://127.0.0.1:1935/livetest/test1,所以这里对应的是 test1.m3u8。

第 9 章 FFmpeg 命令行实现音视频设备采集

使用 FFmpeg 命令行可以采集本地音视频设备的数据,将音视频数据编码后可以存储为本地文件,也可以直播推流。FFmpeg 的音视频设备采集功能支持跨平台使用,所使用的命令行参数略有不同,例如在 Windows 系统中 FFmpeg 支持通过 DShow 获取采集设备(摄像头、话筒)的数据。

9.1 FFmpeg 枚举设备

在 Windows 系统中,可以用命令行枚举采集设备,也可以查询参数信息。

1. 枚举音视频采集设备

枚举音视频采集设备的命令如下:

```
ffmpeg -list_devices true -f dshow -i dummy
```

在笔者的计算机中显示结果如图 9-1 所示。

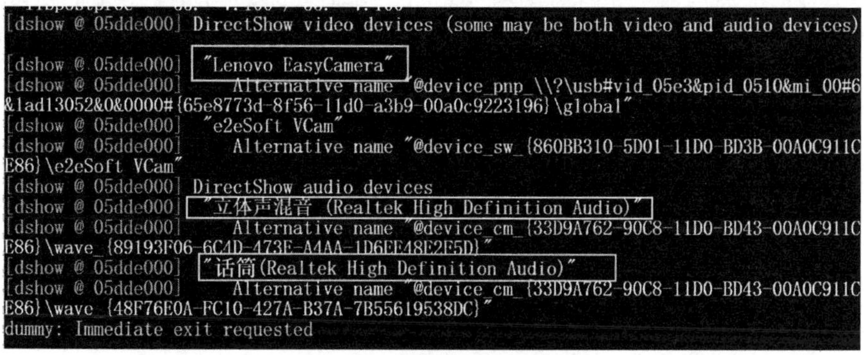

图 9-1 枚举音视频设备

在上面的命令行窗口中列出了 3 个设备,第 1 个是视频采集设备(Lenovo EasyCamera),第 2 个是立体声混音(Realtek High Definition Audio),第 3 个是音频采集设备:话筒(Realtek

High Definition Audio）。另外，音频设备的名称可能会有乱码，这是因为编码问题导致的。

2. 查询视频采集设备的参数

可以查询视频采集设备的参数信息，命令如下：

```
ffmpeg -list_options true -f dshow -i video="Lenovo EasyCamera"
#读者需要将 video 中的名称改为自己计算机中的视频设备名称
```

该命令行的作用是获取指定视频采集设备支持的分辨率、帧率和像素格式等属性，返回的是一个列表，如图 9-2 所示。

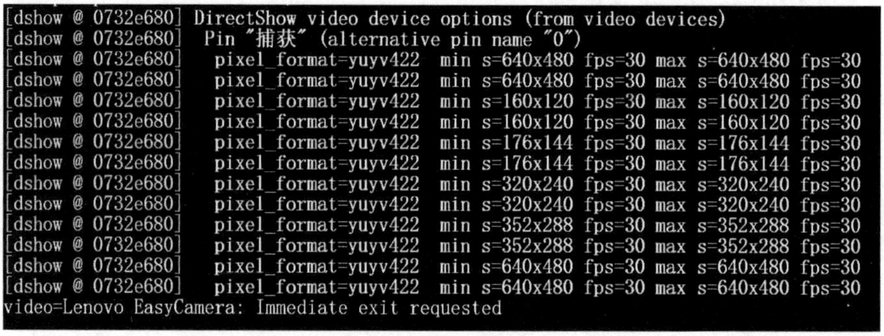

```
[dshow @ 0732e680] DirectShow video device options (from video devices)
[dshow @ 0732e680]  Pin "捕获" (alternative pin name "0")
[dshow @ 0732e680]   pixel_format=yuyv422  min s=640x480 fps=30 max s=640x480 fps=30
[dshow @ 0732e680]   pixel_format=yuyv422  min s=640x480 fps=30 max s=640x480 fps=30
[dshow @ 0732e680]   pixel_format=yuyv422  min s=160x120 fps=30 max s=160x120 fps=30
[dshow @ 0732e680]   pixel_format=yuyv422  min s=160x120 fps=30 max s=160x120 fps=30
[dshow @ 0732e680]   pixel_format=yuyv422  min s=176x144 fps=30 max s=176x144 fps=30
[dshow @ 0732e680]   pixel_format=yuyv422  min s=176x144 fps=30 max s=176x144 fps=30
[dshow @ 0732e680]   pixel_format=yuyv422  min s=320x240 fps=30 max s=320x240 fps=30
[dshow @ 0732e680]   pixel_format=yuyv422  min s=320x240 fps=30 max s=320x240 fps=30
[dshow @ 0732e680]   pixel_format=yuyv422  min s=352x288 fps=30 max s=352x288 fps=30
[dshow @ 0732e680]   pixel_format=yuyv422  min s=352x288 fps=30 max s=352x288 fps=30
[dshow @ 0732e680]   pixel_format=yuyv422  min s=640x480 fps=30 max s=640x480 fps=30
[dshow @ 0732e680]   pixel_format=yuyv422  min s=640x480 fps=30 max s=640x480 fps=30
video=Lenovo EasyCamera: Immediate exit requested
```

图 9-2 查询摄像头参数

可以看到该视频采集设备支持的最大分辨率是 640×480、输出像素格式是 yuyv422、支持的帧率为 30。

3. 查询音频采集设备的参数

可以查询音频采集设备的参数信息，命令如下：

```
ffmpeg -list_options true -f dshow -i audio="话筒(Realtek High Definition Audio)"
```

该命令行的作用是获取指定音频采集设备支持的声道数、采样率、采样位数等属性，如图 9-3 所示。

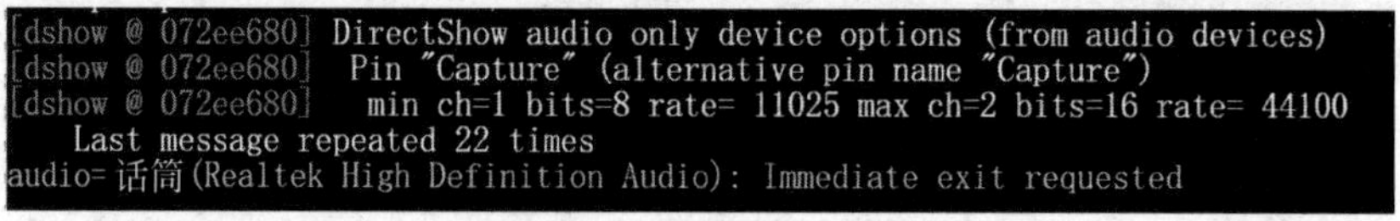

```
[dshow @ 072ee680] DirectShow audio only device options (from audio devices)
[dshow @ 072ee680]  Pin "Capture" (alternative pin name "Capture")
[dshow @ 072ee680]   min ch=1 bits=8 rate= 11025 max ch=2 bits=16 rate= 44100
    Last message repeated 22 times
audio=话筒(Realtek High Definition Audio): Immediate exit requested
```

图 9-3 查询话筒参数

可以看到该音频采集设备支持的最大的声道数是 2、采样率是 44 100、采样位数是 16；最小的声道数是 1、采样率是 11 025、采样位数是 8。

9.2　FFmpeg 采集本地话筒与摄像头数据

可以使用 FFmpeg 采集话筒与摄像头数据，也可以手动指定输入设备的参数。

1. 使用 FFmpeg 采集话筒与摄像头数据

使用 FFmpeg 将摄像头的图像（YUV）和话筒的音频（PCM）录制保存成一个文件，命令如下：

```
//chapter9/9.1.txt
ffmpeg -f dshow -i video="Lenovo EasyCamera" -f dshow -i audio="话筒(Realtek High Definition Audio)" -vcodec libx264 -acodec aac -f flv -y mycamera1.flv
#如果在查询话筒参数时系统将"话筒"显示为"麦克风",则代码中的"话筒"应替换为"麦克风"
```

在该案例中用 video= 指定视频设备，用 audio= 指定音频设备，后面的参数用于定义编码器的格式和属性，输出为一个名为 mycamera1.flv 的文件。命令运行之后，控制台会输出 FFmpeg 的运行日志，按 Q 键可中止命令。使用 MediaInfo 查看该文件的流信息，如图 9-4 所示。

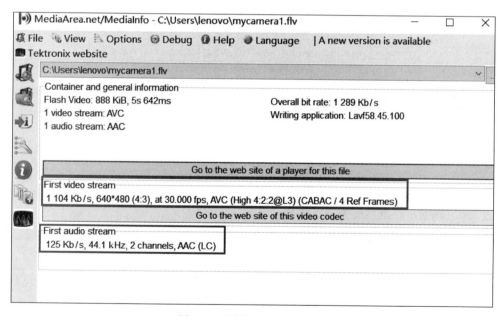

图 9-4　录制的音视频流信息

可以看出，在 mycamera1.flv 文件中，视频流格式为 AVC（640×480、30 帧/秒），音频流格式为 AAC（2 声道、44.1kHz）。

2. 使用 FFmpeg 指定话筒与摄像头的输入参数

如果不指定输入设备的参数，FFmpeg 就会使用默认的参数，也可以手工指定输入设备

的参数,例如使用摄像头采集设备的 352×288 的分辨率,使用话筒采集设备的 1 声道,命令如下:

```
//chapter9/9.1.txt
ffmpeg -f dshow -s 352x288 -i video="Lenovo EasyCamera" -f dshow -ac 1 -i audio="话筒(Realtek High Definition Audio)" -vcodec libx264 -acodec aac -f flv -y mycamera2.flv
#如果在查询话筒参数时系统将"话筒"显示为"麦克风",则代码中的"话筒"应替换为"麦克风"
```

注意:在指定输入设备的参数时,-s 和 -ac 等参数必须放到 -i 前边。

使用 MediaInfo 查看 mycamera2.flv 文件的流信息,如图 9-5 所示。

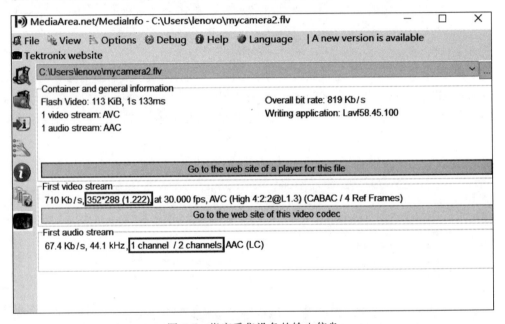

图 9-5 指定采集设备的输入信息

3. 将 -s 放到 -i 后用于指定输出视频的分辨率

将 -s 放到 -i 后,用于指定编码后的输出视频的分辨率,而不是指定摄像头的参数,命令如下:

```
ffmpeg -f dshow -i video="Lenovo EasyCamera" -vcodec libx264 -s 352x288 -f flv -y mycamera3.flv
```

在该案例中,使用摄像头的默认输入参数(分辨率为 640×480),然后使用 libx264 进行视频编码,最终输出的视频分辨率为 352×288。观察 FFmpeg 的输出信息,可以发现摄像头的默认输入参数为 rawvideo(yuyv422、640×480、30 帧/秒),如图 9-6 所示。

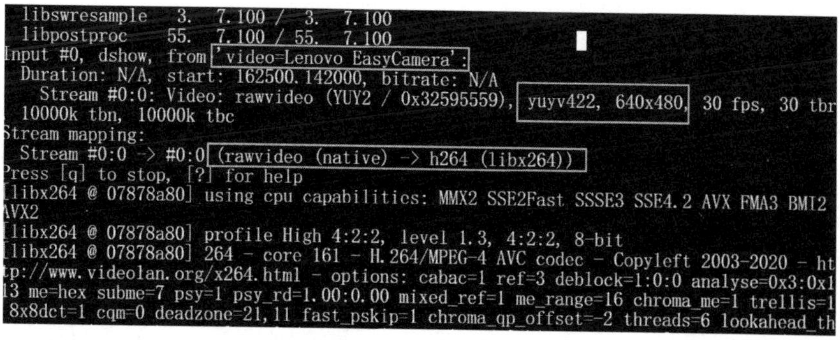

图 9-6 将-s 放到-i 之后的效果

9.3 FFmpeg 采集网络摄像头获取的数据并录制

使用 VLC 模拟出一路 RTSP 流（读者也可以直接使用海康、大华等网络摄像头），笔者选择的 VLC 数据源为本地摄像头与话筒，RTSP 流的地址为 rtsp://127.0.0.1:8554/test1。

使用 ffplay 播放，效果如图 9-7 所示，命令如下。

```
ffplay -i rtsp://127.0.0.1:8554/test1
```

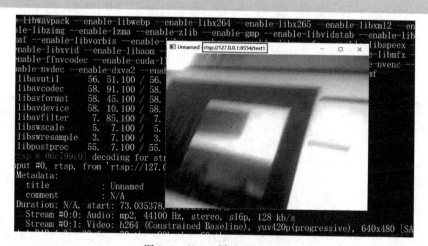

图 9-7 ffplay 播放 RTSP 流

使用 FFmpeg 可以拉取 RTSP 流并存储为本地文件，命令如下：

```
//chapter9/9.1.txt
ffmpeg -i rtsp://127.0.0.1:8554/test1 -vcodec libx264 -acodec aac -t 10 -max_muxing_queue_size 1024 -y myrtsp001.flv
#拉取 RTSP 流，使用 libx264 + AAC 编码，注意 -max_muxing_queue_size 1024
```

在该案例中，使用 FFmpeg 将拉取到的 RTSP 流重新转码后存储为 FLV 文件，使用 MediaInfo 观察流信息，如图 9-8 所示。

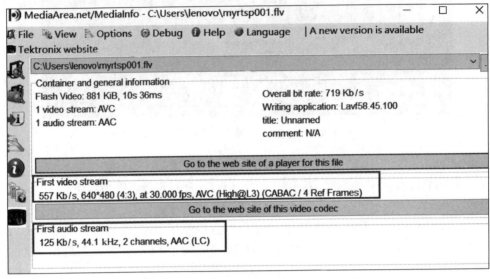

图 9-8　FFmpeg 将 RTSP 流存储为本地文件

9.4　FFmpeg 采集摄像头与话筒获取的数据并直播

首先在 Windows 系统中启动 Nginx-HTTP-FLV，然后使用 FFmpeg 将摄像头与话筒的数据编码后进行推流，转码过程如图 9-9 所示，命令如下：

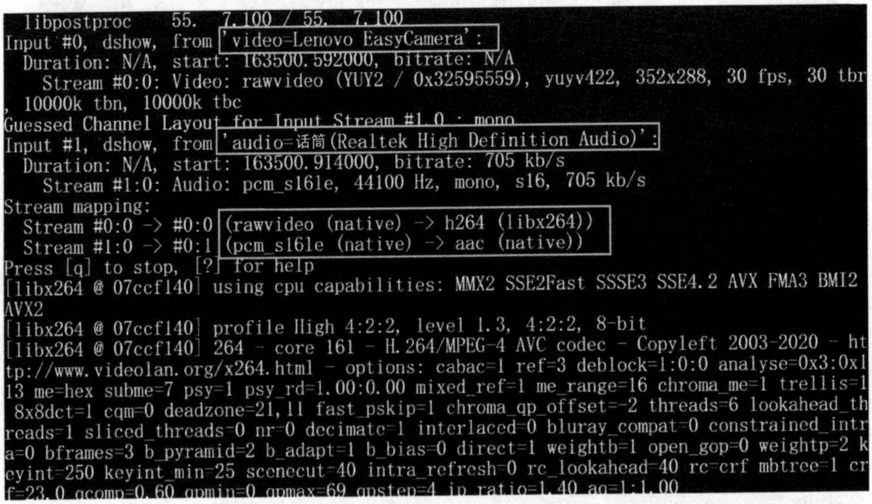

图 9-9　FFmpeg 通过摄像头与话筒数据推流

```
//chapter9/9.1.txt
ffmpeg -f dshow -s 352x288 -i video="Lenovo EasyCamera" -f dshow -ac 1 -i audio="话
筒(Realtek High Definition Audio)" -vcodec libx264 -acodec aac -f flv -y rtmp://127.0.0.
1:1935/livetest/test1
#如果在查询话筒参数时系统将"话筒"显示为"麦克风",则代码中的"话筒"应替换为"麦克风"
```

使用 ffplay 测试摄像头、话筒的直播效果,如图 9-10 所示,命令如下:

```
ffplay -i rtmp://127.0.0.1:1935/livetest/test1
```

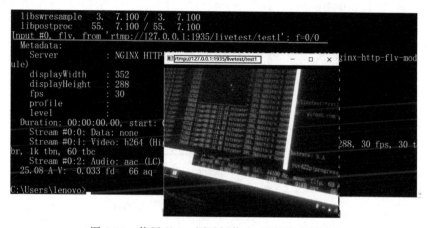

图 9-10　使用 ffplay 测试摄像头、话筒的直播效果

9.5　Linux 系统中 FFmpeg 采集摄像头获取的数据

需要先在 Linux 系统中安装 FFmpeg,准备 USB 摄像头,然后才可以使用 FFmpeg 采集摄像头获取的数据并可以实现直播等功能。

9.5.1　VMware 中的 Ubuntu 连接 USB 摄像头

VMware 中的 Ubuntu 连接 USB 摄像头的具体操作步骤如下:

(1) 笔者安装的是 Ubuntu 18.04(在 VMware 下),可先在 Windows 下确认摄像头驱动是否安装完成,在 Windows 的"设备管理器"→"图像设备"下确认可用的摄像头设备,如图 9-11 所示。

(2) 如果第(1)步确认没有问题,右击我的计算机,选择"管理"→"服务",在右侧的服务列表中找到 VMware USB Arbitration Service,然后启动该项服务,如图 9-12 所示。

(3) 启动 VMware,在"虚拟机"→"可移动设备"下确认是否存在 Camera 设备,如 VMware 不支持当前摄像头,则无法找到 Camera 设备。笔者查到的摄像头的名称为

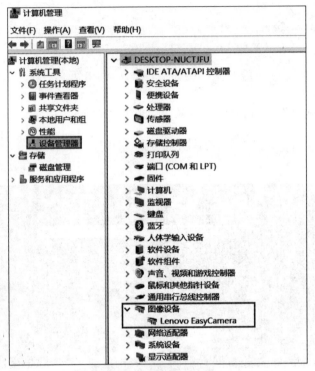

图 9-11 检查 Windows 设备管理器中的摄像头

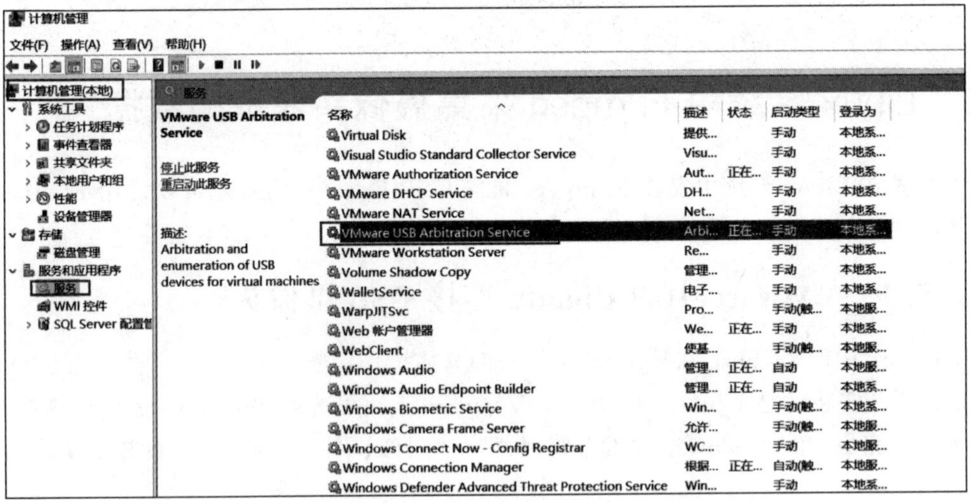

图 9-12 启动 VMware USB Arbitration 服务

Genesys Logic USB2.0 UVC PC Camera，然后单击右侧的"连接（断开与主机的连接）"，如图 9-13 所示。

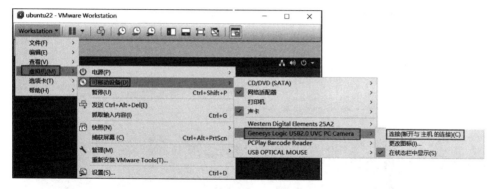

图 9-13 检查虚拟机中的摄像头

(4) 连接完成后,在 Ubuntu 系统中确定 USB 设备是否加载成功,如图 9-14 所示,命令如下:

```
lsusb

ls /dev/video0
```

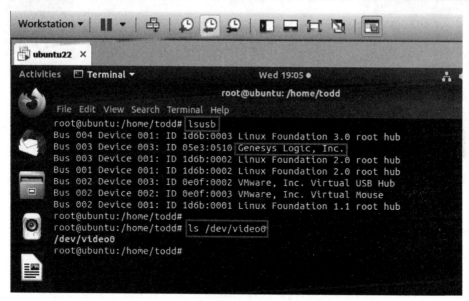

图 9-14 列举视频采集设备

(5) 打开 Ubuntu Shell 终端,需要安装 cheese 来测试摄像头,命令如下:

```
sudo apt - get install cheese
# 然后输入 cheese 即可
cheese
```

安装完成后，在 Shell 终端启动 cheese，如以上操作都正常，则可以看到摄像头灯被点亮并且在 cheese 窗口会显示视频，如图 9-15 所示。

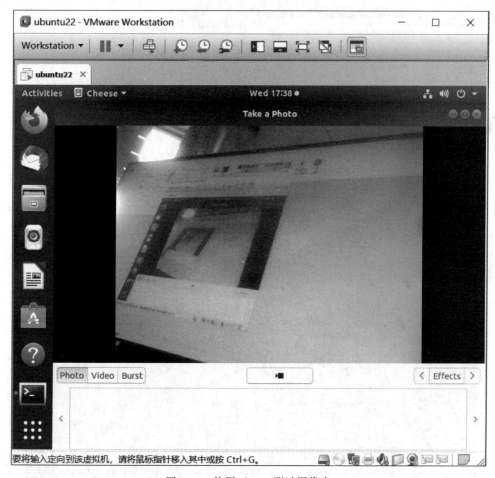

图 9-15　使用 cheese 测试摄像头

（6）但是如上操作都正常，显示出来的视频窗口有可能是黑屏。此时需要切换 USB 版本，在 VMware Workstation 的"虚拟机"→"虚拟机设置"→"USB 控制器"下查看"USB 兼容性"，如果当前是 USB 2.0 就修改为 USB 3.0；反之就修改为 USB 2.0，然后在"虚拟机"→"可移动设备"下重新连接 Camera，重新执行 cheese 命令后就可以正常显示视频了。

注意：切换 USB 版本后，需要先断开 Camera 连接，然后重新连接，否则无效。

9.5.2　FFmpeg 采集 USB 摄像头获取的数据

先用 ffplay 测试摄像头，效果如图 9-16 所示，命令如下：

```
ffplay -i /dev/video0
```

图 9-16 ffplay 测试摄像头

使用 FFmpeg 将摄像头数据存储为 H.264 编码的本地文件,命令如下:

```
ffmpeg -i /dev/video0 -vcodec libx264 -t 10 -f flv -y hello1.flv
#存储了10s的摄像头数据,编码为H.264格式,封装为.flv文件
```

使用 FFmpeg 将摄像头数据编码为 H.264 格式,然后推流到 RTMP 服务器上,命令如下:

```
//chapter9/9.1.txt
ffmpeg -i /dev/video0 -vcodec libx264 -r 30 -g 30 -f flv -y rtmp://127.0.0.1:1935/
live/test1
#将摄像头数据编码为H.264格式,以FLV格式推流到RTMP流媒体服务器上
```

9.6　FFmpeg 录制计算机屏幕

使用 FFmpeg 可以录制计算机屏幕，可以自定分辨率，但不能大于屏幕本身的分辨率。

9.6.1　Windows 系统中 FFmpeg 录屏

Windows 下屏幕录制的设备是 gdigrab，它是基于 GDI 的抓屏设备，可以用于抓取屏幕的特定区域。

1. 抓取整个屏幕

抓取整个屏幕（笔者的屏幕分辨率是 1920×1080），命令如下：

```
ffmpeg -f gdigrab -i desktop -vcodec libx264 -f flv -y screen1.flv
```

在该案例中，输入的是"屏幕"（desktop），默认分辨率是 1920×1080，像素格式为 bmp，颜色格式为 bgra，分辨率是 29.97，如图 9-17 所示。

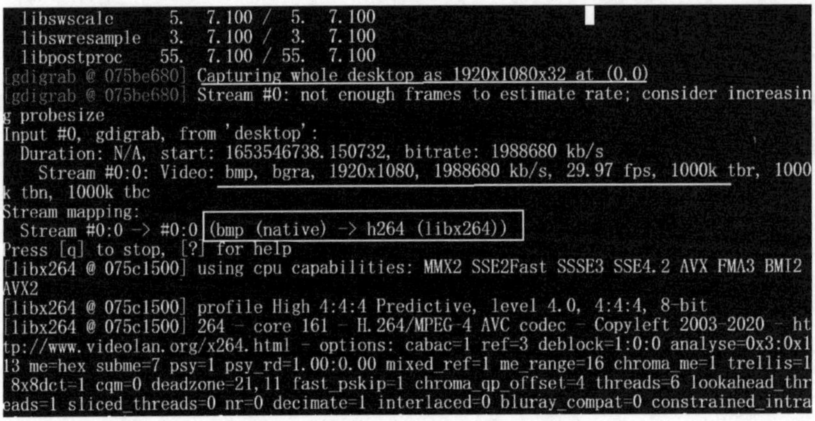

图 9-17　Windows 中 FFmpeg 抓屏

观察生成的 screen1.flv 文件，分辨率是 1920×1080，帧率是 29.97，编码格式是 H.264，如图 9-18 所示。

2. 指定位置和区域

可以从指定位置开始，抓取指定区域的屏幕部分，命令如下：

```
//chapter9/9.1.txt
ffmpeg -f gdigrab -framerate 15 -offset_x 10 -offset_y 20 -video_size 640x480 -i desktop -vcodec libx264 -f flv -y screen2.flv
```

在该案例中，从屏幕的(10,20)点处开始，抓取 640×480 的屏幕，将帧率设定为 15，然后使用 libx264 编码，封装为 FLV 格式，转码过程如图 9-19 所示。

第9章 FFmpeg命令行实现音视频设备采集

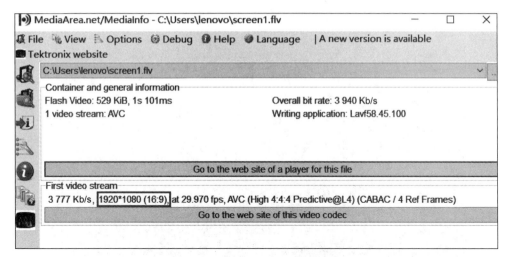

图 9-18 查看抓屏后存储的音视频流信息

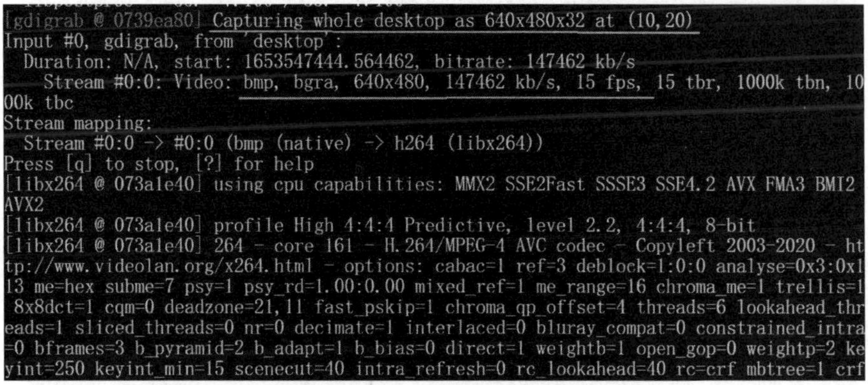

图 9-19 FFmpeg 抓屏时指定位置和大小

也可以将屏幕数据直播推流到流媒体服务器中,命令如下:

```
//chapter9/9.1.txt
ffmpeg -f gdigrab -framerate 15 -offset_x 10 -offset_y 20 -video_size 640x480 -i
desktop -vcodec libx264 -preset:v ultrafast -tune:v zerolatency -crf 18 -y rtmp://127.
0.0.1:1935/livetest/test1
```

9.6.2 Linux 系统中 FFmpeg 录屏

Linux 下使用 FFmpeg 进行屏幕录制相对比较方便,可以使用 x11grab 录制全屏(笔者的屏幕分辨率为 640×480),转码过程如图 9-20 所示,命令如下:

```
ffmpeg -video_size 640x480 -r 25 -f x11grab -i :0.0+0,0 -f flv -y out1.flv
```

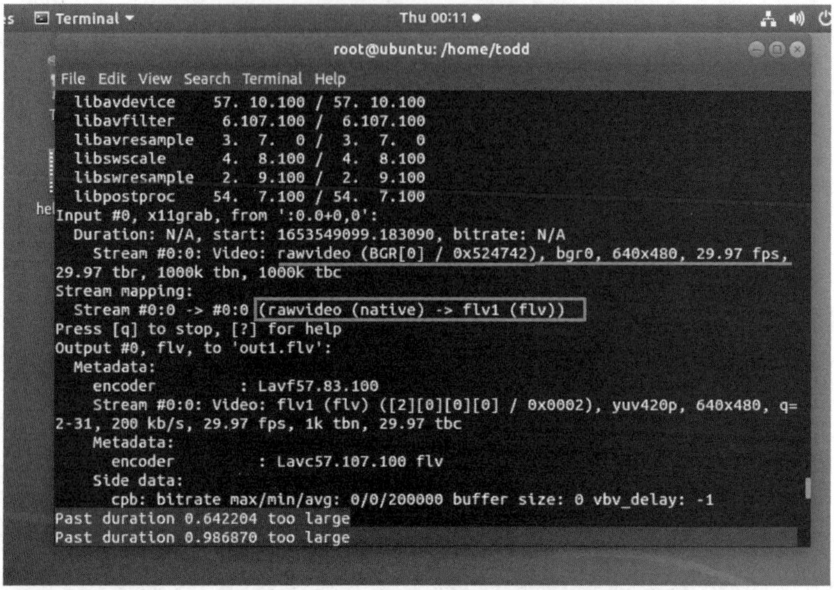

图 9-20　Ubuntu 中 FFmpeg 抓屏

可以指定位置和屏幕大小，命令如下：

```
ffmpeg -video_size 320x240 -r 25 -f x11grab -i :0.0+100,50 -f flv -y out1.flv
```

在该案例中，:0.0+100,50 表示从左上角向右偏移 100 像素，向下偏移 50 像素。如果超过屏幕大小，则会提示错误信息，如图 9-21 所示。

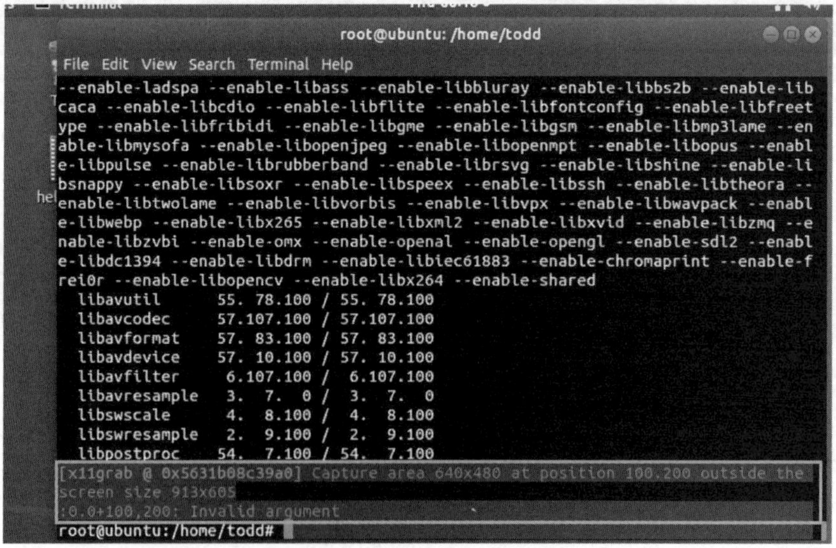

图 9-21　Ubuntu 中 FFmpeg 抓屏时指定大小

第 10 章 FFmpeg 命令行在 Linux 系统中的应用

2min

在前边的章节中,主要是在 Windows 系统中进行实验,本章重点介绍在 Ubuntu 系统中使用 FFmpeg 的命令行进行基本的操作。FFmpeg 的大多数命令行参数相对比较稳定,但与滤镜相关的参数较多、变动也多,音视频采集设备在不同平台下的用法也略有不同。本书中 Windows 系统中的 FFmpeg(使用官方编译好的 exe 方式安装)版本是 4.3,而 Ubuntu 系统中的 FFmpeg(使用 apt-get 方式安装)版本是 3.4。虽然版本不同,但本书中的绝大部分转码命令可以从 Windows 中复制到 Ubuntu 中直接使用。在本章中,笔者带领大家移植(从 Windows 到 Ubuntu)几个典型的转码应用及音视频特效处理,读者可以自己测试更多的命令行。

注意:FFmpeg 1.x 和 2.x 的版本比较旧,在新版本中的改动比较大,读者在真实的应用场景中如果涉及版本更换,则要谨慎,多做测试。

10.1 使用 FFmpeg 实现音视频转码

使用 FFmpeg 可以将 test4.mp4 文件(分辨率为 1920×1080)转码为 FLV 格式,将视频编码方式指定为 H.264,命令如下:

```
ffmpeg -i test4.mp4 -vcodec libx264 -s 640x360 -r 15 -g 15 -f flv -y out1.flv
```

在该案例中,由于没有指定音频编码格式,所以使用 FLV 默认的音频编码格式(MP3),转码过程如图 10-1 所示。

从输入的视频文件 test4.mp4 中提取前 2s 的视频数据,解码格式为 YUV420P,分辨率和原视频保持一致,命令如下:

```
ffmpeg -i test4.mp4 -t 2 -pix_fmt yuv420p yuv420P_test4.yuv
#注意 -pix_fmt 用于指定像素格式
```

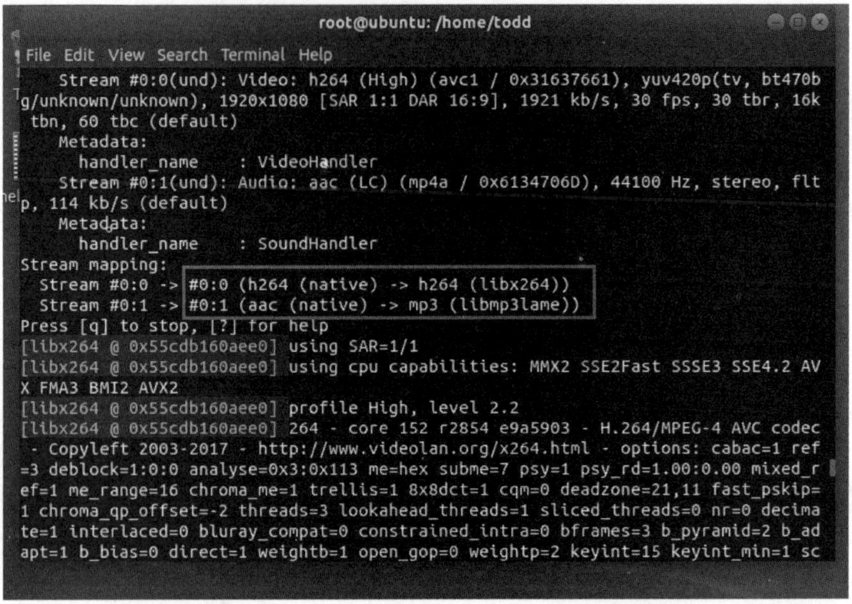

图 10-1 在 Ubuntu 中使用 FFmpeg 进行 H.264 转码

10.2 使用 ffplay 和 ffprobe

可以使用 ffplay 来播放音视频文件，例如播放 FLV 文件，效果如图 10-2 所示，命令如下：

```
ffplay -i out1.flv
```

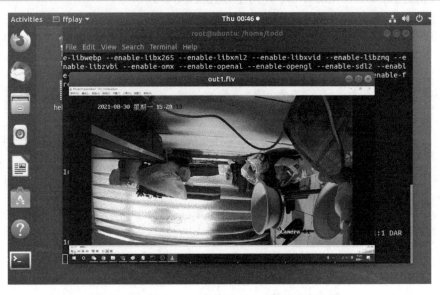

图 10-2 在 Ubuntu 中使用 ffplay 播放视频文件

也可以使用 ffplay 播放 YUV 文件，需要指定相关参数，命令如下：

```
ffplay -i yuv420P_test4.yuv -r 25 -pixel_format yuv420p -video_size 1920x1080
```

可以使用 ffprobe 查看音视频流信息，效果如图 10-3 所示，命令如下：

```
ffprobe -i test4.mp4
```

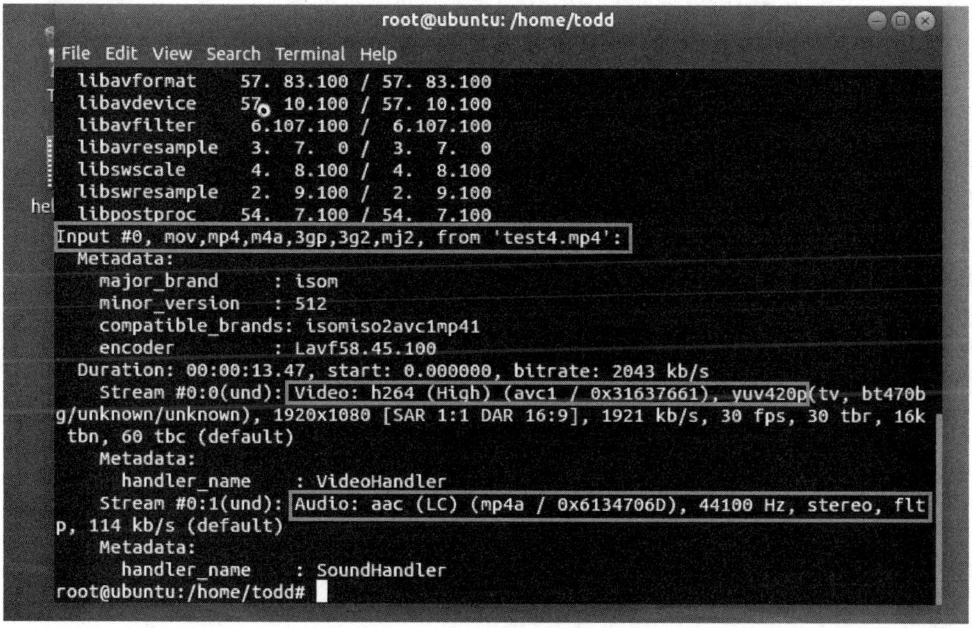

图 10-3　在 Ubuntu 中使用 ffprobe 查询视频文件的流信息

10.3　使用 FFmpeg 实现文字水印及跑马灯

使用 FFmpeg 给视频添加固定文字（注意这里是英文），命令如下：

```
//chapter10/10.1.txt
ffmpeg -ss 0 -t 2 -i test4.mp4 -vf "drawtext=fontsize=200:x=50:y=100:fontcolor=#00FF00:text='HelloTongtong'" -vcodec libx264 -s 640x360 -f mp4 -y test4-drawtext-1a.mp4
```

在该案例中，将绿色的（fontcolor＝#00FF00）固定文字（HelloTongtong）添加到视频的左上角（x＝50、y＝100），字号为 200，使用 libx264 编码，分辨率为 640×360。转码成功后，用 ffplay 播放，如图 10-4 所示。

图 10-4 在 Ubuntu 中使用 FFmpeg 实现英文水印

也可以使用中文字幕,将 Windows 下的字体文件复制到 Ubuntu 中,例如笔者将"黑体常规(simhei.ttf)"文件复制到 Ubuntu 的/home/todd/Desktop 下,然后输入的命令如下:

```
//chapter10/10.1.txt
ffmpeg -ss 0 -t 2 -i test4.mp4 -vf "drawtext=fontfile=/home/todd/Desktop/simhei.ttf:
fontsize=100:x=50:y=100:fontcolor=red:text='音视频与流媒体'" -y test4-drawtext
-1b.mp4
```

转码成功后,用 ffplay 播放,如图 10-5 所示。

使用 drawtext 实现从左到右文字跑马灯,命令如下:

```
//chapter10/10.1.txt
ffmpeg -ss 0 -t 3 -i test4.mp4 -vf "drawtext=text='hello-ffmpeg':x=(mod(10*n\,w+
tw)-tw):y=10:fontcolor=#66FF00:fontsize=60" -vcodec libx264 -s 640x360 -f mp4 -
y test4-lefttoright.mp4
```

在该案例中,实现了文字跑马灯从左向右移动,文字大小、字体、颜色、运动速度等都可以通过参数来控制,实现效果如图 10-6 所示,红色的 hello-ffmpeg 从左向右移动。

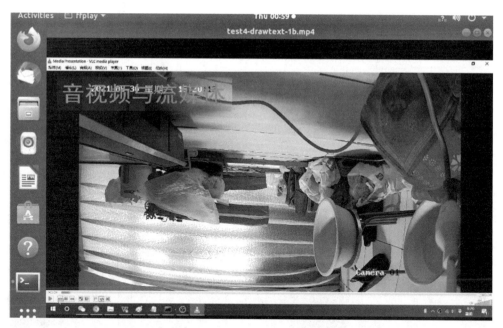

图 10-5　在 Ubuntu 中使用 FFmpeg 实现中文水印

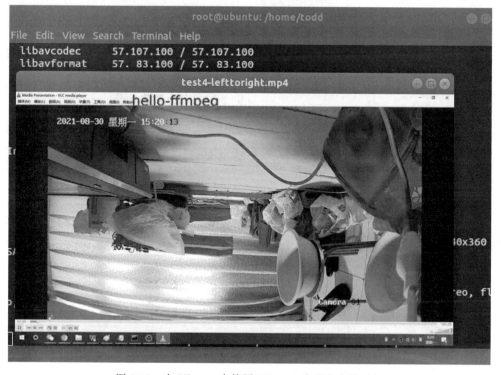

图 10-6　在 Ubuntu 中使用 FFmpeg 实现文字跑马灯

10.4 使用FFmpeg实现音视频特效

使用 FFmpeg 实现画中画特效，提供两个输入文件 test4.mp4 和 small.mp4，然后使用 overlay 滤镜实现画中画，效果如图 10-7 所示，命令如下：

```
//chapter10/10.1.txt
ffmpeg -ss 0 -t 3 -i test4.mp4 -i small.mp4 -filter_complex "overlay" -y test4-pip-1.mp4
```

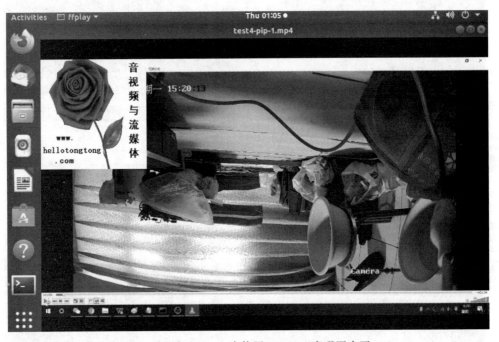

图 10-7 在 Ubuntu 中使用 FFmpeg 实现画中画

使用 FFmpeg 可以实现上下对称（水面倒影效果），例如将 logo.png 进行处理，转码后的效果如图 10-8 所示，命令如下：

```
//chapter10/10.1.txt
ffmpeg -i logo.png -filter_complex "[0:v]pad=h=2*ih[a];[0:v]vflip[b];[a][b]overlay=y=h" logo-t1.png -y
```

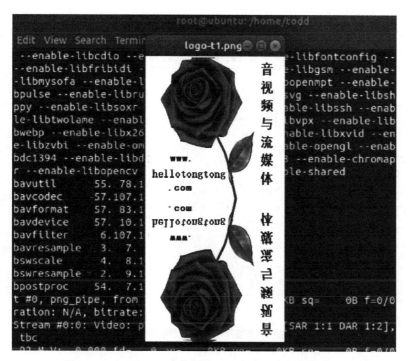

图 10-8　在 Ubuntu 中使用 FFmpeg 实现水面倒影效果

10.5　使用 FFmpeg 实现流媒体及直播功能

在 Windows 系统中（笔者的 IP 为 192.168.1.3）使用 VLC 模拟出一路 RTSP 流，流地址为 rtsp://192.168.1.3:8554/test1，然后在 Ubuntu 系统中可以使用 ffplay 直接拉流播放，效果如图 10-9 所示，命令如下：

```
ffplay -i rtsp://192.168.1.3:8554/test1
```

可以使用 FFmpeg 来拉取 RTSP 流，存储为本地文件（例如 FLV 文件）进行测试，命令如下：

```
//chapter10/10.1.txt
ffmpeg -i rtsp://192.168.1.3:8554/test1 -vcodec libx264 -acodec aac -s 640x360 -max_muxing_queue_size 1024 -t 10 -f flv -y rtsp-test1.flv
```

将存储下来的 FLV 文件用 ffplay 直接播放，效果如图 10-10 所示。

图 10-9 在 Ubuntu 中使用 ffplay 播放 RTSP 流

图 10-10 在 Ubuntu 中使用 FFmpeg 拉取 RTSP 流并存储

第 11 章 体验 FFmpeg 5.0

截至笔者发稿时,官网上已发布了 FFmpeg 的最新版本 5.0,这里只列出几项最重要的新特性,主要如下。

(1) 新的解码器:native speex 解码器和用于 MSN Siren、GEM Image 和 Apple Graphics(SMC)的解码器。

(2) 在 VideoToolbox 的支持能力中增加了 VP9 和 Prores 的编解码能力。

(3) 对 Vulkan 支持(尤其是 Vulkan filter)的改进。

(4) 对龙芯的新架构 LoongArch 平台的支持与优化。

(5) swscale 中支持 slice 级别线程操作。

(6) 用于未压缩视频的 RTP 封装工具(RFC 4175)。

(7) 支持 libplacebo 视频 filter,以满足所有 HDR 需求。

(8) 大量音视频 filter:尤其是 segment filter、latency filter、decorrelate filter 和几个色彩相关滤镜。

11.1 安装 FFmpeg 5.0

截至笔者发稿时,FFmpeg 5.0 已经正式发布,这一新版本被命名为 Lorentz,主要为纪念伟大的荷兰物理学家亨得里克·安顿·洛伦兹(Hendrik Antoon Lorentz)。此次重大发布包括大量 API 更改,并增添了一些新的特性。

11.1.1 FFmpeg 5.0 的官网简介

下面来看一下官网上对 FFmpeg 5.0 的介绍:

FFmpeg 5.0 "Lorentz", a new major release, is now available! For this long-overdue release, a major effort underwent to remove the old encode/decode APIs and replace them with an N:M-based API, the entire libavresample library was removed, libswscale has a new, easier to use AVframe-based API, the Vulkan code was much improved, many new filters were added, including libplacebo integration, and finally, DoVi support was added, including tonemapping and remuxing. The default AAC encoder settings were also changed to improve quality.

笔者对此进行简单翻译，内容如下：

FFmpeg 5.0(Lorentz)是一个新的主要版本，现已推出。对于这个姗姗来迟的版本，开发者付出了巨大的努力来删除旧的编码/解码 API，并用基于 N:M 的 API 替换它们；整个 libavresample 库被删除；libswscale 有一个新的、更易于使用的基于 AVframe 的 API；Vulkan 代码得到了很大的改进；添加了许多新的滤镜，包括 libspacole 集成；最后，添加了 DoVi 支持，包括色调映射和重排；默认 AAC 编码器设置也已更改，以提高质量。

FFmpeg 5.0 主要 API 更改和弃用包括以下几项：

（1）avcodec 编解码操作方面的大量更改。
（2）用于音频和视频编解码处理的 API。
（3）解耦了编解码器的输入和输出操作。
（4）新的回调方式：允许编码器输出的数据存储到用户可管理的缓冲区域。
（5）swscale 中更改了大量与帧操作相关的接口。
（6）avformat 与 avcodec 的分离。
（7）Demuxer 不再与编解码器强关联。
（8）新增一些 bitstream filtering。
（9）更改了可做编解码数据 header 信息分析的 filtering。
（10）移除了 codec/format 一系列注册 API，始终将所有格式作为静态列表加载。
（11）类型安全：在多种 API 中做了 int 到 size_t 的类型改变。
（12）移除了 libavresample 库。

11.1.2　FFmpeg 5.0 的安装

用浏览器打开网址 https://github.com/BtbN/FFmpeg-Builds/releases，可以将 ffmpeg-n5.0-latest-linux64-gpl-5.0.tar.xz（Linux 版本）和 ffmpeg-n5.0-latest-win64-gpl-5.0.zip（Windows 版本）都下载下来，如图 11-1 所示。

1. Linux 系统中安装 FFmpeg 5.0

将下载好的 ffmpeg-n5.0-latest-linux64-gpl-5.0.tar.xz 文件先解压，命令如下：

```
xz -d ffmpeg-n5.0-latest-linux64-gpl-5.0.tar.xz
tar xvf ffmpeg-n5.0-latest-linux64-gpl-5.0.tar
```

先用 xz -d xxx.tar.xz 解压.tar.xz 文件，然后用 tar xvf xxx.tar 来解包。解压成功后，切换到 ffmpeg-n5.0-latest-linux64-gpl-5.0 目录下 bin 文件夹，输入 ls 后可以看到 3 个可执

第11章 体验FFmpeg 5.0

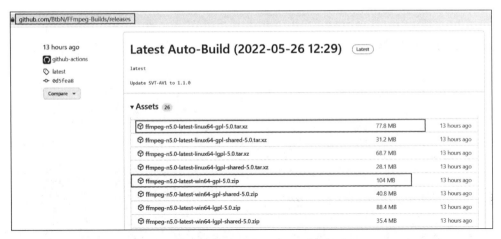

图 11-1　编译好的 FFmpeg 下载网址

图 11-2　Ubuntu 系统中安装最新的 FFmpeg 5.0

行文件：ffmpeg、ffplay 和 ffprobe，如图 11-2 所示。

然后输入 ./ffmpeg -version 命令来检测版本，如图 11-3 所示。

注意：在 Linux 系统中，一定要使用 ./ffmpeg -version；如果把 ./ 去掉，Linux 系统则会调用系统变量 PATH 路径中安装好的 FFmpeg，而不是当前目录下安装的最新的 FFmpeg。

图 11-3 Ubuntu 系统中运行最新的 FFmpeg 5.0

2．Windows 系统中安装 FFmpeg 5.0

在 Windows 系统直接将 ffmpeg-n5.0-latest-win64-gpl-5.0.zip 解压即可，如图 11-4 所示。

图 11-4 Windows 系统中解压最新的 FFmpeg 5.0

然后打开 cmd 窗口，切换到该路径下，输入 ffmpeg -version 来检测版本，如图 11-5 所示。这个发布的版本是编译好的，内部集成了很多第三方库，包括 libx264、libx265、libopenh264 等，使用起来非常方便。为了在使用时明确所使用的版本，这里将 ffmpeg.exe 重命名为 ffmpeg5.exe。

```
G:\aasofts\aasofts\FFmpeg5.0\ffmpeg-n5.0-latest-win64-gpl-5.0\bin>
G:\aasofts\aasofts\FFmpeg5.0\ffmpeg-n5.0-latest-win64-gpl-5.0\bin>ffmpeg -version
ffmpeg version n5.0.1-4-ga5ebb3d25e-20220526 Copyright (c) 2000-2022 the FFmpeg developers
built with gcc 11.2.0 (crosstool-NG 1.24.0.533_681aaef)
configuration: --prefix=/ffbuild/prefix --pkg-config-flags=-static --pkg-config=pkg-config --cr
oss-prefix=x86_64-w64-mingw32- --arch=x86_64 --target-os=mingw32 --enable-gpl --enable-version3
 --disable-debug --disable-w32threads --enable-pthreads --enable-iconv --enable-libxml2 --e
nable-zlib --enable-libfreetype --enable-libfribidi --enable-gmp --enable-lzma --enable-fontconfig --e
nable-libvorbis --enable-opencl --disable-libpulse --enable-libvmaf --disable-libxcb --disable-x
lib --enable-amf --enable-libaom --enable-libaribb24 --enable-avisynth --enable-libdavld --disab
le-libdavs2 --disable-libfdk-aac --enable-ffnvcodec --enable-cuda-llvm --enable-frei0r --enable-l
ibgme --enable-libass --enable-libbluray --enable-libmp3lame --enable-libopus --enable-librist
 --enable-libtheora --enable-libvpx --enable-libwebp --enable-libmfx --enable-libopen
core-amrnb --enable-libopencore-amrwb --enable-libopenh264 --enable-libopenjpeg --enable-libopen
mpt --enable-libravle --enable-librubberband --enable-schannel --enable-sdl2 --enable-libsoxr
 --enable-libsrt --enable-libsvtav1 --enable-libtwolame --enable-libuavs3d --enable-libdrm --disab
le-vaapi --enable-libvidstab --enable-vulkan --enable-libshaderc --enable-libplacebo --enable-li
bx264 --enable-libx265 --enable-libxavs2 --enable-libxvid --enable-libzimg --enable-libzvbi --ex
tra-cflags=-DLIBTWOLAME_STATIC --extra-cxxflags= --extra-ldflags=-pthread --extra-ldexeflags=
 --extra-libs=-lgomp --extra-version=20220526
libavutil      57. 17.100 / 57. 17.100
libavcodec     59. 18.100 / 59. 18.100
libavformat    59. 16.100 / 59. 16.100
libavdevice    59.  4.100 / 59.  4.100
libavfilter     8. 24.100 /  8. 24.100
```

图 11-5　Windows 系统中运行 FFmpeg 5.0

11.2　使用 FFmpeg 5.0 实现音视频转码

将测试文件 test4.mp4 复制到 ffmpeg5.exe 同路径下，可以将 test4.mp4 文件（分辨率为 1920×1080）转码为 FLV 格式，将视频编码方式指定为 H.264，命令如下：

```
ffmpeg5.exe -ss 0 -t 2 -i test4.mp4 -vcodec libx264 -s 640x360 -r 15 -g 15 -f flv -y out1.flv
#注意，为了防止歧义，将最新的 ffmpeg.exe 重命名为 ffmpeg5.exe
```

在该案例中，由于没有指定音频编码格式，所以使用 FLV 默认的音频编码格式（MP3），转码过程如图 11-6 所示。

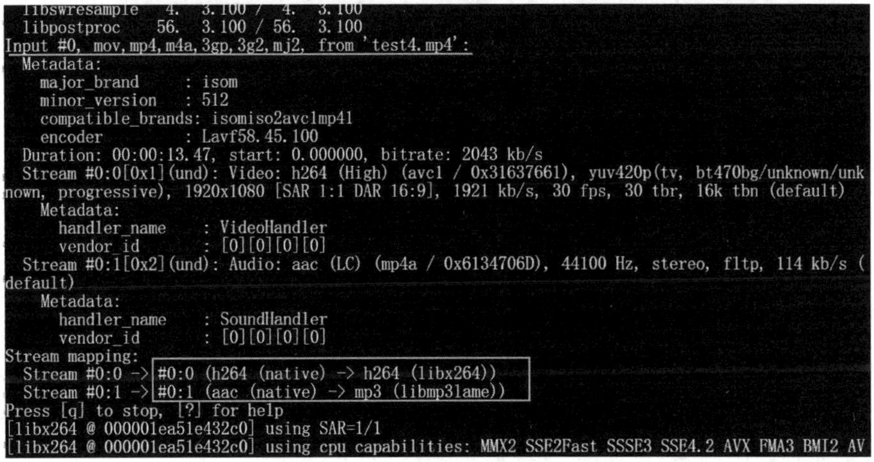

```
libswresample   4.  3.100 /  4.  3.100
libpostproc    56.  3.100 / 56.  3.100
Input #0, mov,mp4,m4a,3gp,3g2,mj2, from 'test4.mp4':
  Metadata:
    major_brand     : isom
    minor_version   : 512
    compatible_brands: isomiso2avc1mp41
    encoder         : Lavf58.45.100
  Duration: 00:00:13.47, start: 0.000000, bitrate: 2043 kb/s
  Stream #0:0[0x1](und): Video: h264 (High) (avc1 / 0x31637661), yuv420p(tv, bt470bg/unknown/unk
nown, progressive), 1920x1080 [SAR 1:1 DAR 16:9], 1921 kb/s, 30 fps, 30 tbr, 16k tbn (default)
    Metadata:
      handler_name    : VideoHandler
      vendor_id       : [0][0][0][0]
  Stream #0:1[0x2](und): Audio: aac (LC) (mp4a / 0x6134706D), 44100 Hz, stereo, fltp, 114 kb/s (
default)
    Metadata:
      handler_name    : SoundHandler
      vendor_id       : [0][0][0][0]
Stream mapping:
  Stream #0:0 -> #0:0 (h264 (native) -> h264 (libx264))
  Stream #0:1 -> #0:1 (aac (native) -> mp3 (libmp3lame))
Press [q] to stop, [?] for help
[libx264 @ 000001ea51e432c0] using SAR=1/1
[libx264 @ 000001ea51e432c0] using cpu capabilities: MMX2 SSE2Fast SSSE3 SSE4.2 AVX FMA3 BMI2 AV
```

图 11-6　FFmpeg 5.0 实现音视频转码

从输入的视频文件 test4.mp4 中提取前 2s 的视频数据,解码格式为 YUV420P,分辨率和源视频保持一致,命令如下:

```
ffmpeg5.exe -i test4.mp4 -t 2 -pix_fmt yuv420p yuv420P_test4.yuv
#注意-pix_fmt用于指定像素格式
```

11.3 使用 FFmpeg 5.0 实现文字跑马灯

使用 drawtext 实现中文水印时,需要指定字体文件的路径,可以实现从左向右文字跑马灯效果,命令如下:

```
//chapter11/11.1.txt
ffmpeg5.exe -ss 0 -t 3 -i test4.mp4 -vf "drawtext=fontfile=c\\:/Windows/fonts/
simhei.ttf:text='音视频与流媒体':x=(mod(10*n\,w+tw)-tw):y=10:fontcolor=#
FF0000:fontsize=60" -vcodec libx264 -s 640x360 -f mp4 -y test4-lefttoright.mp4
```

在该案例中,实现了文字跑马灯从左向右移动,文字大小、字体、颜色、运动速度等都可以通过参数来控制,实现效果如图 11-7 所示,红色的"音视频与流媒体"从左向右移动。

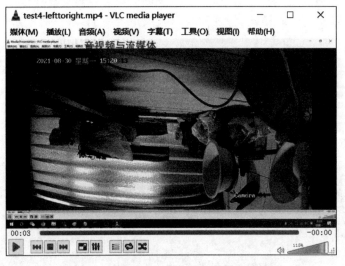

图 11-7　FFmpeg 5.0 实现文字跑马灯效果

11.4 使用 FFmpeg 5.0 实现音视频特效

使用 FFmpeg 实现画中画特效,提供两个输入文件 test4.mp4 和 small.mp4,然后使用 overlay 滤镜实现画中画,效果如图 11-8 所示,命令如下:

```
ffmpeg5.exe -ss 0 -t 3 -i test4.mp4 -i small.mp4 -filter_complex "overlay" -y test4-
pip-1.mp4
```

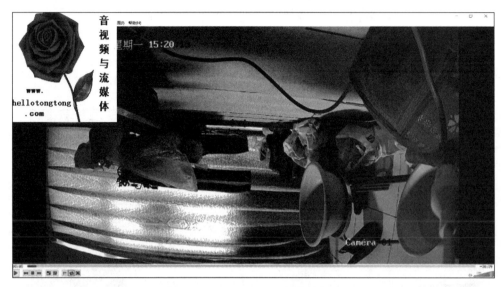

图 11-8　FFmpeg 5.0 实现画中画

使用 FFmpeg 可以实现上下对称（水面倒影效果），例如将 logo.png 进行处理，转码后的效果如图 11-9 所示，命令如下：

```
//chapter11/11.1.txt
ffmpeg5.exe -i logo.png -filter_complex "[0:v]pad=h=2*ih[a];[0:v]vflip[b];[a][b]
overlay=y=h" logo-t1.png -y
```

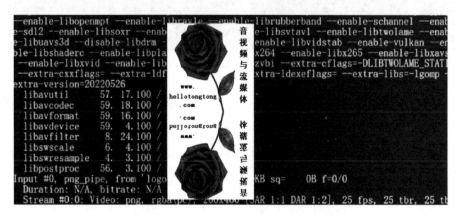

图 11-9　FFmpeg 5.0 实现水面倒影效果

11.5 使用 FFmpeg 5.0 实现流媒体及直播功能

在 Windows 系统中使用 VLC 模拟出一路 RTSP 流,流地址为 rtsp://127.0.0.1:8554/test1,然后可以使用 ffplay 直接拉流播放,效果如图 11-10 所示,命令如下:

```
ffplay.exe -i rtsp://127.0.0.1:8554/test1
```

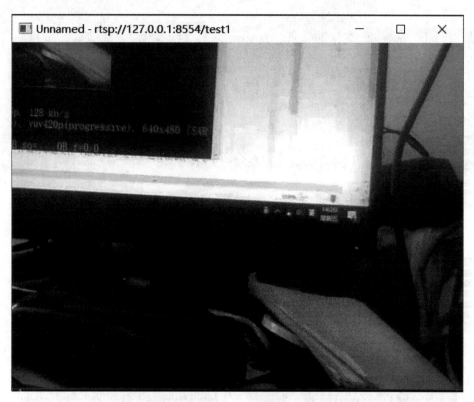

图 11-10　ffplay.exe 播放 RTSP 流

可以使用 ffmpeg.exe 来拉取 RTSP 流,存储为本地文件(例如 FLV 文件)进行测试,命令如下:

```
ffmpeg.exe -i rtsp://127.0.0.1:8554/test1 -vcodec libx264 -acodec aac -s 640x360 -max_muxing_queue_size 1024 -t 10 -f flv -y rtsp-test1.flv
```

使用 MediaInfo 观察存储的 rtsp-test1.flv 文件,效果如图 11-11 所示。

第11章 体验FFmpeg 5.0

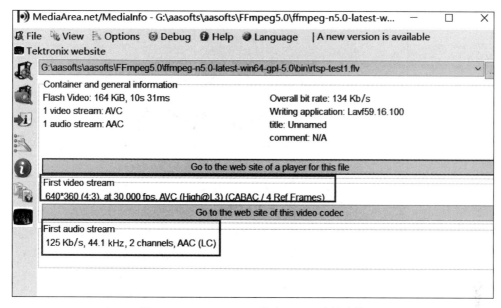

图 11-11　FFmpeg 5.0 拉取 RTSP 流并存储

6min

第 12 章　各种开发语言调用 FFmpeg 命令行

使用 FFmpeg 命令行可以完成很多音视频转码及特效功能，但在控制台上操作，有时很不方便。常用的开发语言可以直接调用 FFmpeg 命令行，本章主要介绍使用 Java、C++ 和 Python 来调用 FFmpeg 命令行，需要先在系统（Windows 或 Linux）的环境变量 PATH 中配置好 FFmpeg。

12.1　C++ 调用 FFmpeg 命令行

C++ 调用 FFmpeg 命令行主要通过管道的方式，管道的另一端与标准输入或标准输出相关联，并返回与管道相关联的流。

首先给出一条非常普通的转码任务，命令如下：

```
//chapter12/12.1.txt
ffmpeg -ss 0 -t 3 -i D:\\_movies\\_test\\ande_10.mp4 -vcodec libx264 -s 640x360 -y D:\\_movies\\_test\\ande_10-out1.mp4 2>&1
#注意：最后的 2>&1 是重定向，将 stderr 的内容重定向到 stdout
#否则在 C++ 代码中读不到 FFmpeg 的输出信息
#如果是 Linux 系统，则只需将绝对路径修改一下
```

注意：FFmpeg 的默认输出是 stderr，而不是 stdout，所以 C++/Java 等调用 FFmpeg 命令行读取输出信息时需要进行重定向（2>&1），即将 stderr 的内容重定向到 stdout。stdin、stdout、stderr 的值分别是 0、1、2。

12.1.1　C++ 调用 FFmpeg 命令行的跨平台通用代码

使用 C++ 调用 FFmpeg 命令行并读取输出信息，跨平台通用代码如下：

```
//chapter12/cppcallffmpegutil.cpp
#include <stdint.h>
#include <stdio.h>
```

```cpp
#include <string>
using namespace std;

int main(){
    //准备缓冲区
    char * buffer = new char[1024]();
    char * info = new char[10240]();
    uint32_t BytesRead = 0, readCount = 0;

    //转码命令行
    string command = "ffmpeg -ss 0 -t 3 -i D:/_movies/__test/ande_10.mp4 -vcodec libx264 -s 640x360 -y D:/_movies/__test/ande_10-out2.mp4 2>&1 ";
    //注意:Linux系统下要修改绝对路径

    //打开管道
    #ifdef WIN32
        FILE *pPipe = _popen(command.c_str(),"r");
    #else
        FILE *pPipe = popen(command.c_str(),"r");
    #endif

    if(!pPipe) {
        printf( "popen failed!\n");
        return -1;
    }

    //循环读取FFmpeg的输出信息
    while(true) {
        BytesRead = fread(buffer,1,1024,pPipe);
        if(BytesRead == 0) {
            break;
        }
        memcpy(info + readCount, buffer, BytesRead);
        readCount += BytesRead;
    }
    //转码完成,打印输出信息
    printf("finished,ok,readCount = %d!\n",readCount);
    printf("Console out: %s!\n",info);

    //释放缓冲区,关闭管道
```

```
    if(buffer){
        delete [] buffer;
        buffer = NULL;
    }
    if(info){
        delete [] info;
        info = NULL;
    }

    #ifdef WIN32
        _pclose(pPipe);
    #else
        pclose(pPipe);
    #endif

    return 0;
}
```

12.1.2　Visual Studio 调用 FFmpeg 命令行

使用 Visual Studio 2010 创建 C++程序并调用 FFmpeg 命令行,步骤如下:
(1) 创建一个控制台项目,输入项目名称:CppCallFFmpegDemo,如图 12-1 所示。

图 12-1　使用 VS 创建控制台项目

（2）将 12.1.1 节的 C++代码复制到 CppCallFFmpegDemo.cpp 文件中，如图 12-2 所示。

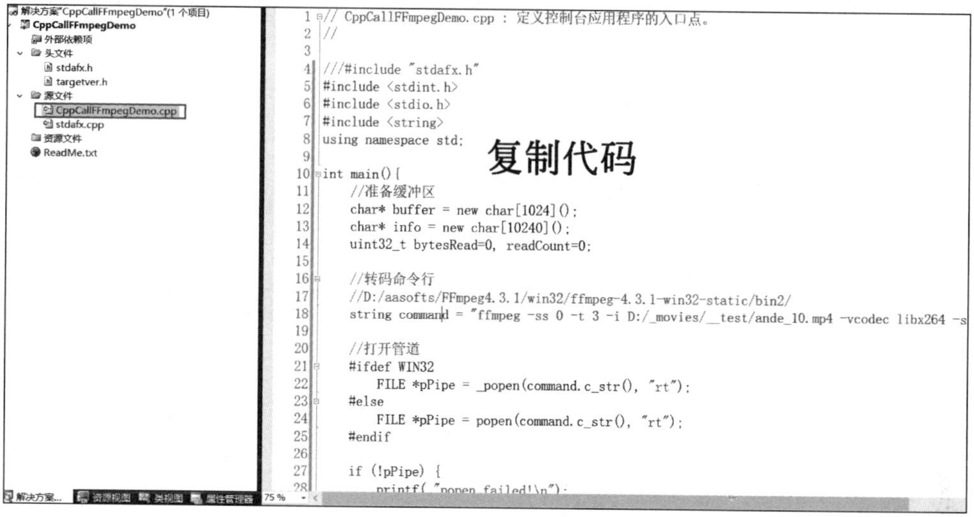

图 12-2　移植 C++代码

（3）右击项目属性，选择 C/C++下的"预编译头"，在右侧的下拉列表框中选择"不使用预编译头"，如图 12-3 所示。

图 12-3　不使用预编译头

（4）生成解决方案，如图 12-4 所示。
（5）运行程序（Ctrl+F5），如图 12-5 所示。

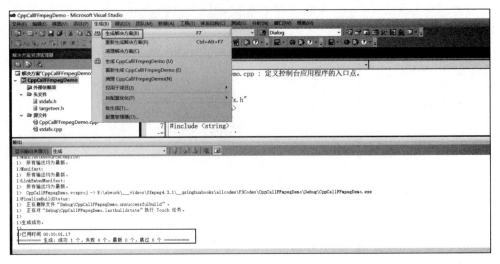

图 12-4 生成解决方案

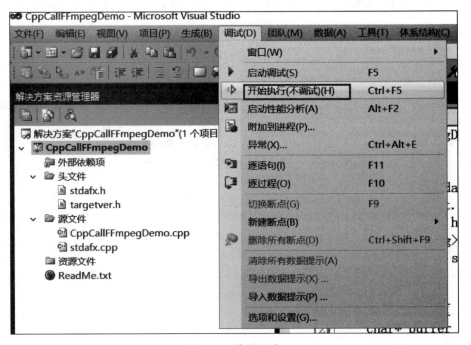

图 12-5 执行程序

（6）运行成功后，会弹出一个 cmd 窗口，如图 12-6 所示。

（7）使用 MediaInfo 观察转码后生成文件的流信息，如图 12-7 所示。

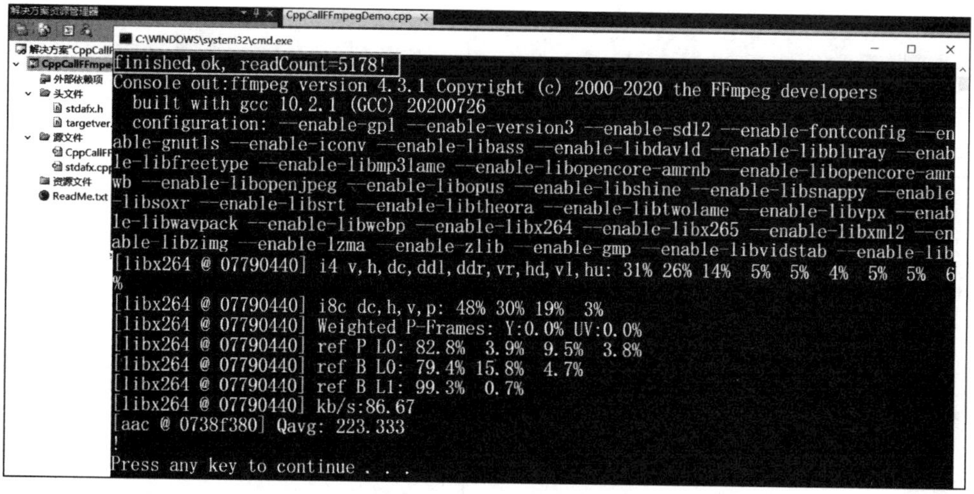

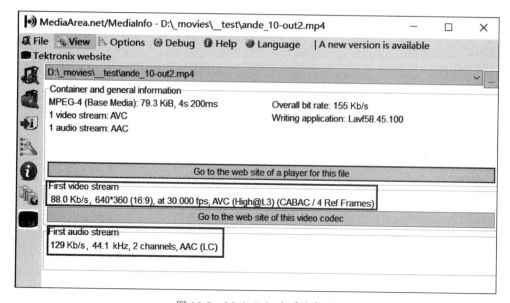

图 12-6 运行 FFmpeg 成功

图 12-7 MediaInfo 查看流信息

12.1.3 Qt 调用 FFmpeg 命令行

使用 Qt 5.9.8 创建 C++ 程序并调用 FFmpeg 命令行,步骤如下:

(1) 打开 QtCreator,创建一个新项目,选择 Qt Console Application,如图 12-8 所示。
(2) 选择 MinGW 编译套件,如图 12-9 所示。
(3) 直接将代码复制到 main.cpp 文件中,覆盖原来的代码,如图 12-10 所示。
(4) 单击左下角的绿色三角,运行程序,如图 12-11 所示。

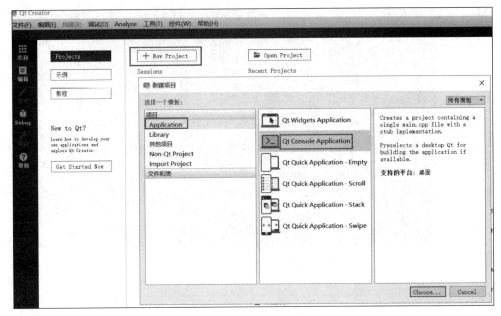

图 12-8　Qt 创建控制台项目

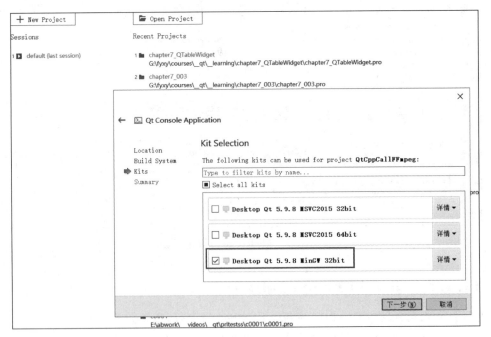

图 12-9　选择 MinGW 编译套件

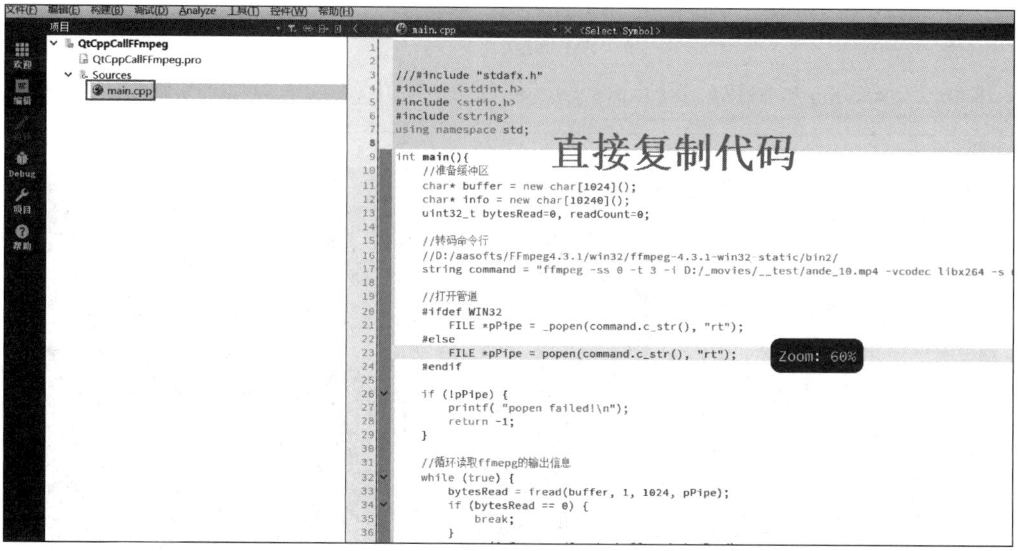

图 12-10 移植 C++ 代码

图 12-11 Qt 调用 FFmpeg 成功

12.1.4　MinGW 调用 FFmpeg 命令行

在 Windows 系统中安装 msys2，然后使用 MinGW 来编译上述的 C++ 代码，步骤如下：先切换到 CppCallFFmpegDemo.cpp 的路径下，输入的命令如下：

```
gcc -o cpp1 CppCallFFmpegDemo.cpp -lstdc++
```

执行./cpp1.exe 后会执行 FFmpeg 的转码任务,如图 12-12 所示。

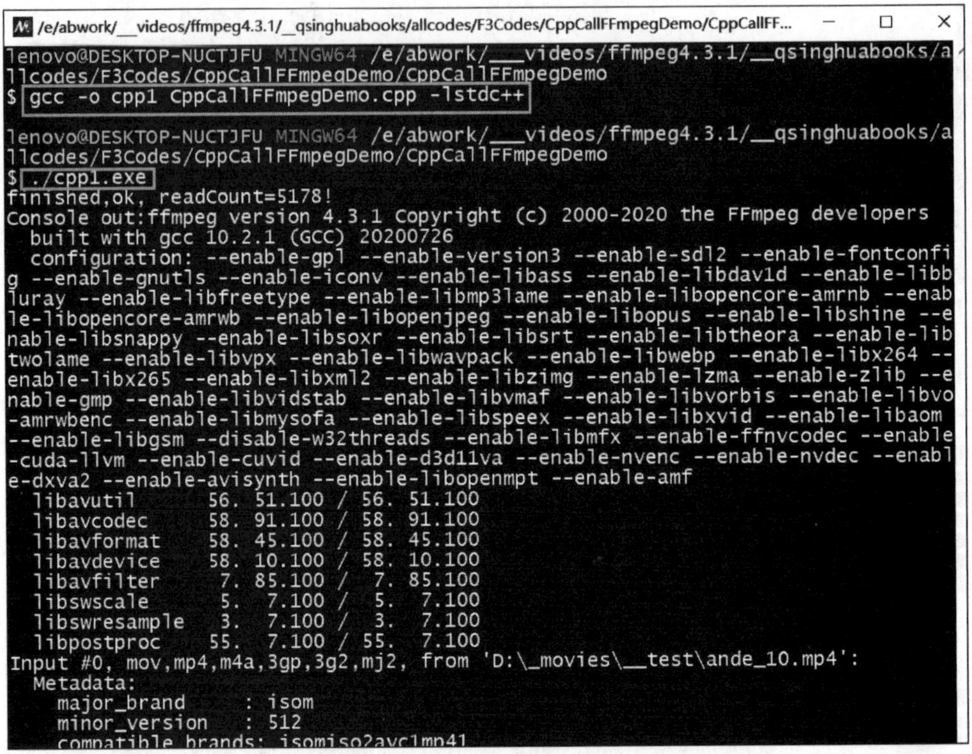

图 12-12　msys2+MinGW 调用 FFmpeg 命令行

12.1.5　Linux 系统下 C++ 调用 FFmpeg 命令行

在 Linux 系统中需要使用 GCC 来编译 C++ 程序,该程序代码支持跨平台,只需修改输入和输出文件的绝对路径(其余部分完全相同),代码如下:

```
string command = "ffmpeg -ss 0 -t 3 -i /home/todd/Desktop/test4.mp4 -vcodec libx264 -s 640x360 -y /home/todd/Desktop/test4-out2.mp4 2>&1 ";
```

在 Linux 系统中打开 Terminal,编译 CppCallFFmpegDemo.cpp 文件,命令如下:

```
gcc -o cpp2 CppCallFFmpegDemo.cpp -lstdc++
```

编译成功后,会生成 cpp2 可执行文件,在 Ubuntu 系统中是绿色的,如图 12-13 所示。

图 12-13　Linux 下 GCC 编译

输入 ./cpp2 运行该程序，控制台会输出 C++ 调用 FFmpeg 的信息，如图 12-14 所示。

图 12-14　Linux 下 C++ 调用 FFmpeg 成功

使用命令 ls /home/todd/Desktop 检查是否转码成功，然后使用 ffprobe 查看流信息，如图 12-15 所示。

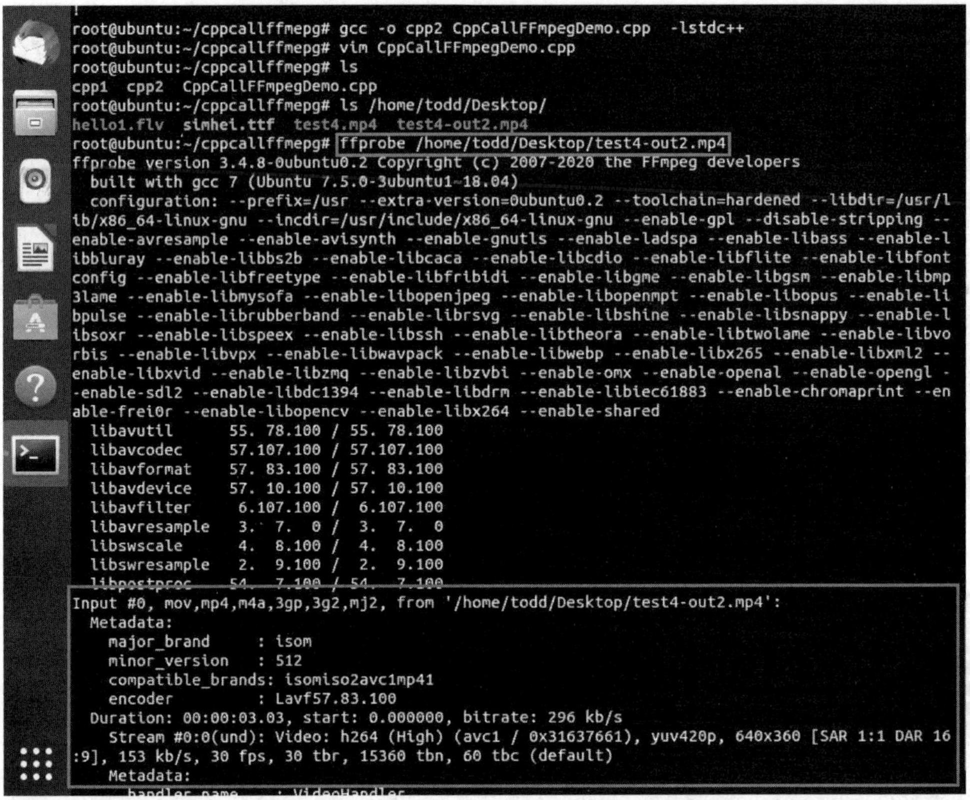

图 12-15　Linux 下使用 ffprobe 查看流信息

12.1.6　popen 与 pclose

popen 应用于执行 Shell 命令，并读取此命令的返回值，或者与执行的命令进行交互。pclose()函数会关闭标准 I/O 流，等待子进程结束，然后返回 Shell 终止状态。如果不执行，则 pclose()返回的终止状态就是 Shell 的 exit 状态。二者的函数声明如下：

```
//chapter12/12.1.txt
//Linux 系统中
FILE * popen(const char * command,const char * type);
int pclose(FILE * stream);

//Windows 系统中(函数名前多一个下画线)
FILE * _popen(const char * command,const char * type);
int _pclose(FILE * stream);
```

popen()函数通过创建一个管道，调用 fork()产生一个子进程，执行一个 Shell 以运行命令来开启一个进程。可以通过这个管道执行标准输入输出操作。这个管道必须由 pclose()

函数关闭,而不是由 fclose() 函数(若使用 fclose 则会产生僵尸进程)关闭。pclose() 函数关闭标准 I/O 流,等待命令执行结束,然后返回 Shell 的终止状态。如果 Shell 不能被执行,则 pclose() 返回的终止状态与 Shell 已执行 exit 一样。

　　type 参数只能是读或者写中的一种,得到的返回值(标准 I/O 流)也具有和 type 相应的只读或只写类型。如果 type 是 r,则文件指针会连接到 command 的标准输出;如果 type 是 w,则文件指针会连接到 command 的标准输入。

　　command 参数是一个指向以 NULL 结束的 Shell 命令字符串的指针。这行命令将被传到 bin/sh 并使用-c 标志,Shell 将执行这个命令。

　　popen() 的返回值是个标准 I/O 流,必须由 pclose() 来终止。前面提到这个流是单向的(只能用于读或写)。向这个流写内容相当于写入该命令的标准输入,命令的标准输出和调用 popen() 的进程相同;与之相反,从流中读数据相当于读取命令的标准输出,命令的标准输入和调用 popen() 的进程相同。

　　如果调用 fork() 或 pipe() 失败,或者不能分配内存,则将返回 NULL,否则返回标准 I/O 流。popen() 没有为内存分配失败时设置 errno 值。如果调用 fork() 或 pipe() 时出现错误,errno 被设为相应的错误类型。如果 type 参数不合法,则 errno 将返回 EINVAL。

　　popen() 与 pclose() 函数的一个简单案例,代码如下:

```
//chapter12/12.1.txt
#include <stdio.h>
#include <string.h>

int main()
{
    FILE *fp = NULL;
    char buf[1024] = "";

    fp = popen("ls -al","r");
    if(fp == NULL)
    {
        perror("popen error\n");
        return -1;
    }
    while(fgets(buf,sizeof(buf),fp) != 0)
    {
        printf(" %s\n",buf);
        memset(buf,0x0,sizeof(buf));
    }
    pclose(fp);
    return 0;
}
```

12.2 Java 调用 FFmpeg 命令行

Java 是一门面向对象的跨平台编程语言,不仅吸收了 C++ 语言的各种优点,还摒弃了 C++ 里难以理解的多继承、指针等概念。使用 Java 调用 FFmpeg 需要开启独立的进程来执行命令行,然后读取流输出。首先创建一个 Java 类(JavaCallFFmpeg),然后使用 Runtime 和 Process 类开启一个进程来执行 FFmpeg 的命令行,最后使用 BufferedInputStream 来读取输出信息。

注意:读者应确保安装并配置好 JDK。

首先给出一条非常普通的转码任务,命令如下:

```
//chapter12/12.1.txt
ffmpeg -ss 0 -t 3 -i D:\\_movies\\_test\\ande_10.mp4 -vcodec libx264 -s 640x360 -y D:\\_movies\\_test\\ande_10-out1.mp4 2 > &1
#注意:最后的 2 > &1 是重定向,将 stderr 的内容重定向到 stdout
#否则在 C++ 代码中读不到 FFmpeg 的输出信息
#如果是 Linux 系统,则只需将绝对路径修改一下
```

然后使用 Java 调用该命令行,并读取输出信息,代码如下:

```java
//chapter12/JavaCallFFmpeg.java
import Java.io.BufferedInputStream;
import Java.io.BufferedReader;
import Java.io.File;
import Java.io.FileInputStream;
import Java.io.FileNotFoundException;
import Java.io.IOException;
import Java.io.InputStreamReader;
import Java.io.UnsupportedEncodingException;

public class JavaCallFFmpeg extends Thread {

    private String theFmpgCmdLine = "";

    public String getTheFmpgCmdLine() {
        return theFmpgCmdLine;
    }

    public void setTheFmpgCmdLine(String theFmpgCmdLine) {
        this.theFmpgCmdLine = theFmpgCmdLine;
```

```java
}

//线程的run()方法：线程的入口函数
public void run() {
    //在run()方法中编写需要执行的操作
    openFFmpegExe();
    System.out.println("fmpg thread over");

}




//调用其他可执行文件,例如自己制作的exe文件,或者安装的软件
//转码命令
//推流命令
private void openFFmpegExe() {
if(theFmpgCmdLine == null || theFmpgCmdLine.equals("")){
    return;
}

//开启一个进程
    Runtime rn = Runtime.getRuntime();
    Process p = null;
    try {
    //这里传递FFmpeg推流命令行
        p = rn.exec( theFmpgCmdLine );

        //注意：FFmpeg输出的都是"错误流",如 stdin、stdout、stderr
        BufferedInputStream in = new BufferedInputStream(p.getErrorStream());
        BufferedReader inBr = new BufferedReader(new InputStreamReader(in));
        String lineStr;
        System.out.println("Begin...");
        while((lineStr = inBr.readLine()) != null){

            //获得命令执行后在控制台的输出信息
            //System.err.println("获得命令执行后在控制台的输出信息");
            System.out.println(lineStr);          //打印输出信息

        }

        inBr.close();
```

```
            in.close();


        } catch(Exception e) {
            System.out.println("Error exec: " + e.getMessage());
        }
    }


    //1. 开启独立的线程
    //2. 再开启一个进程,调用 FFmpeg 进行转码、推流、…

    public static void main(String args[]) throws Exception {
        System.out.println(" --- main.start --- ");
        JavaCallFFmpeg objFmpgThrd = new JavaCallFFmpeg();
        //转码: ffmpeg -ss 0 -t 3 -i D:\\_movies\\__test\\ande_10.mp4 -vcodec libx264 -s 640x360 -y D:\\_movies\\__test\\ande_10-out1.mp4 2>&1

        String strFmpgCmdLine = "ffmpeg -ss 0 -t 3 -i D:\\_movies\\__test\\ande_10.mp4 -vcodec libx264 -s 640x360 -y D:\\_movies\\__test\\ande_10-out1.mp4";

        objFmpgThrd.setTheFmpgCmdLine(strFmpgCmdLine);
        objFmpgThrd.start();

        //等待线程结束
        objFmpgThrd.join();
        System.out.println(" --- main.bye --- ");

    }
}
```

注意:这里在 Java 代码中指定了读取的是"错误流",所以不需要重定向(2>&1)。stdin、stdout、stderr 的值分别是 0、1、2。

在该案例中,先开启独立的线程(extends Thread),然后开启一个进程(Process)调用 FFmpeg 执行转码或者直播推流任务。将上述代码存储为 JavaCallFFmpeg.java 文件,然后打开 cmd 窗口切换到该文件所在目录下,执行 Javac JavaCallFFmpeg.java,成功后会生成一个 JavaCallFFmpeg.class 文件(该文件是跨平台的),最后执行 Java JavaCallFFmpeg 即可,相关命令如下:

```
Javac JavaCallFFmpeg.java
Java JavaCallFFmpeg
```

执行成功后，会在 cmd 窗口输出 FFmpeg 的信息，如图 12-16 所示。

图 12-16　Java 调用 FFmpeg 成功

12.3　Python 调用 FFmpeg 命令行

Python 由荷兰数学和计算机科学研究学会的吉多·范罗苏姆于 20 世纪 90 年代初设计，作为一门叫作 ABC 语言的替代品。Python 提供了高效的高级数据结构，还能简单有效地面向对象编程。Python 语法和动态类型，以及解释型语言的本质，使它成为多数平台上写脚本和快速开发应用的编程语言。Python 调用 FFmpeg 需要使用 subprocess 来开启一个子进程，相对比较简单，代码如下：

```python
//chapter12/PythonCallFFmpeg.py
# PythonCallFFmpeg.py
import subprocess
import os

def callFFmpeg(ffmpegCmd):
        subprocess.call(ffmpegCmd,shell = True)

if __name__ == "__main__":
    ffmpegCmd = "ffmpeg -ss 0 -t 3 -i D:\\_movies\\__test\\ande_10.mp4 -vcodec libx264 -s 640x360 -y D:\\_movies\\__test\\ande_10-out3.mp4 2>&1"
    callFFmpeg(ffmpegCmd)
```

注意：读者应确保安装并配置好 Python。

将上述代码存储为 PythonCallFFmpeg. py，然后打开 cmd 窗口，由于 Python 是解释型语言，所以不用编译，直接执行 py PythonCallFFmpeg. py 即可，如图 12-17 所示。

```
E:\abwork\___videos\ffmpeg4.3.1\__qsinghuabooks\allcodes\F3Codes>py PythonCallFFmpeg.py
ffmpeg version 4.3.1 Copyright (c) 2000-2020 the FFmpeg developers
Output #0, mp4, to 'D:\_movies\__test\ande_10-out3.mp4':
  Metadata:
    major_brand     : isom
    minor_version   : 512
    compatible_brands: isomiso2avc1mp41
    encoder         : Lavf58.45.100
    Stream #0:0(und): Video: h264 (libx264) (avc1 / 0x31637661), yuv420p, 640x360 [SAR 1:1 DAR
 16:9], q=-1--1, 30 fps, 15360 tbn, 30 tbc (default)
    Metadata:
      handler_name    : VideoHandler
      encoder         : Lavc58.91.100 libx264
    Side data:
      cpb: bitrate max/min/avg: 0/0/0 buffer size: 0 vbv_delay: N/A
    Stream #0:1(und): Audio: aac (LC) (mp4a / 0x6134706D), 44100 Hz, stereo, fltp, 128 kb/s (d
efault)
    Metadata:
      handler_name    : SoundHandler
      encoder         : Lavc58.91.100 aac
frame=  126 fps=0.0 q=-1.0 Lsize=      79kB time=00:00:04.10 bitrate= 158.5kbits/s dup=36 drop
=0 speed=10.6x
video:45kB audio:30kB subtitle:0kB other streams:0kB global headers:0kB muxing overhead: 5.657
```

图 12-17　Python 调用 FFmpeg 成功

图 书 推 荐

书 名	作 者
云原生开发实践	高尚衡
虚拟化 KVM 极速入门	陈涛
虚拟化 KVM 进阶实践	陈涛
边缘计算	方娟、陆帅冰
物联网——嵌入式开发实战	连志安
动手学推荐系统——基于 PyTorch 的算法实现（微课视频版）	於方仁
人工智能算法——原理、技巧及应用	韩龙、张娜、汝洪芳
跟我一起学机器学习	王成、黄晓辉
TensorFlow 计算机视觉原理与实战	欧阳鹏程、任浩然
分布式机器学习实战	陈敬雷
计算机视觉——基于 OpenCV 与 TensorFlow 的深度学习方法	余海林、翟中华
深度学习——理论、方法与 PyTorch 实践	翟中华、孟翔宇
深度学习原理与 PyTorch 实战	张伟振
AR Foundation 增强现实开发实战（ARCore 版）	汪祥春
ARKit 原生开发入门精粹——RealityKit ＋ Swift ＋ SwiftUI	汪祥春
HoloLens 2 开发入门精要——基于 Unity 和 MRTK	汪祥春
Altium Designer 20 PCB 设计实战（视频微课版）	白军杰
Cadence 高速 PCB 设计——基于手机高阶板的案例分析与实现	李卫国、张彬、林超文
Octave 程序设计	于红博
ANSYS 19.0 实例详解	李大勇、周宝
AutoCAD 2022 快速入门、进阶与精通	邵为龙
SolidWorks 2020 快速入门与深入实战	邵为龙
SolidWorks 2021 快速入门与深入实战	邵为龙
UG NX 1926 快速入门与深入实战	邵为龙
西门子 S7－200 SMART PLC 编程及应用（视频微课版）	徐宁、赵丽君
三菱 FX3U PLC 编程及应用（视频微课版）	吴文灵
全栈 UI 自动化测试实战	胡胜强、单镜石、李睿
FFmpeg 入门详解——音视频原理及应用	梅会东
pytest 框架与自动化测试应用	房荔枝、梁丽丽
软件测试与面试通识	于晶、张丹
智慧教育技术与应用	［澳］朱佳(Jia Zhu)
敏捷测试从零开始	陈霁、王富、武夏
智慧建造——物联网在建筑设计与管理中的实践	［美］周晨光(Timothy Chou)著；段晨东、柯吉译
深入理解微电子电路设计——电子元器件原理及应用（原书第 5 版）	［美］理查德·C. 耶格(Richard C. Jaeger)、［美］特拉维斯·N. 布莱洛克(Travis N. Blalock)著；宋廷强译
深入理解微电子电路设计——数字电子技术及应用（原书第 5 版）	［美］理查德·C. 耶格(Richard C. Jaeger)、［美］特拉维斯·N. 布莱洛克(Travis N. Blalock)著；宋廷强译
深入理解微电子电路设计——模拟电子技术及应用（原书第 5 版）	［美］理查德·C. 耶格(Richard C. Jaeger)、［美］特拉维斯·N. 布莱洛克(Travis N. Blalock)著；宋廷强译

续表

书　名	作　者
HarmonyOS 应用开发实战（JavaScript 版）	徐礼文
HarmonyOS 原子化服务卡片原理与实战	李洋
鸿蒙操作系统开发入门经典	徐礼文
鸿蒙应用程序开发	董昱
鸿蒙操作系统应用开发实践	陈美汝、郑森文、武延军、吴敬征
HarmonyOS 移动应用开发	刘安战、余雨萍、李勇军 等
HarmonyOS App 开发从 0 到 1	张诏添、李凯杰
HarmonyOS 从入门到精通 40 例	戈帅
JavaScript 基础语法详解	张旭乾
华为方舟编译器之美——基于开源代码的架构分析与实现	史宁宁
Android Runtime 源码解析	史宁宁
鲲鹏架构入门与实战	张磊
鲲鹏开发套件应用快速入门	张磊
华为 HCIA 路由与交换技术实战	江礼教
深度探索 Go 语言——对象模型与 runtime 的原理、特性及应用	封幼林
深度探索 Flutter——企业应用开发实战	赵龙
Flutter 组件精讲与实战	赵龙
Flutter 组件详解与实战	［加］王浩然（Bradley Wang）
Flutter 跨平台移动开发实战	董运成
Dart 语言实战——基于 Flutter 框架的程序开发（第 2 版）	亢少军
Dart 语言实战——基于 Angular 框架的 Web 开发	刘仕文
IntelliJ IDEA 软件开发与应用	乔国辉
Vue+Spring Boot 前后端分离开发实战	贾志杰
Vue.js 快速入门与深入实战	杨世文
Vue.js 企业开发实战	千锋教育高教产品研发部
Python 从入门到全栈开发	钱超
Python 全栈开发——基础入门	夏正东
Python 全栈开发——高阶编程	夏正东
Python 游戏编程项目开发实战	李志远
Python 人工智能——原理、实践及应用	杨博雄 主编，于营、肖衡、潘玉霞、高华玲、梁志勇 副主编
Python 深度学习	王志立
Python 预测分析与机器学习	王沁晨
Python 异步编程实战——基于 AIO 的全栈开发技术	陈少佳
Python 数据分析实战——从 Excel 轻松入门 Pandas	曾贤志
Python 数据分析从 0 到 1	邓立文、俞心宇、牛瑶
Python Web 数据分析可视化——基于 Django 框架的开发实战	韩伟、赵盼
Python 玩转数学问题——轻松学习 NumPy、SciPy 和 Matplotlib	张骞
Pandas 通关实战	黄福星
深入浅出 Power Query M 语言	黄福星
FFmpeg 入门详解——SDK 二次开发与直播美颜原理及应用	梅会东